工程力学专业规划教材

振 动 力 学

丛书主编　赵　军
本书主编　苗同臣

U0250550

中国建筑工业出版社

图书在版编目（CIP）数据

振动力学/苗同臣主编 . —北京：中国建筑工业出版社，2017.1

工程力学专业规划教材/赵军主编

ISBN 978-7-112-20142-6

Ⅰ.①振… Ⅱ.①苗… Ⅲ.①工程振动学-高等学校-教材 Ⅳ.①TB123

中国版本图书馆 CIP 数据核字（2016）第 294739 号

本书是在作者多年来为力学、机械等专业本科生、研究生讲授《振动理论》和《结构动力学》等课程的基础上，经过反复实践、精炼和修改后形成的振动力学教程。

本书内容上以经典的线性振动理论为主，包括单自由度、多自由度和连续系统的振动，作为入门还简单讲述了非线性振动和随机振动的基本概念和研究方法，同时介绍了多种用于线性和非线性振动分析的数值计算方法。为便于基本概念和理论知识的理解和掌握，书中给出了大量的例题和练习题。

本书可作为高等院校工科相关专业研究生和高年级本科生的振动理论和结构动力学教材或教学参考书，也可供从事与振动和结构动力分析教学和研究相关的教师和工程技术人员参考。

责任编辑：尹珺祥　赵晓菲　朱晓瑜

责任设计：谷有稷

责任校对：李欣慰　关　健

工程力学专业规划教材

振动力学

丛书主编　赵　军

本书主编　苗同臣

*

中国建筑工业出版社出版、发行（北京海淀三里河路9号）

各地新华书店、建筑书店经销

唐山龙达图文制作有限公司制版

环球东方（北京）印务有限公司印刷

*

开本：787×1092毫米　1/16　印张：14¼　字数：353千字

2017年1月第一版　2017年1月第一次印刷

定价：**35.00**元

ISBN 978-7-112-20142-6

（29636）

■ 前　言

　　振动是自然界最普遍的运动形式之一，在现代工程技术的各个领域，任何在役结构和机械设备都承受着动态荷载的作用，进而普遍存在着物体在一定区域内往复运动的振动现象。作为入门知识，振动力学是力学、机械、航空航天、动力与交通、电力、土木、水利等各个领域工程技术人员从事结构动力分析和研究工作的重要理论基础之一，也是相关专业研究生和高年级本科生的必修专业课。

　　本书是在作者多年来为力学、机械等专业本科生、研究生讲授《振动理论》、《结构动力学》和《计算结构动力学》等课程的基础上，经过反复实践、精选、修改完成。内容讲述力求做到逻辑严谨、简明扼要、叙述清晰。为便于自学，帮助基本概念的理解和掌握，书中给出了大量不同类型、不同解法的例题和练习题，各章之间既各自独立，又互相联系。

　　本书的内容为机械振动，可分为基础理论和专题内容两个部分，前4章为基础理论部分，包括绪论、单自由度系统的振动、多自由度系统的振动和连续系统的振动；专题部分包括振动分析的近似方法、非线性振动和随机振动等。在第5章中，所有的方法、数据、例题均经过 MATLAB 编程验证，保证了数据的可靠性；非线性振动一章只讲述了基本的定量方法，而没有涉及定性分析的几何方法；随机振动部分包括平稳随机响应的传统方法和虚拟激励法。最后作为附录还编排了振动力学中必备的数学基础知识，包括单位阶跃函数和单位脉冲函数及其性质、傅里叶级数、傅里叶变换和拉普拉斯变换、随机变量与随机过程等。

　　本书由郑州大学"本科教学工程 卓越计划 教材建设"提供基金资助。由苗同臣、徐文涛、王珂和马卫平编写，苗同臣执笔和定稿。本书的插图绘制和初稿编辑工作由苗雨晴完成。

　　由于作者水平有限，书中的欠缺和错误在所难免，恳请读者不吝指正，提出宝贵意见。

■ 目　　录

第1章　绪论 ……………………………………………………………………… 1

1.1　概述 …………………………………………………………………………… 1

1.2　振动系统及其模型 …………………………………………………………… 1

　1.2.1　振动系统 ………………………………………………………………… 1

　1.2.2　振动系统的模型 ………………………………………………………… 2

1.3　振动系统的分类 ……………………………………………………………… 4

　1.3.1　按振动系统的自由度数目划分 ………………………………………… 4

　1.3.2　按描述振动的微分方程或振动系统的结构参数的特性划分 ………… 4

　1.3.3　按振动的周期性划分 …………………………………………………… 5

　1.3.4　按引起振动的输入特性（激励）划分 ………………………………… 5

　1.3.5　按振动的输出特性分类 ………………………………………………… 5

1.4　振动问题的研究方法 ………………………………………………………… 5

　1.4.1　建立数学力学模型 ……………………………………………………… 5

　1.4.2　推导控制方程 …………………………………………………………… 6

　1.4.3　求控制方程的解 ………………………………………………………… 6

　1.4.4　结果分析 ………………………………………………………………… 6

1.5　振动系统的运动方程 ………………………………………………………… 6

　1.5.1　动力学基本定理 ………………………………………………………… 6

　1.5.2　拉格朗日方程 …………………………………………………………… 6

　1.5.3　碰撞问题 ………………………………………………………………… 6

　1.5.4　其他 ……………………………………………………………………… 6

第2章　单自由度系统的振动 …………………………………………………… 7

2.1　单自由度系统的运动方程 …………………………………………………… 7

　2.1.1　简单振动系统 …………………………………………………………… 7

　2.1.2　复杂振动系统 …………………………………………………………… 9

　2.1.3　考虑弹性元件质量的影响 ……………………………………………… 11

2.2　无阻尼系统的自由振动 ……………………………………………………… 12

　2.2.1　自由振动响应 …………………………………………………………… 12

　2.2.2　固有频率的确定 ………………………………………………………… 13

　2.2.3　简谐振动及其特征 ……………………………………………………… 15

2.3　黏性阻尼系统的自由振动 …………………………………………………… 17

2.3.1 自由振动响应 ···························· 17

2.3.2 衰减振动的特性 ·························· 18

2.4 周期激励下的强迫振动 ·························· 20

2.4.1 简谐激励下的强迫振动 ···················· 20

2.4.2 简谐激励强迫振动的复数解法 ·············· 21

2.4.3 稳态响应分析 ···························· 22

2.4.4 共振响应分析 ···························· 26

2.4.5 任意周期激励下的强迫振动 ················ 27

2.5 任意激励下的强迫振动 ·························· 28

2.5.1 脉冲响应法 ······························ 29

2.5.2 傅里叶变换方法 ·························· 31

2.5.3 拉普拉斯变换方法 ························ 32

2.6 单自由度振动理论的应用 ······················ 34

2.6.1 基础运动引起的强迫振动 ·················· 34

2.6.2 隔振 ···································· 34

2.6.3 惯性式振动测量仪 ························ 37

2.6.4 响应谱的概念 ···························· 39

2.7 阻尼理论 ···································· 40

习题 ·· 41

第3章 多自由度系统的振动 ·························· 54

3.1 多自由度系统运动方程的建立 ·················· 54

3.1.1 利用动力学基本定理 ······················ 54

3.1.2 影响系数方法 ···························· 55

3.1.3 利用动能和势能的矩阵表示形式 ············ 57

3.1.4 利用拉格朗日方程 ························ 58

3.1.5 运动方程的两种表示形式 ·················· 59

3.1.6 坐标耦合 ································ 61

3.2 多自由度系统的模态分析 ······················ 61

3.2.1 固有频率与固有振型 ······················ 61

3.2.2 固有振型的正交性 ························ 65

3.2.3 振型矩阵与正则振型矩阵 ·················· 65

3.2.4 主坐标与正则坐标 ························ 66

3.2.5 展开定理 ································ 66

3.3 无阻尼系统的响应 ···························· 67

3.3.1 自由振动响应 ···························· 67

3.3.2 强迫振动响应 ···························· 68

3.4 黏性阻尼系统的强迫振动 ······················ 71

3.4.1 比例阻尼 实模态理论 ···················· 71

   3.4.2　非比例阻尼　复模态理论 ・・・・・・・・・・・・・・・・・・・・・・・・・・・ 72

  3.5　固有频率相等或为零的情况 ・・・・・・・・・・・・・・・・・・・・・・・・・・・・・・・ 74

    3.5.1　固有频率相等的情况 ・・・・・・・・・・・・・・・・・・・・・・・・・・・・・・・・・・・ 74

    3.5.2　固有频率为零的情况 ・・・・・・・・・・・・・・・・・・・・・・・・・・・・・・・・・・・ 76

    3.5.3　刚体自由度的消除 ・・・・・・・・・・・・・・・・・・・・・・・・・・・・・・・・・・・・・ 77

  3.6　多自由度系统振动理论的应用 ・・・・・・・・・・・・・・・・・・・・・・・・・・・・・ 79

    3.6.1　拍的现象 ・・・ 79

    3.6.2　频率响应曲线　共振现象 ・・・・・・・・・・・・・・・・・・・・・・・・・・・・・・ 80

    3.6.3　动力吸振器 ・・ 82

  习题 ・・・ 85

第4章　连续系统的振动 ・・・・・・・・・・・・・・・・・・・・・・・・・・・・・・・・・・・・・・・ 94

  4.1　连续系统与离散系统的关系 ・・・・・・・・・・・・・・・・・・・・・・・・・・・・・・・ 94

  4.2　具有一维波动方程的振动系统 ・・・・・・・・・・・・・・・・・・・・・・・・・・・・・ 96

    4.2.1　杆的纵向振动 ・・ 96

    4.2.2　圆轴的扭转振动 ・・・・・・・・・・・・・・・・・・・・・・・・・・・・・・・・・・・・・・ 97

    4.2.3　弦的横向振动 ・・ 98

    4.2.4　一维波动方程的解 ・・・・・・・・・・・・・・・・・・・・・・・・・・・・・・・・・・・・ 99

  4.3　梁的横向振动 ・・ 102

    4.3.1　运动微分方程 ・・ 102

    4.3.2　边界条件和初始条件 ・・・・・・・・・・・・・・・・・・・・・・・・・・・・・・・・・ 103

    4.3.3　自由振动的解 ・・ 103

    4.3.4　剪切变形和转动惯量对梁振动的影响 ・・・・・・・・・・・・・・・・・・ 106

    4.3.5　轴向载荷对梁振动的影响 ・・・・・・・・・・・・・・・・・・・・・・・・・・・・・ 107

  4.4　薄膜的振动 ・・ 108

  4.5　薄板的振动 ・・ 109

  4.6　固有振型的正交性 ・・・・・・・・・・・・・・・・・・・・・・・・・・・・・・・・・・・・・・・ 112

    4.6.1　特征方程的算子表示 ・・・・・・・・・・・・・・・・・・・・・・・・・・・・・・・・・ 112

    4.6.2　固有振型的正交性 ・・・・・・・・・・・・・・・・・・・・・・・・・・・・・・・・・・・ 113

    4.6.3　展开定理 ・・ 114

  4.7　连续系统的响应分析 ・・・・・・・・・・・・・・・・・・・・・・・・・・・・・・・・・・・・・ 114

    4.7.1　振型叠加法 ・・ 114

    4.7.2　初始条件的响应 ・・・・・・・・・・・・・・・・・・・・・・・・・・・・・・・・・・・・・・ 115

    4.7.3　外激励的响应 ・・ 115

  4.8　阻尼系统的振动 ・・・ 121

    4.8.1　杆的纵向振动 ・・ 121

    4.8.2　梁的横向振动 ・・ 122

  习题 ・・・ 123

第 5 章 振动分析的近似方法 ································· 127

5.1 多自由度系统固有频率的极值性质 ····················· 127

5.2 多自由度系统固有振动特性的近似计算方法 ··········· 128

   5.2.1 瑞利法 ··· 128

   5.2.2 李兹法 ··· 129

   5.2.3 邓柯莱法 ······································· 131

   5.2.4 矩阵迭代法 ····································· 132

   5.2.5 子空间迭代法 ··································· 135

5.3 连续系统固有振动特性的近似计算方法 ··············· 137

   5.3.1 瑞利商 固有频率的结构特性 ···················· 137

   5.3.2 瑞利法 ··· 139

   5.3.3 李兹法 ··· 140

   5.3.4 子空间迭代法 ··································· 142

5.4 强迫振动响应的近似计算方法 ······················· 144

   5.4.1 增量形式的振动微分方程 ························ 145

   5.4.2 中心差分法 ····································· 145

   5.4.3 Houbolt 法 ····································· 147

   5.4.4 Wilson-θ 法 ································· 147

   5.4.5 Newmark 法 ···································· 149

   5.4.6 方法的选择 ····································· 150

5.5 有限元法 ·· 151

   5.5.1 单元特性分析 ··································· 152

   5.5.2 坐标转换 ······································· 156

   5.5.3 结构整体运动方程 ······························ 159

   5.5.4 引入支承条件 ··································· 160

习题 ··· 164

第 6 章 非线性振动 ································· 165

6.1 概述 ··· 165

   6.1.1 基本概念 ······································· 165

   6.1.2 非线性振动系统与线性振动系统的比较 ··········· 165

   6.1.3 非线性振动系统的分类与研究方法 ··············· 166

6.2 非线性振动问题举例 ······························· 167

   6.2.1 复摆 ··· 167

   6.2.2 张紧钢丝上质点的横向振动 ······················ 167

   6.2.3 皮带摩擦系统 ··································· 168

   6.2.4 变质量系统 ····································· 168

   6.2.5 弹簧单摆系统 ··································· 168

6.3 精确解 直接积分法 ·········· 169

6.4 近似解法 ·················· 170

    6.4.1 等线性法 ·················· 170

    6.4.2 基本摄动法 ·················· 171

    6.4.3 林滋泰德-庞加莱法 ·········· 173

    6.4.4 KBM 法 ·················· 173

    6.4.5 平均法 ·················· 176

    6.4.6 多尺度法 ·················· 178

    6.4.7 谐波平衡法 ·················· 180

    6.4.8 李兹-伽辽金法 ·········· 181

6.5 数值解法 ·················· 183

习题 ·················· 184

第 7 章 随机振动 ·················· 186

7.1 平稳随机响应的一般算法 ·········· 186

    7.1.1 响应平均值 ·················· 187

    7.1.2 响应相关矩阵的计算 ·········· 187

    7.1.3 响应功率谱密度矩阵的计算 ·········· 188

7.2 平稳随机响应的虚拟激励法 ·········· 191

    7.2.1 基本原理 ·················· 192

    7.2.2 对复杂结构的降阶处理 ·········· 193

    7.2.3 对非正交阻尼矩阵的处理 ·········· 193

    7.2.4 虚拟激励法与传统算法计算效率的比较 ·········· 195

    7.2.5 结构受多点完全相干平稳激励 ·········· 196

7.3 连续系统的平稳随机响应 ·········· 198

习题 ·················· 199

附录 A 单位阶跃函数和单位脉冲函数 ·········· 201

附录 B 傅里叶级数 ·················· 202

附录 C 傅里叶变换 ·················· 203

附录 D 拉普拉斯变换 ·················· 204

附录 E 随机变量与随机过程 ·········· 206

参考文献 ·················· 218

第1章 绪 论

■ 1.1 概述

系统在其静平衡位置附近所做的往复运动称为**振动**（Vibration）。它广泛存在于生活和工程实际的各个领域，是自然界最普遍的现象之一，大至宇宙，小到原子粒子，无不存在振动。例如，日常生活中的声、光、热等物理现象包含振动，人体心脏的搏动、耳膜和声带的振动等；而工程技术领域中的振动现象更是比比皆是，通信、广播、电视、雷达等信号的产生、传播和接收，传输、筛选、研磨、抛光、沉桩等机械结构的设计等都离不开振动原理。

振动有它积极的一面，而在多数情况下，则会对机器或结构带来不良的影响。例如，阵风和地震引起结构和建筑物的振动，机器运转过程中产生的噪声，机床振动引起工件的加工精度降低，军械振动影响瞄准等；还有大桥因共振而倒塌、烟囱因风振而倾倒、飞机因颤振而坠落等，这类事故虽然罕见，但带来的灾害严重。

振动产生的原因很多，有的是由物体本身固有的原因引起，有的由外界干扰引起。我们研究振动的目的，就是要掌握各种振动的机理，了解振动的基本规律，从而设法有效地消除或隔离振动，防止或限制其可能产生的危害。同时，尽量利用振动积极的一面，使它更好地服务于日常生活和各个工程领域。

不同领域中振动问题所涉及的物理量及其物理特性各不相同，但表示它们运动规律的数学形式及其研究方法却是统一的。本书以**机械振动**（Mechanical Vibration）为研究对象，即研究工程中的机械或结构系统在其静平衡位置附近所作的往复运动。

■ 1.2 振动系统及其模型

1.2.1 振动系统

在振动研究中，通常把所研究的对象（如机器或结构物）称为**振动系统**（Vibration Systems），把外界对系统的作用或引起机器运动的因素称为**激励**（Excitation）或**输入**（Input），在激励作用下机器或结构产生的动态行为称为**响应**（Response）或**输出**（Output）。随时间变化的激励或输入将引起振动的发生。可以用时间的确定函数来表示的激励称为**确定性激励**（Deterministic Excitation），不能用时间的确定函数表示的激励称为**随机激励**（Random Excitation），随机激励具有一定的统计规律性，可以用随机函数和随机过程描述。随机激励下的响应也是随机的。响应的形式可以是位移、速度、加速度或力。系统、激励和响应的关系如图 1-1 所示。

$$F(t) \xrightarrow[\text{（激励）}]{\text{输入}} \boxed{\text{振动系统}} \xrightarrow[\text{（响应）}]{\text{输出}} x(t)$$

图 1-1 系统、激励和响应的关系

振动分析（Vibration Analysis）就是研究系统、激励（输入）和响应（输出）之间的关系，理论上讲，只要知道两者就可以确定第三者。这样，工程振动分析所要解决的问题可以归纳为以下几类：

（1）**响应分析**（Response Analysis）。已知系统和输入参数，求系统响应。振动分析为计算和分析结构的强度、刚度和允许的振动能量水平等提供依据。

（2）**系统设计**（System Design）。已知振动系统的激励（输入）和所要满足的动态响应（输出）要求，设计合理的系统参数。通常系统设计要依赖于响应分析，所以在实际工作中，系统设计和响应分析是交替进行的。

（3）**系统识别**（System Identification）。已知振动系统的激励（输入）和响应（输出）求系统参数，以便了解振动系统的特性。系统识别包括物理参数（质量、刚度、阻尼等）识别和模态参数（固有频率、振型等）识别。

（4）**环境预测**（Environment Prediction）。在已知系统响应（输出）和系统参数的情况下确定系统的输入，以判别系统的环境特征。

1.2.2 振动系统的模型

对结构进行振动分析，必须把所研究的对象以及外界对它的作用和影响简化为理想的力学模型。这个模型不但要简单，而且在动态特性方面应尽可能地与原系统等效。

任何结构，之所以能产生振动，是因为它本身具有**质量**（Mass）和**弹性**（Spring）。从能量关系看，质量可以储存动能，弹性可以储存势能。当外界对系统做功时，系统质量吸收动能，因而就具有运动速度；而弹性元件储存变形能，因而就具有使质量恢复原来状态的能力。这样，能量不断地变换就导致系统质量的反复运动（振动）。然而，在没有外界干扰（激励）的情况下任何振动都会逐渐消失，也就是说，振动系统本身存在一种阻碍振动持续进行的阻力，这种阻力称为**阻尼**（Damping）。显然，如果没有外界源源不断地输入能量，由于阻尼的能量消耗，振动现象将逐渐停息。由此可见，质量、弹性元件和阻尼是振动系统力学模型的三个要素。下面对这三个要素的特性作出具体说明。

（1）质量。表示物体惯性的一种度量，即表示力与加速度的关系。在力学模型中一般将质量简化为刚体。

（2）弹性元件。表示力和位移的关系。通常被简化为无质量并具有线弹性的弹簧，即弹性力的大小与其两端点的相对位移成正比。若弹簧两端的相对位移用 δ 表示，则弹性力

$$F = k\delta \tag{1-1}$$

其中 k 为弹簧刚度或弹簧常数，即使弹簧产生单位变形需要施加的力。

在许多实际问题中，经常遇到几个弹簧同时使用的情况，这时可以用作用在集中质量上的一个等效弹簧来代替。

设 n 个弹簧的刚度系数分别为 k_1，k_2，$\cdots$，k_n，等效弹簧的刚度系数用 k_{eq} 表示。图 1-2 分别是 n 个弹簧并联、串联和与它们等效的单个弹簧系统。

n 个弹簧并联时，设每个弹簧的变形量为 δ，则

$$mg = k_1\delta + k_2\delta + \cdots + k_n\delta = \sum_{i=1}^{n} k_i\delta$$

对图 1-2(c) 所示的等效弹簧有 $mg = k_{eq}\delta$，所以 n 个弹簧并联时的等效弹簧刚度为

$$k_{eq} = \sum_{i=1}^{n} k_i \tag{1-2}$$

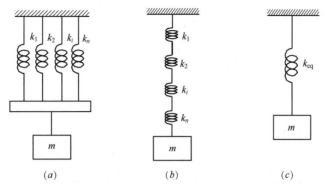

图 1-2　弹簧的并联与串联

n 个弹簧串联时，各个弹簧受力相同，变形量为 $\delta_i = \dfrac{mg}{k_i}$ $(i = 1, 2, \cdots, n)$，总变形量

$$\delta = \sum_{i=1}^{n} \delta_i = mg \sum_{i=1}^{n} \frac{1}{k_i}$$

再利用图 1-2(c) 所示等效弹簧的关系 $mg = k_{eq}\delta$，得到 n 个弹簧串联时的等效弹簧刚度

$$\frac{1}{k_{eq}} = \sum_{i=1}^{n} \frac{1}{k_i} \tag{1-3}$$

（3）阻尼。是耗能元件，既不具有惯性，也不具有弹性，表示力与速度的关系。工程中不同结构的阻尼力与速度的关系是不一样的，阻尼力比弹簧力的分析要复杂得多。若阻尼力与速度的一次方成正比，则称此阻尼为**黏性阻尼**（Viscous Damping）或**线性阻尼**（Linear Damping）。若黏性阻尼器两端的相对速度用 v 表示，则阻尼力

$$F = cv \tag{1-4}$$

其中 c 为黏性阻尼系数，使阻尼产生单位速度需要施加的力。其他类型的阻尼将在下一章介绍。

像弹性元件一样，在实际应用中，对于包含多个阻尼元件组成的振动系统，同样可以将这些阻尼用一个作用在集中质量上的等效阻尼来代替。黏性阻尼并串联时的等效阻尼系数和弹簧并串联时的等效刚度系数类似，即将式(1-2) 和式(1-3) 中的 k 换成 c 即可。

振动系统的模型可分为**离散系统**（Discrete System）与**连续系统**（Continuous System）。离散系统又称集中参数系统（Lumped Parameter system），由质量、弹簧和阻尼元件组成，因此，离散系统可简称为 m-k-c 系统。离散系统的运动在数学上用常微分方程表达，运算比较简单，因而在振动力学理论和实际工程中都得到广泛应用。连续系统由弹性体元件组成，典型的弹性体有杆、梁、轴、板、壳等。弹性体的惯性、弹性与阻尼是连续分布的，故又称为**分布参数系统**（Distributed Parameter System）。连续系统模型接近系统的原态，但相对离散系统模型一般要复杂得多，其运动在数学上表现为偏微分方程形式，运算分析比较困难，因此在必要的情况下才选用连续系统模型。

下面通过实例说明一个复杂振动系统的力学模型建立过程。

图 1-3(a) 是一个载人摩托车示意图，建立它在铅垂方向的振动模型。

模型 1 如图 1-3(b) 所示。等效刚度 k_{eq} 考虑了轮胎的刚度、支撑杆在竖直方向的刚

度以及骑乘人员的刚度；等效阻尼 c_{eq} 考虑了支撑杆在竖直方向的阻尼和骑乘人员的阻尼；等效质量 m_{eq} 考虑了轮胎、车身和骑乘人员的质量。

模型 2～4 如图 1-3(c)～图 1-3(e) 所示。分别考虑车辆、车轮、轮胎、支撑杆和骑乘人员的质量、刚度和阻尼，将它们综合分析以后得到两自由度、三自由度和四自由度的振动模型。

由此可看出，同一个系统可以用多种力学模型来模拟，哪种模型最接近实际要进一步分析研究。这是解决工程振动问题的重要内容之一。

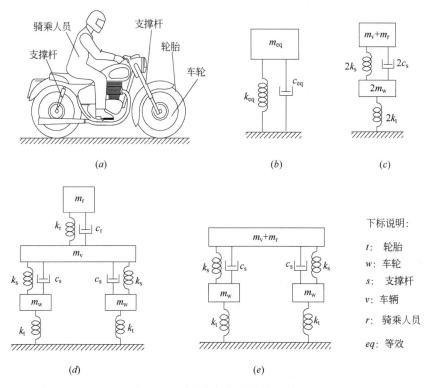

图 1-3　载人摩托车的振动模型

■ 1.3　振动系统的分类

1.3.1　按振动系统的自由度数目划分

通常，将描述振动系统模型的独立坐标数目称为系统的**自由度**（Degree of Freedom）。这样，如果自由度数分别为一个、多个和无穷多个，则相应的振动系统分别为**单自由度系统**（Systems with One Degree of Freedom）、**多自由度系统**（Systems with Multiple Degree of Freedom）和**连续系统**（Continuous System）。

1.3.2　按描述振动的微分方程或振动系统的结构参数的特性划分

线性振动（Linear Vibration）：振动系统的惯性力、阻尼力、弹性恢复力分别与加速度、速度、位移呈线性关系，能够用常系数线性微分方程表述的振动。

非线性振动（Nonlinear Vibration）：振动系统的阻尼力或弹性恢复力具有非线性性质，只能用非线性微分方程表述的振动。

非线性方程（系统）在解法和解的性质上与线性系统存在很大的差异，大部分非线性方程不存在解析解，只能进行近似计算或作定性分析；非线性系统解不再具有叠加性。

1.3.3　按振动的周期性划分

周期振动（Periodic Vibration）：振动系统的某些物理量（如位移、速度、加速度等）是时间的周期性函数，往复振动一次所需的时间称为周期。

非周期振动（Nonperiodic Vibration）：又称**瞬态振动**（Transient Vibration），振动系统物理量的变化没有固定的时间间隔，即没有固定的周期。

1.3.4　按引起振动的输入特性（激励）划分

自由振动（Free Vibration）：系统受到初始激励作用后，仅靠其本身的弹性恢复力"自由地"振动，其振动的特性仅决定于系统本身的物理特性（质量和刚度）。

强迫振动（Forced Vibration）：系统受到外界持续的激励作用而"被迫地"振动，其振动特性除取决于系统本身的物理特性外，还与激励的特性有关。

自激振动（Self-excited Vibration）：有的非线性系统具有非振荡性能源和反馈特性，所受激励受到振动系统本身的控制，在适当的反馈作用下，系统会自动地激起稳定的振动，一旦振动被激起，激励也随之消失。

1.3.5　按振动的输出特性分类

简谐振动（Simple Harmonic Vibration）：可以用简单的正弦或余弦函数表述其运动规律的振动。显然简谐振动属于周期性振动。

非简谐振动（Anharmonic Vibration）：不能用简单的正弦或余弦函数表述其运动规律的振动。非简谐振动也可能是周期性振动。

随机振动（Random Vibration）：不能用简单函数或简单函数的组合来表述其运动规律，而只能用统计的方法来研究其规律的非周期性振动。

■ 1.4　振动问题的研究方法

研究和解决振动问题的方法主要有理论分析、实验研究和数值模拟，三者相辅相成。在振动的理论分析中需要应用大量的数学方法和工具；现在计算机数值计算方法和软件的完善和普及，为解决复杂振动问题提供了强有力的手段；实验研究主要用于解决现场振动问题，通过振动信号采集和数据分析处理找出振动原因，排除振动故障。

需要研究和解决的振动问题主要包括：确定系统的固有频率，预防共振的发生；计算系统的动力响应，以确定结构受到的动荷载或振动的能量水平；研究平衡、隔振和消振方法，以消除振动的影响；研究自激振动及其不稳定振动产生的原因，以便有效地控制；振动检测，分析事故原因及控制环境噪声；振动技术的应用等。

研究振动问题通常包括以下步骤：

1.4.1　建立数学力学模型

建立模型的目的是揭示振动系统的全部重要特征，从而进一步得到描述系统动力学行为的控制方程。模型应该包括足够多的细节，能够用数学方程描述系统的行为但又不能过于复杂，所以模型的建立需要对实际系统做大量的工程研究和判断以得到比较合理实用的模型。图 1-3 就是一个典型的建立振动模型的实例。

1.4.2 推导控制方程

一旦得到振动系统的数学力学模型，就可以利用动力学定律推导描述系统响应变化规律的运动微分方程。

1.4.3 求控制方程的解

根据控制方程的形式选择合适的方法求出方程的解，以得到系统响应的规律。具体求解方法除了常规的数学解析法以外，对复杂的控制方程还可以使用变换、迭代等近似方法，以及利用计算机的数值计算方法。

1.4.4 结果分析

控制方程的解给出了系统的响应，但还需对这些结果进一步分析，以达到某些目的要求的数据和结果，以期对系统的设计和优化给出某些指导意义。

■ 1.5 振动系统的运动方程

如前所述，一旦得到振动系统的数学力学模型，就需要建立描述系统响应变化规律的运动微分方程，这是整个振动分析过程中最重要，有时也是最困难的工作之一，具体方法通常包括下面几种。

1.5.1 动力学基本定理

对单个质点或平动刚体的运动可以使用牛顿（Newton）定律，根据质点的运动特征可使用定律的直角坐标形式或自然坐标形式。若质点在非惯性系中运动，可使用质点的相对运动微分方程。

对于质点系、刚体或刚体系，根据不同的运动特征，可使用动量定理或质心运动定理、动量矩定理或定轴转动微分方程、动能定理或功率方程，对于无阻尼自由振动系统（保守系统）还可以使用机械能守恒定律代替动能定理，除此之外，对平面运动刚体还可使用平面运动微分方程。

1.5.2 拉格朗日方程

对于多刚体多自由度系统，拉格朗日（Lagrange）方程是最有效的方法之一。

1.5.3 碰撞问题

冲击和碰撞是工程中常见的振动诱因，这类问题运动方程的建立要注意两个基本的概念，一是完全弹性碰撞，碰撞过程中无能量损失，碰撞前后动量守恒；二是完全塑性碰撞，碰撞以后碰撞体速度相同。除此之外还有通过恢复系数描述的一般碰撞问题，相对复杂一些。

1.5.4 其他

若振动系统在非惯性系中运动，最有效的方法是达朗贝尔（D'Alembert）原理。

除此之外，有些问题还要用到虚位移原理或虚位移的概念，用于确定不同位置微振动位移之间的关系。

对不同的振动问题，上述方法各有各的优点和适用条件，有的系统可能只能使用某种方法，而有的系统则可以使用多种方法。

第2章 单自由度系统的振动

单自由度系统是最简单、最基本的振动系统，可以用一个独立坐标来确定系统在任意时刻的位置及其运动规律。这种系统在日常生活和工程实际中广泛存在。单自由度振动系统的一些概念、特征和研究方法，是研究更复杂振动系统的基础。

■ 2.1 单自由度系统的运动方程

建立单自由度振动系统运动方程常用的方法主要有牛顿定律、定轴转动微分方程、能量法、达朗贝尔原理以及利用等效质量和等效刚度的定义等。

由于我们所研究的振动是物体在其静平衡位置附近所做的微小往复运动，所以建立运动方程时，一般应将坐标原点选在静平衡位置。下面从简单到复杂通过实例说明振动结构运动方程的建立方法。

2.1.1 简单振动系统

1. 标准黏性阻尼振动系统

设质量为 m 的重物，悬挂在刚度系数为 k 的弹簧和阻尼系数为 c 的黏性阻尼器上，在外干扰力（激励）$F(t)$ 作用下作铅垂方向的微幅振动，如图 2-1(a) 所示，简称 m-k-c 系统。它是许多实际振动问题的力学模型。

选取重物的静平衡位置为坐标原点，当重物偏离 x 时，受力如图 2-1(b) 所示，δ_{st} 为弹簧的静变形量。利用牛顿定律得

$$m\ddot{x} = mg + F - c\dot{x} - k(x + \delta_{st})$$

在静平衡位置 $mg = k\delta_{st}$，则系统的运动微分方程为

$$m\ddot{x} + c\dot{x} + kx = F(t) \tag{2-1}$$

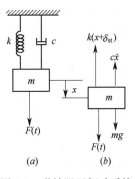

图 2-1 黏性阻尼振动系统

若不计阻尼和外干扰力，则系统变为无阻尼自由振动系统，简称标准 m-k 系统，方程(2-1) 变为

$$m\ddot{x} + kx = 0 \tag{2-2}$$

2. 复摆

图 2-2 所示的复摆在其静平衡位置附近自由摆动，设摆的质量为 m，对悬挂点 O 的转动惯量为 J_O，质心到悬挂点的距离为 a。选静平衡位置为坐标原点，当摆动微小角度 φ 时，利用定轴转动微分方程可得复摆的转动方程

$$J_O\ddot{\varphi} + mga\varphi = 0 \tag{2-3}$$

3. 自由扭转振动系统

如图 2-3 所示，下端的圆盘在均匀轴的弹性恢复力矩作用下在平衡位置附近作扭转振动。设圆盘对轴的转动惯量为 J，使轴产生单位扭转角所需施加的扭矩（即轴的扭转刚

度）为 k_θ，圆盘相对静平衡位置转过的角度用 θ 表示。忽略轴的质量，利用定轴转动微分方程可得系统的扭转振动方程

$$J\ddot{\theta}+k_\theta\theta=0 \tag{2-4}$$

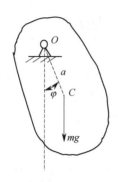

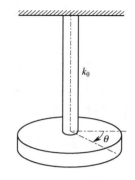

图 2-2　复摆振动系统　　　　　图 2-3　自由扭转振动系统

4. 梁的横向振动

如图 2-4 所示，质量为 m 的重物在弹性简支梁的中心处自由振动。设梁长为 l，材料的弹性模量为 E，截面惯性矩为 I，不计梁的质量。由于梁的挠度 δ 与作用力成正比，设其比例系数为 k（即产生单位挠度所需要的力），由材料力学可知 $k=\dfrac{48EI}{l^3}$。以梁中点的静挠度 δ_{st} 处为坐标原点建立坐标系，由牛顿定律得

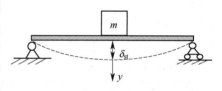

图 2-4　梁的横向振动

$$m\ddot{y}=mg-k(y+\delta_{\mathrm{st}})$$

而 $mg=k\delta_{\mathrm{st}}$，则梁的横向振动微分方程为

$$m\ddot{y}+\frac{48EI}{l^3}y=0 \tag{2-5}$$

振动方程(2-2)～方程(2-5) 可以写成统一的形式

$$m_{\mathrm{eq}}\ddot{x}+k_{\mathrm{eq}}x=0 \tag{2-6}$$

这里：m_{eq} 和 k_{eq} 分别称为**等效质量**（Equivalent Mass）和**等效刚度**（Equivalent Stiffness），x 为广义坐标。为方便起见，通常将等效质量和等效刚度直接写为 m 和 k，这样方程(2-6) 就变成了式(2-2) 的形式。

由此可知，标准 m-k 系统是一切单自由度无阻尼振动系统的模型，只需对方程(2-2)或式(2-6)进行求解分析就可以了。

从方程(2-6) 可以直接给出等效质量和等效刚度的定义：使系统在选定的广义坐标上产生单位加速度（或单位位移），需要在此坐标方向上施加的力，称为系统在此坐标上的等效质量（或等效刚度）。这里的加速度、位移和力都是与广义坐标相对应的广义量。

对于无阻尼自由振动系统，振动过程中能量守恒，可以通过计算动能和势能直接确定等效质量和等效刚度。即将动能和势能表示为

$$T=\frac{1}{2}m_{\mathrm{eq}}\dot{x}^2,V=\frac{1}{2}k_{\mathrm{eq}}x^2 \tag{2-7}$$

这里 x 为广义坐标。

事实上，对式(2-7) 利用 $\dfrac{\mathrm{d}}{\mathrm{d}t}(T+V)=0$ 即可得到式(2-6)。

2.1.2 复杂振动系统

对于较为复杂的振动系统，必须仔细分析系统各部分的运动或变形关系，选择合适的方法和定理，建立运动方程。

【例 2-1】 求图 2-5 所示系统的振动方程。不计水平杆的质量。

解：用能量法。设弹簧 k_1、k_2 的静变形为 δ_1、δ_2，由于振动引起的变形为 x_1、x_2。对杆的受力有

$$k_1(x_1+\delta_1)a=k_2(x_2+\delta_2)l$$

利用静平衡关系 $mg=k_2\delta_2$，$mgl=k_1\delta_1 a$ 得 $k_1 x_1 a=k_2 x_2 l$，又 $x=x_2+\dfrac{l}{a}x_1$，求出

$$x_1=\frac{k_2 a l}{k_1 a^2+k_2 l^2}x, \quad x_2=\frac{k_1 a^2}{k_1 a^2+k_2 l^2}x$$

取静平衡位置为零势能点，动能和势能为

$$T=\frac{1}{2}m\dot{x}^2$$

$$V=-mgx+\frac{1}{2}k_1\left[(x_1+\delta_1)^2-\delta_1^2\right]+\frac{1}{2}k_2\left[(x_2+\delta_2)^2-\delta_2^2\right]=\frac{1}{2}\frac{k_1 k_2 a^2}{k_1 a^2+k_2 l^2}x^2$$

利用 $\dfrac{\mathrm{d}}{\mathrm{d}t}(T+V)=0$ 或式(2-7) 可得振动方程

$$m\ddot{x}+\frac{k_1 k_2 a^2}{k_1 a^2+k_2 l^2}x=0$$

本题还可以利用牛顿定律或利用 $mg=k_{\mathrm{eq}}\delta_{\mathrm{st}}$ 计算等效刚度求解。

从本例可以发现，弹簧的静变形和重力的影响相互抵消，这具有一定的普遍性。事实上，无论用什么方法建立振动方程，当取静平衡位置为坐标原点和零势能点时，可以不考虑引起弹簧静变形的重力和弹簧静变形的影响，而取其他位置为坐标原点和零势能点时，必须考虑它们的影响；如果系统中的重力不引起弹簧静变形，则必须考虑重力的影响。

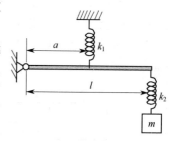

图 2-5　弹簧质量系统

这样，【例 2-1】的势能就直接写为

$$V=\frac{1}{2}k_1 x_1^2+\frac{1}{2}k_2 x_2^2=\frac{1}{2}\frac{k_1 k_2 a^2}{k_1 a^2+k_2 l^2}x^2$$ 后面的很多例题都利用了这种特性。

【例 2-2】 图 2-6(a) 所示的微幅振动系统，质量为 m_1 和 m_2 的两个质点连在不计质量的刚性杆上。试以 x 为广义坐标建立振动方程。

解：用等效质量和等效刚度的定义。

使系统在 x 方向上产生单位加速度，需要在此处加的力为 m_{eq}，同时在两个质量上产生惯性力，如图 2-6(b) 所示。利用达朗贝尔原理，对支座取矩得

$$m_{\mathrm{eq}} \cdot l_1 - m_1 \cdot 1 \cdot l_1 - m_2 \cdot \frac{l_2}{l_1} \cdot l_2 = 0,$$

则 $m_{\mathrm{eq}} = m_1 + m_2 \dfrac{l_2^2}{l_1^2}$;

使系统在 x 方向上产生单位位移，需要在此处加的力为 k_{eq}，同时两个弹簧产生弹性力，如图 2-6(c) 所示。对支座取矩得

$$k_{\mathrm{eq}} \cdot l_1 - k_1 \cdot 1 \cdot l_1 - k_2 \cdot \frac{l_3}{l_1} \cdot l_3 = 0, \quad 则$$

$k_{\mathrm{eq}} = k_1 + k_2 \dfrac{l_3^2}{l_1^2}$;

将 m_{eq} 和 k_{eq} 代入式(2-6) 即得振动方程

$$\left(m_1 + m_2 \frac{l_2^2}{l_1^2}\right)\ddot{x} + \left(k_1 + k_2 \frac{l_3^2}{l_1^2}\right)x = 0$$

说明：(1) 本题没有考虑重力及其引起的弹簧静变形的影响；(2) 还可以利用定轴转动微分方程或能量法求解。

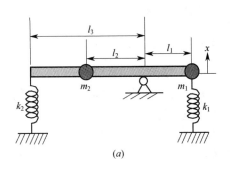

(a)

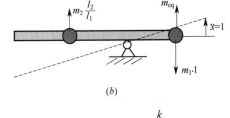

(b)

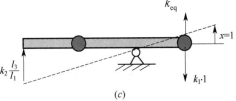

(c)

图 2-6 微幅振动系统

【例 2-3】 汽车拖车的质量为 m，以匀速 v 在不平的路面上行驶，路面的形状可由公式 $h = h_0\left(1 - \cos\dfrac{2\pi x}{l_1}\right)$ 确定，式中 $x = vt$。设拖车与汽车的连接点 O 无垂直位移，轮胎的硬度可视为远大于板簧，已知板簧的弹性系数为 k，板簧间的黏性阻尼系数为 c，拖车对 O 点的转动惯量为 J_O，车轮的质量与拖车质量相比可忽略，h 远小于 l (即可视绕 O 点的转动对于 A 点只产生垂直位移)，因此系统可简化为图 2-7(b) 所示的模型。试求拖车的微幅振动方程。

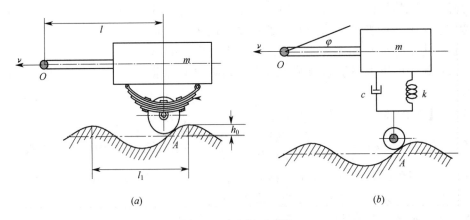

(a)   (b)

图 2-7 汽车振动系统

解： 以 φ 为广义坐标，利用功率方程建立运动方程。

由运动学知识知道，$v_C^2=v^2+(l\dot\varphi)^2$，$J_C=J_O-ml^2$，任一瞬时系统的动能以及所有力的功率为

$$T=\frac{1}{2}mv_C^2+\frac{1}{2}J_C\dot\varphi^2=\frac{1}{2}mv^2+\frac{1}{2}J_O\dot\varphi^2,\quad P=-k(l\varphi-h)l\dot\varphi-c(l\dot\varphi-\dot h)l\dot\varphi$$

代入功率方程 $\dfrac{dT}{dt}=P$ 得 $J_O\ddot\varphi+cl(l\dot\varphi-\dot h)+kl(l\varphi-h)=0$，即

$$\ddot\varphi+\frac{cl^2}{J_O}\dot\varphi+\frac{kl^2}{J_O}\varphi=\frac{2\pi vclh_0}{J_Ol_1}\sin\frac{2\pi vt}{l_1}-\frac{klh_0}{J_O}\cos\frac{2\pi vt}{l_1}+\frac{klh_0}{J_O}$$

【例 2-4】 建立图 2-8 所示系统的振动方程。设两均质杆的质量均为 m。

解：以 C 点质量块 M 的位移 x 为广义坐标，利用功率方程建立运动方程。由理论力学的运动分析可求得各部分的运动量

$$\omega_{BC}=\frac{5}{3l}\dot x,\quad \omega_{AB}=\frac{4}{3l}\dot x,\quad v_B=\frac{4}{3}\dot x$$

系统的动能以及所有力的功率为

$$T=\frac{1}{2}M\dot x^2+\frac{1}{2}m\left(\omega_{BC}\cdot\frac{l}{2}\right)^2+\frac{1}{2}\cdot\frac{ml^2}{12}\omega_{BC}^2$$
$$+\frac{1}{2}\frac{ml^2}{3}\omega_{AB}^2=\frac{1}{2}\left(M+\frac{41}{27}m\right)\dot x^2$$

$$P=\int_0^l\omega_{AB}s\cdot\frac{s}{l}\cdot q_0(t)ds-c\cdot\left(\omega_{AB}\frac{2}{3}l\right)^2-kx\dot x$$

代入功率方程得到振动方程

$$\left(M+\frac{41}{27}m\right)\ddot x+\frac{64}{81}\dot x+kx=\frac{4}{9}lq_0(t)$$

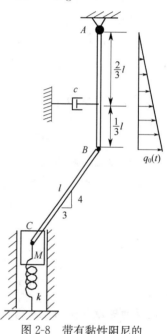

图 2-8　带有黏性阻尼的
复杂振动系统

2.1.3　考虑弹性元件质量的影响

当弹性元件的质量与系统振动质量相比比较大时，必须考虑其对系统振动的影响。方法是将这些弹性元件的质量等效到系统振动质量上去，变成典型的单自由度振动系统。等效所依据的原则是等效前后系统的动能相等，但并不考虑重力势能的影响。这种等效只是一种近似方法，但误差很小。下面以标准 m-k 系统为例说明。

如图 2-9 所示，弹簧长度为 l，刚度系数为 k，单位长度质量为 ρ。设振动质量 m 的位移用 x 表示，弹簧的变形是均匀的，则距固定端为 s 的微段 ds 的位移和速度为 $\dfrac{s}{l}x$ 和 $\dfrac{s}{l}\dot x$，动能 $dT'=\dfrac{1}{2}\rho ds\left(\dfrac{s}{l}\dot x\right)^2$，整个弹簧的动能

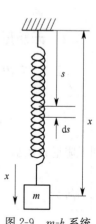

图 2-9　m-k 系统

$$T'=\int dT'=\int_0^l\frac{1}{2}\rho\frac{s^2\dot x^2}{l^2}ds=\frac{1}{2}\left(\frac{1}{3}m_s\right)\dot x^2$$

其中 $m_s=\rho l$ 为弹簧的总质量。

于是弹簧的等效质量为 $\frac{1}{3}m_s$，将此质量加到集中质量 m 上，就得到考虑弹簧质量影响时的振动方程为

$$\left(m+\frac{1}{3}m_s\right)\ddot{x}+kx=0$$

【**例 2-5**】 如图 2-10 所示，在均质等截面简支梁中央放置一集中质量 m_1，设梁的质量为 m_2，长为 l，抗弯刚度为 EI，求考虑梁质量影响时系统的振动方程。

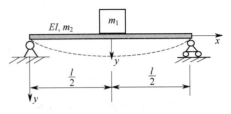

图 2-10　简支梁振动系统

解： 由材料力学知，在图示坐标系下由 m_1 引起梁中点的挠度为 $y_m=\dfrac{m_1gl^3}{48EI}$，将梁的挠度曲线 y 用集中质量 m_1 处的挠度 y_m 表示

$$y=\frac{m_1g}{48EI}(3l^2x-4x^3)=y_m\frac{1}{l^3}(3l^2x-4x^3)，\quad\left(0\leqslant x\leqslant\frac{l}{2}\right)$$

假设梁运动时的挠度曲线和由 m_1 引起的静挠度曲线相同，即把 m_1 的位移 y_m 和 y 看作变量，则上述 y 就代表梁振动的挠度曲线，因此有

$$\dot{y}=\dot{y}_m\frac{1}{l^3}(3l^2x-4x^3)，\quad\left(0\leqslant x\leqslant\frac{l}{2}\right)$$

梁的动能

$$T'=2\int_0^{\frac{l}{2}}\frac{1}{2}\frac{m_2}{l}\left(\dot{y}_m\frac{3l^2x-4x^3}{l^3}\right)^2\mathrm{d}x=\frac{1}{2}\left(\frac{17}{35}m_2\right)\dot{y}_m^2$$

因此梁的等效质量为 $\frac{17}{35}m_2$，系统的总等效质量为 $m_1+\frac{17}{35}m_2$，而简支梁的弯曲刚度 $k=\frac{48EI}{l^3}$，则考虑梁质量影响时系统的振动方程为

$$\left(m_1+\frac{17}{35}m_2\right)\ddot{y}_m+\frac{48EI}{l^3}y_m=0$$

2.2 无阻尼系统的自由振动

2.2.1 自由振动响应
令

$$\omega_n^2=\frac{k}{m} \tag{2-8}$$

则无阻尼自由振动方程(2-2) 变为

$$\ddot{x}+\omega_n^2x=0 \tag{2-9}$$

其通解为

$$x=C_1\cos\omega_nt+C_2\sin\omega_nt \tag{2-10}$$

或

$$x=X\sin(\omega_nt+\varphi)=X\cos(\omega_nt-\varphi') \tag{2-11}$$

方程(2-10) 和方程(2-11) 是时间 t 的简谐函数，因此称这种振动为简谐振动 (Simple Harmonic Vibration)。

设系统的初始条件为

$$t=0 \text{ 时 } x=x_0, \ \dot{x}=\dot{x}_0 \qquad (2-12)$$

则可确定式(2-10) 和式(2-11) 中的常数

$$C_1=x_0, \ C_2=\frac{\dot{x}_0}{\omega_n} \qquad (2-13)$$

$$X=\sqrt{x_0^2+\left(\frac{\dot{x}_0}{\omega_n}\right)^2}, \ \varphi=\arctan\frac{\omega_n x_0}{\dot{x}_0}, \ \varphi'=\arctan\frac{\dot{x}_0}{\omega_n x_0} \qquad (2-14)$$

X 称为**振幅** (Amplitude)，是质量偏离静平衡位置的最大距离；φ 和 φ' 称为**初相位** (Initial Phase Angle)，它决定了系统运动的初始位置；$(\omega_n t+\varphi)$ 和 $(\omega_n t-\varphi')$ 称为**相位角** (Phase Angle)，它决定了系统在某瞬时的位置。

由式(2-10) 或式(2-11) 可以看出，系统属于周期振动，振动的周期和频率为

$$T=\frac{2\pi}{\omega_n}, \ f=\frac{1}{T}=\frac{\omega_n}{2\pi} \qquad (2-15)$$

周期 (Period) T 是系统振动一次所需要的时间，单位为秒（s）。**频率** (Frequency) f 是系统每秒钟振动的次数，单位为 1/秒（1/s）或赫兹（Hz）。

由式(2-15) 知，ω_n 是系统在 2π 时间内振动的次数，单位为弧度/秒（rad/s）。ω_n 称为**圆频率**（Circular Frequency）或**角频率**（Angular Frequency）。由式(2-8) 知，ω_n 只决定于系统本身的参数 m 和 k，而与初始条件无关，是系统本身所固有的特性，所以常称为**固有频率**（Natural Frequency）也称**固有圆频率**。固有频率 ω_n 是振动分析中极其重要的参数。

由式(2-10) 或（2-11）可以看出：无阻尼自由振动系统受到初始干扰后，系统以固有频率 ω_n 做简谐振动，并且永无休止。

固有频率、振幅和初相位是简谐振动的三个重要特征量。

2.2.2 固有频率的确定

（1）直接法。即利用式(2-8) 直接计算固有频率，这时式(2-8) 中的 k 和 m 为等效刚度和等效质量。

（2）静位移法。对于图 2-1 所示的系统，弹簧的静位移为 $\delta_{st}=\dfrac{mg}{k}$，代入式(2-8) 得

$$\omega_n=\sqrt{\frac{g}{\delta_{st}}} \qquad (2-16)$$

事实上，式(2-16) 具体一般性，如图 2-4 所示的简支梁，梁中点的静位移为 $\delta_{st}=\dfrac{mgl^3}{48EI}$，固有频率为 $\omega_n=\sqrt{\dfrac{48EI}{ml^3}}$。

（3）能量法。对无阻尼自由振动系统，能量（机械能）是守恒的。系统在静平衡位置的速度最大，动能也最大，取为零势能位置；在振幅位置偏离静平衡位置最远，速度为 0，动能也为 0，而势能达到最大，则有

$$T_{\max}=V_{\max} \tag{2-17}$$

由无阻尼自由振动方程的解（2-11）得到

$$\dot{x}_{\max}=\omega_{\mathrm{n}}x_{\max} \tag{2-18}$$

这里的 x 为广义振动位移。利用式（2-17）和式（2-18）可以直接求系统的固有频率。

【例 2-6】 质量为 m、半径为 r 的均质圆盘，在半径为 R 的圆形表面内纯滚动，如图 2-11 所示。求固有频率。

解： 取角度 ϕ 为广义坐标，$\phi=0$ 时为零势能点。

任意位置时圆盘的角速度 $\omega_{\mathrm{C}}=\dfrac{R-r}{r}\dot{\phi}$，圆盘对质心 C

的转动惯量 $J_{\mathrm{C}}=\dfrac{1}{2}mr^2$，系统的动能和势能为

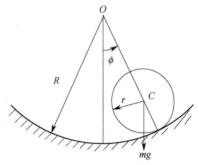

图 2-11　纯滚动圆盘系统

$$T=\frac{1}{2}m(R-r)^2\dot{\phi}^2+\frac{1}{2}J_{\mathrm{C}}\omega_{\mathrm{C}}^2\frac{3m}{4}(R-r)^2\dot{\phi}^2$$

$$V=mg(R-r)(1-\cos\phi)$$

$\phi=0$ 时 $\dot{\phi}$ 最大，系统的动能最大，而当 $\phi=\phi_{\max}$ 时系统的势能最大

$$T_{\max}=\frac{3m}{4}(R-r)^2\dot{\phi}_{\max}^2,\ V_{\max}=mg(R-r)\frac{\phi_{\max}^2}{2}$$

利用式（2-17）和式（2-18）得

$$\frac{3m}{4}(R-r)^2\dot{\phi}_{\max}^2=\frac{3m}{4}(R-r)^2\omega_{\mathrm{n}}^2\phi_{\max}^2=mg(R-r)\frac{\phi_{\max}^2}{2}$$

则

$$\omega_{\mathrm{n}}=\sqrt{\frac{2g}{3(R-r)}}$$

【例 2-7】 已知升降机的箱笼质量为 m，以等速度 v_0 向下运动。若吊索上端突然被卡住，使箱笼停止下降，求箱笼振动的固有频率和吊索的最大伸长量。设卡住时吊索长为 l，吊索的弹性模量为 E，横截面积为 A，不计吊索质量。

解： 由材料力学知，吊索静变形 $\delta_{\mathrm{st}}=\dfrac{mgl}{EA}$，刚度 $k=\dfrac{EA}{l}$，以静平衡位置为坐标原点建立坐标系，箱笼振动的方程为 $m\ddot{x}+\dfrac{EA}{l}x=0$，固有频率 $\omega_{\mathrm{n}}=\sqrt{\dfrac{EA}{ml}}$。

系统的初始条件为 $t=0$ 时 $x=0$，$\dot{x}=v_0$，则由式（2-14）求得吊索的振幅 $X=\dfrac{\dot{x}_0}{\omega_{\mathrm{n}}}=v_0\sqrt{\dfrac{ml}{EA}}$，所以，吊索的最大伸长量

$$\delta_{\max}=\delta_{\mathrm{st}}+X=\frac{mgl}{EA}+v_0\sqrt{\frac{ml}{EA}}$$

【例 2-8】 图 2-12 所示轴由两个无摩擦的轴承支承，轴的两端各带一转动圆盘，今使两端沿相反方向转动，然后突然释放。求系统扭振的固有频率。设轴的直径为 d，轴材料的剪切弹性模量为 G，两圆盘的转动惯量为 J_1 和 J_2。

解： 根据动量矩守恒原理，两圆盘始终沿相反方向振动，并有相同的周期和频率。于是，轴的中间必有某一截面始终保持静止不动，设为过 P 点的 m-m 截面，此不动截面称为节截面，设轴在节截面两边部分的扭转刚度分别为 $k_{\theta 1}$ 和 $k_{\theta 2}$，则固有频率

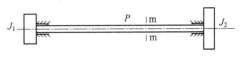

图 2-12　扭转振动

$$\frac{k_{\theta 1}}{J_1}=\frac{k_{\theta 2}}{J_2}$$

由材料力学知圆轴的扭转刚度为 $k_\theta=\dfrac{\pi d^4 G}{32l}$，则有 $\dfrac{k_{\theta 1}}{k_{\theta 2}}=\dfrac{J_1}{J_2}=\dfrac{b}{a}$，所以 $a=\dfrac{lJ_2}{J_1+J_2}$，$b=\dfrac{lJ_1}{J_1+J_2}$，固有频率

$$\omega_n=\sqrt{\frac{k_{\theta 1}}{J_1}}=\sqrt{\frac{\pi d^4 G}{32aJ_1}}=\sqrt{\frac{\pi d^4 G(J_1+J_2)}{32lJ_1J_2}}$$

2.2.3　简谐振动及其特征

1. 简谐振动的运动特征

由简谐振动的位移（2-11）可得速度和加速度

$$\begin{cases} v=\dot{x}=\omega_n X\cos(\omega_n t+\varphi)=\omega_n X\sin(\omega_n t+\varphi+\pi/2) \\ a=\ddot{x}=-\omega_n^2 X\sin(\omega_n t+\varphi)=\omega_n^2 X\sin(\omega_n t+\varphi+\pi) \end{cases} \tag{2-19}$$

由此可见，简谐振动的位移、速度和加速度振动频率相同，速度和加速度的相位分别超前位移 $\pi/2$ 和 π，速度和加速度的幅值分别是位移幅值的 ω_n 和 ω_n^2 倍。

2. 简谐振动的矢量表示

简谐振动可以用旋转的矢量在坐标上的投影来表示。如图 2-13 所示，矢量 $\overrightarrow{OP}$ 以等角速度逆时针旋转，其模为 X；矢量起始位置与水平轴夹角为 φ，任意时刻与水平轴夹角为 $\omega_n t+\varphi$。此时，旋转矢量在坐标上的投影为简谐函数

$$x(t)=X\cos(\omega_n t+\varphi)，\quad y(t)=X\sin(\omega_n t+\varphi) \tag{2-20}$$

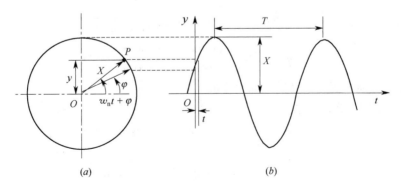

图 2-13　简谐振动的矢量表示

与简谐振动方程（2-11）比较可见，旋转矢量的模正是简谐振动的振幅 X，旋转矢量的角速度是简谐振动的圆频率，旋转矢量与水平轴的夹角是简谐振动的相位角 $\omega_n t+\varphi$；$t=0$ 时旋转矢量与水平轴的夹角为简谐振动的初相位角 φ。可见，二者具有一一对应的关

系，所以旋转矢量可用来表述简谐振动。

3. 简谐振动的复数表示

图 2-14 所示为一复矢量 $\overrightarrow{OP}$，其模为 X，与水平实轴夹角即辐角为 θ。矢量 $\overrightarrow{OP}$ 在实轴与虚轴上的投影分别为 $X\cos\theta$ 与 $X\sin\theta$，其复数表达式为

$$Z=X(\cos\theta+i\sin\theta) \tag{2-21}$$

可见，复矢量的虚部和实部均为简谐函数，可以用来描述简谐振动。复矢量的模 X 代表了简谐振动的振幅，幅角 θ 与简谐振动的相位角 $\omega_n t+\varphi$ 相对应，复矢量在复平面的实轴或虚轴上的投影分别代表余弦或正弦简谐振动。

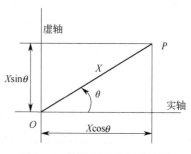

图 2-14 简谐振动的复数表示

根据欧拉公式

$$Z=X(\cos\theta+i\sin\theta)=Xe^{i\theta} \tag{2-22}$$

将幅角 $\theta=\omega_n t+\varphi$ 代入，变为

$$Z=Xe^{i(\omega_n t+\varphi)}=Xe^{i\varphi}e^{i\omega_n t}=\overline{X}e^{i\omega_n t} \tag{2-23}$$

式中 $\overline{X}=Xe^{i\varphi}$ 称为复振幅。

简谐振动若采用复数指数的表达形式，通常会给分析运算带来极大的方便。因此，在振动力学的理论分析中，经常采取复数表示法。

4. 两个同方向同频率简谐振动的合成

设有两个同频率的简谐振动

$$x_1=X_1\cos(\omega t+\varphi_1), x_2=X_2\cos(\omega t+\varphi_2) \tag{2-24}$$

合振动

$$x=x_1+x_2=X_1\cos(\omega t+\varphi_1)+X_2\cos(\omega t+\varphi_2)$$

画出矢量图可得

$$x=X\cos(\omega t+\varphi) \tag{2-25}$$

其中

$$X=\sqrt{X_1^2+X_2^2+2X_1X_2\cos(\varphi_2-\varphi_1)} \tag{2-26}$$

$$\varphi=\arctan\frac{X_1\sin\varphi_1+X_2\sin\varphi_2}{X_1\cos\varphi_1+X_2\cos\varphi_2} \tag{2-27}$$

5. 两个同方向不同频率简谐振动的合成

设有两个不同频率的简谐振动

$$x_1=X_1\cos(\omega_1 t+\varphi_1), \quad x_2=X_2\cos(\omega_2 t+\varphi_2) \tag{2-28}$$

合振动

$$x=x_1+x_2=X_1\cos(\omega_1 t+\varphi_1)+X_2\cos(\omega_2 t+\varphi_2)$$

由矢量图可得到合振动的振幅

$$X=\sqrt{X_1^2+X_2^2+2X_1X_2\cos[(\omega_2-\omega_1)t+(\varphi_2-\varphi_1)]} \tag{2-29}$$

需要说明的是，两个不同频率简谐振动的合振动不再是简谐振动，而是一种复杂运动。

两个简谐振动的叠加将在多自由度振动系统中用到。

■ 2.3 黏性阻尼系统的自由振动

前面的讨论中，我们不计运动所受的阻力，因而振动过程中能量守恒，振幅保持不变。而实际情况并非如此，必须考虑阻力对振动过程的影响。产生阻尼的原因很多，形式多样，有滑动摩擦表面的阻尼、空气或流体阻尼、弹性材料的内摩擦阻尼等。当振动速度不大时，由于介质黏性引起的阻力与速度成正比，方向与速度方向相反，属于**黏性阻尼**又称**黏滞阻尼**或**线性阻尼**。这是最简单的情况。

2.3.1 自由振动响应

由式(2-1)可得到单自由度黏性阻尼自由振动系统的运动方程

$$m\ddot{x} + c\dot{x} + kx = 0 \tag{2-30}$$

令**阻尼比**（Damping Ratio）

$$\zeta = \frac{c}{2m\omega_n} = \frac{c}{2\sqrt{mk}} \tag{2-31}$$

则方程(2-30)可写为

$$\ddot{x} + 2\omega_n \zeta \dot{x} + \omega_n^2 x = 0 \tag{2-32}$$

令方程(2-32)的解为 $x = Ce^{st}$，代入方程(2-32)可得到系统的特征方程 $s^2 + 2\omega_0 \zeta s + \omega_0^2 = 0$，由此得到方程的两个根

$$\left.\begin{array}{c} s_1 \\ s_2 \end{array}\right\} = (-\zeta \pm \sqrt{\zeta^2 - 1})\omega_n \tag{2-33}$$

下面对不同的阻尼比进行讨论，分析其对运动性质的影响。

1. $\zeta > 1$（过阻尼情况）（Over Damping）

此时特征方程有两个不同的实根，通解为

$$x(t) = C_1 e^{(-\zeta + \sqrt{\zeta^2 - 1})\omega_n t} + C_2 e^{(-\zeta - \sqrt{\zeta^2 - 1})\omega_n t} \tag{2-34}$$

由初始条件（2-12）可确定系数

$$C_1 = \frac{\dot{x}_0 + (\zeta + \sqrt{\zeta^2 - 1})\omega_n x_0}{2\omega_n \sqrt{\zeta^2 - 1}}, \quad C_2 = \frac{-\dot{x}_0 - (\zeta - \sqrt{\zeta^2 - 1})\omega_n x_0}{2\omega_n \sqrt{\zeta^2 - 1}} \tag{2-35}$$

式(2-34)对应的是一种衰减运动，但不是我们所关心的振动形式。设 $x_0 > 0$，$\dot{x}_0 > 0$，其运动图形大致如图 2-15 所示。

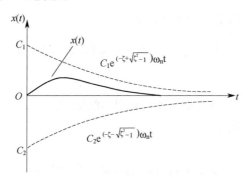

图 2-15 过阻尼时的运动图形

2. $\zeta = 1$（临界阻尼情况）（Critical Damping）

此时特征方程有重根，方程(2-32)的通解为

$$x(t) = (C_1 + C_2 t)e^{-\omega_n t} \tag{2-36}$$

利用初始条件（2-12）可确定系数

$$C_1 = x_0, \quad C_2 = \dot{x}_0 + \omega_n x_0 \tag{2-37}$$

式(2-37)对应的也是一种非振荡的衰减运动，按不同的初始条件其运动图形如图 2-16 所示。

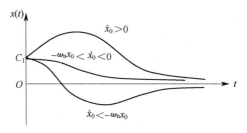

图 2-16   临界阻尼时的运动图形

我们把 $\zeta = 1$ 时的阻尼系数称为**临界阻尼系数**，记为 c_c

$$c_c = 2m\omega_n = 2\sqrt{mk} \tag{2-38}$$

3. $0 < \zeta < 1$（小阻尼情况）（Under Damping）

此时特征方程有一对共轭复根，方程(2-32)的通解为

$$x(t) = e^{-\zeta\omega_n t}(C_1 \cos\omega_n\sqrt{1-\zeta^2}\,t + C_2 \sin\omega_n\sqrt{1-\zeta^2}\,t) \tag{2-39}$$

或写为

$$x(t) = Xe^{-\zeta\omega_n t}\sin(\omega_n\sqrt{1-\zeta^2}\,t + \varphi) \tag{2-40}$$

利用初始条件（2-12）可确定常数

$$C_1 = x_0, \quad C_2 = \frac{\dot{x}_0 + \zeta\omega_n x_0}{\omega_n\sqrt{1-\zeta^2}} \tag{2-41}$$

$$X = \sqrt{x_0^2 + \left(\frac{\dot{x}_0 + \zeta\omega_n x_0}{\omega_n\sqrt{1-\zeta^2}}\right)^2}, \quad \varphi = \arctan\frac{\omega_n x_0\sqrt{1-\zeta^2}}{\dot{x}_0 + \zeta\omega_n x_0} \tag{2-42}$$

方程(2-40)中有两个因子，一个是衰减的指数函数 $e^{-\zeta\omega_n t}$，它使振幅越来越小，直至振动最终消失；另一个因子是正弦函数 $\sin(\omega_n\sqrt{1-\zeta^2}\,t + \varphi)$，它表示系统以相同的周期 $\dfrac{2\pi}{\omega_n\sqrt{1-\zeta^2}}$ 通过平衡位置，即系统呈现为一种衰减振动的运动形式，如图 2-17 所示，这才是我们所要关心的情况。

图 2-18 为上述三种不同阻尼情况下运动图形的比较。

2.3.2　衰减振动的特性

1. 等时性

由式(2-40)可以看出，系统不再作简谐运动，但仍以相同的周期通过平衡位置，即具有运动的等时性，黏性阻尼振动的固有频率和周期为

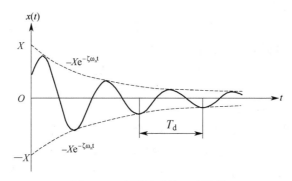

图 2-17　小阻尼时的运动图形

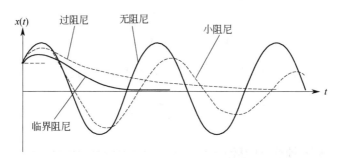

图 2-18　三种阻尼运动图形的比较

$$\omega_{\mathrm{d}}=\omega_{\mathrm{n}}\sqrt{1-\zeta^2}\ ,\quad T_{\mathrm{d}}=\frac{2\pi}{\omega_{\mathrm{n}}\sqrt{1-\zeta^2}} \tag{2-43}$$

2. 振动频率变小，周期变大

由式(2-43)可看出，衰减振动的固有频率比无阻尼系统的固有频率小，振动周期变大，但影响很小，特别是当阻尼很小（$\zeta\ll 1$）时，可以忽略阻尼对振动频率和周期的影响。

3. 振幅衰减

由式(2-40)可看出，振幅随时间以几何级数衰减。振幅衰减的快慢程度可用相邻振幅的比来表示，称为**衰减率**（Decrement）或减幅率或减缩率；也可以用衰减率的自然对数来表示，称为**对数衰减率**（Logarithmic Decrement）。由式(2-40)得到衰减率

$$\eta=\frac{x_i}{x_{i+1}}=\frac{X\mathrm{e}^{-\zeta\omega_{\mathrm{n}}t}}{X\mathrm{e}^{-\zeta\omega_{\mathrm{n}}(t+T_{\mathrm{d}})}}=\mathrm{e}^{\zeta\omega_{\mathrm{n}}T_{\mathrm{d}}} \tag{2-44}$$

对数衰减率为

$$\delta=\ln\!\left(\frac{x_i}{x_{i+1}}\right)=\omega_{\mathrm{n}}\zeta T_{\mathrm{d}}=\frac{2\pi\zeta}{\sqrt{1-\zeta^2}} \tag{2-45}$$

设系统最初的振幅为 X_0，经过 n 次循环后的振幅为 X_n，则对数衰减率又可以表示为

$$\delta=\frac{1}{n}\ln\!\left(\frac{X_0}{X_n}\right) \tag{2-46}$$

利用对数衰减率可以测定系统阻尼。

【例 2-9】　某振动系统，阻尼比为 0.01，振动周期为 0.38s，最初振幅为 12mm，求

振幅减到 0.5mm 所需要的时间。

解：由于阻尼比很小，可对式(2-45)表示的对数衰减率进行简化 $\delta \approx 2\pi\zeta = 0.063$，由式(2-46)求出振幅减到 0.5mm 时的振动次数

$$n = \frac{1}{\delta}\ln\left(\frac{X_0}{X_n}\right) = \frac{1}{0.063}\ln\left(\frac{12}{0.5}\right) = 50 \ \text{次}$$

因此衰减时间为 $50 \times 0.38 = 19\text{s}$。

【例 2-10】 试证明：在衰减振动中，振动系统每一周期消耗的机械能 ΔU 与每周开始时的机械能 U_1 比为一常量。且在阻尼很小的情况下等于 2δ。

证：设在一周开始时的振幅为 X_1，一周末的振幅为 X_2，则对应的机械能应为此二瞬时系统的势能（动能为零）分别为 $V_1 = \frac{1}{2}kX_1^2$，$V_2 = \frac{1}{2}kX_2^2$，则

$$\frac{\Delta U}{U_1} = \frac{V_1 - V_2}{V_1} = 1 - \left(\frac{X_2}{X_1}\right)^2 = 1 - e^{-2\delta}$$

用级数展开 $e^{-2\delta} = 1 - 2\delta + \frac{4\delta^2}{2!} - \cdots$，在阻尼很小时 $\delta \ll 1$，所以

$$\frac{\Delta U}{U} = 2\delta - \frac{4\delta^2}{2!} + \cdots \approx 2\delta$$

2.4 周期激励下的强迫振动

前面研究的自由振动可以是系统对初始扰动的响应，由于阻尼的存在，振动现象很快就会消失。但实际中经常会看到物体作持续的振动，这是由于有外界能量输入给振动系统以补充阻尼消耗的能量。

系统在外部激励作用下的振动称为**强迫振动**（Forced Vibration）或**受迫振动**。最简单的激励是按照一定周期变化的**周期激励**（Periodic Excitation）。

2.4.1 简谐激励下的强迫振动

所谓**简谐激励**（Harmonic Excitation）就是正弦或余弦激励，是最简单的周期激励。

1. 正弦激励

对图 2-1 所示的单自由度黏性阻尼系统，设激励为

$$F(t) = F_0 \sin\omega t \tag{2-47}$$

这里 ω 为激振频率。引入阻尼比式(2-31)后，方程(2-1)变为

$$\ddot{x} + 2\omega_n\zeta\dot{x} + \omega_n^2 x = \frac{F_0}{m}\sin\omega t \tag{2-48}$$

此方程的解由其齐次方程(2-32)的通解(2-39)或解(2-40)和一个特解组成。设特解为

$$x^*(t) = X\sin(\omega t - \varphi) \tag{2-49}$$

将式(2-49)代入方程(2-48)，并将方程(2-48)右端写为 $\frac{F_0}{m}\sin[(\omega t - \varphi) + \varphi]$，展开后比较 $\sin(\omega t - \varphi)$ 和 $\cos(\omega t - \varphi)$ 的系数，并引入**频率比**（Frequency Ratio）

$$\gamma = \frac{\omega}{\omega_n} \tag{2-50}$$

可确定系数

$$X=\frac{F_0/k}{\sqrt{(1-\gamma^2)^2+(2\zeta\gamma)^2}}, \quad \varphi=\arctan\frac{2\zeta\gamma}{1-\gamma^2} \tag{2-51}$$

因此方程(2-48)的解为

$$x(t)=\mathrm{e}^{-\zeta\omega_n t}(C_1\cos\omega_n\sqrt{1-\zeta^2}\,t+C_2\sin\omega_n\sqrt{1-\zeta^2}\,t)+X\sin(\omega t-\varphi) \tag{2-52}$$

由初始条件 (2-12) 可确定系数 C_1 和 C_2

$$C_1=x_0+X\sin\varphi, \quad C_2=\frac{\dot{x}_0}{\omega_d}+\frac{\zeta\omega_n}{\omega_d}(x_0+X\sin\varphi)-\frac{X\omega}{\omega_d}\cos\varphi \tag{2-53}$$

其中的 ω_d 由式(2-43) 给出。所以式(2-52) 最终变为

$$x=\mathrm{e}^{-\zeta\omega_n t}\left(\frac{\dot{x}_0+\zeta\omega_n x_0}{\omega_d}\sin\omega_d t+x_0\cos\omega_d t\right)$$

$$+X\mathrm{e}^{-\zeta\omega_n t}\left(\frac{\zeta\omega_n\sin\varphi-\omega\cos\varphi}{\omega_d}\sin\omega_d t+\sin\varphi\cos\omega_d t\right)$$

$$+X\sin(\omega t-\varphi) \tag{2-54}$$

式(2-54) 右端第一部分代表由初位移和初速度引起的自由振动，第二部分代表由干扰力引起的自由振动，第三部分代表与激振力同形式的强迫振动。前两部分自由振动都是衰减振动，它们随时间的推移而消失，称为**瞬态响应**或**暂态响应**（Transient State Response），最后只剩下等幅的强迫振动式(2-49)，称为**稳态响应**（Steady State Response），这才是我们最关心的。

式(2-49) 中的 X 和 φ 由称为稳态响应的振幅和相位，是强迫振动的两个重要指标。

对于无阻尼振动系统，正弦激励的响应变为

$$x=\frac{\dot{x}_0}{\omega_n}\sin\omega_n t+x_0\cos\omega_n t+\frac{F_0}{k(1-\gamma^2)}(\sin\omega t-\gamma\sin\omega_n t) \tag{2-55}$$

2. 余弦激励

若激励为余弦函数

$$F(t)=F_0\cos\omega t \tag{2-56}$$

则假设特解

$$x^*(t)=X\cos(\omega t-\varphi) \tag{2-57}$$

利用和正弦激励相同的分析方法可得到响应

$$x=\mathrm{e}^{-\zeta\omega_n t}\left(\frac{\dot{x}_0+\zeta\omega_n x_0}{\omega_d}\sin\omega_d t+x_0\cos\omega_d t\right)$$

$$-X\mathrm{e}^{-\zeta\omega_n t}\left(\frac{\zeta\omega_n\cos\varphi-\omega\sin\varphi}{\omega_d}\sin\omega_d t+\cos\varphi\cos\omega_d t\right)$$

$$+X\cos(\omega t-\varphi) \tag{2-58}$$

其中的 X 和 φ 仍由式(2-51) 确定。无阻尼系统的余弦激励响应为

$$x=\frac{\dot{x}_0}{\omega_n}\sin\omega_n t+x_0\cos\omega_n t+\frac{F_0}{k(1-\gamma^2)}(\cos\omega t-\cos\omega_n t) \tag{2-59}$$

2.4.2 简谐激励强迫振动的复数解法

将方程(2-48)写成复数形式

$$\ddot{z}+2\omega_n\zeta\dot{z}+\omega_n^2 z=\frac{F_0}{m}\mathrm{e}^{i\omega t} \tag{2-60}$$

其中 $i=\sqrt{-1}$。上式中实部代表余弦激励，虚部代表正弦激励。令其特解为

$$z^*=Z\mathrm{e}^{i\omega t} \tag{2-61}$$

将式(2-61)代入方程(2-60)得

$$z^*=\frac{F_0/m}{-\omega^2+2i\zeta\omega_\mathrm{n}\omega+\omega_\mathrm{n}^2}\mathrm{e}^{i\omega t}=H(\omega)\frac{F_0}{k}\mathrm{e}^{i\omega t} \tag{2-62}$$

其中

$$H(\omega)=\frac{1}{1-\gamma^2+2i\zeta\gamma} \tag{2-63}$$

$H(\omega)$ 称为**复频率响应函数**（Complex Frequency Response Function）。由式(2-62)可以看出 $H(\omega)$ 就是系统对频率为 ω 的单位谐干扰力的复响应的振幅。

令 $1-\gamma^2+2i\zeta\gamma=C\mathrm{e}^{i\varphi}$，确定出 C 和 φ 后代入式(2-62)得到

$$z^*=\frac{F_0/k}{\sqrt{(1-\gamma^2)^2+(2\zeta\gamma)^2}}\mathrm{e}^{i(\omega t-\varphi)}=\frac{F_0}{k}|H(\omega)|\mathrm{e}^{i(\omega t-\varphi)}=X\mathrm{e}^{i(\omega t-\varphi)} \tag{2-64}$$

式中的 X 和 φ 与式(2-51)完全相同。

分别取式(2-64)的实部和虚部就是对应于余弦和正弦激励的稳态响应。

2.4.3 稳态响应分析

1. 幅频特性曲线

为了分析稳态响应(2-49)，把响应的振幅 X 与最大干扰力 F_0 所引起的静位移的比值定义为**动力放大系数**或称**振幅放大因子**（Amplitude Amplification Factor），记为 β

$$\beta=\frac{X}{F_0/k}=|H(\omega)|=\frac{1}{\sqrt{(1-\gamma^2)^2+(2\zeta\gamma)^2}} \tag{2-65}$$

以 ζ 为参数，画出图 2-19 所示的 $\beta-\gamma$ 曲线，称为**幅频特性曲线**（Amplitude Frequency Curve），表明了阻尼和激振频率对响应幅值的影响。从图中可以看出，当频率比 $\gamma\to0$ 时 $\beta\to1$，即响应幅值近似等于激振力幅值 F_0 所引起的静位移 $\frac{F_0}{k}$。当 $\gamma\gg1$ 时 β 趋近于零，此时 $X\approx\frac{F_0}{k\gamma^2}=\frac{F_0}{m\omega^2}$，可见振幅的大小主要决定于系统的惯性。当 $\gamma\approx1$ 时 β 迅速增大，即振幅非常大，这种现象称为**共振**（Resonance）。图 2-19 还表明，振幅大小与阻尼的关系极为密切，当 $\zeta\to0$ 时振幅 X 趋于无限大。但共振并不发生在 $\gamma=1$ 处，由式(2-65)不难看出分母在 $\gamma^2=1-2\zeta^2$ 处具有极小值 $2\zeta\sqrt{1-\zeta^2}$，也就是说当 $\omega=\sqrt{1-2\zeta^2}\omega_0$ 时 β 取极大值

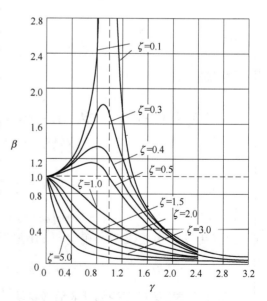

图 2-19 幅频特性曲线

$$\beta_{\max} = \frac{1}{2\zeta\sqrt{1-\zeta^2}} \tag{2-66}$$

当 $\gamma = 1$ 时

$$\beta = \frac{1}{2\zeta} \tag{2-67}$$

当 ζ 很小时式(2-66) 和式(2-67) 相差很小，所以在工程中通常认为当 $\omega = \omega_n$ 时发生共振。

2. 相频特性曲线

以 ζ 为参数，画出图 2-20 所示的 $\varphi - \gamma$ 曲线，称为 **相频特性曲线**（Phase Frequency Curve），表明了阻尼和激振频率对响应相位差的影响。从图中可以看出，无阻尼情况下的曲线是由 $\varphi = 0$ 和 $\varphi = \pi$ 的半直线段组成，在 $\gamma = 1$ 处发生间断。而有阻尼时为 φ 在 $0 \sim \pi$ 之间变化的光滑曲线，并且不论 ζ 取什么值，当 $\gamma = 1$ 时都有 $\varphi = \pi/2$，即曲线都交于 $(1, \pi/2)$ 这一点。这一现象可以用来测定系统的固有频率。$\gamma \to \infty$ 时，$\varphi \to \pi$，激振力与位移反相，系统平稳运行；$\gamma \to 0$ 时，$\varphi \to 0$，激振力与位移同相，振幅接近静位移。

3. 品质因子

工程上通常把共振时的动力放大系数称为 **品质因子**（Quality Factor），记为 Q，则由式(2-67) 知

$$Q = \frac{1}{2\zeta} \tag{2-68}$$

在幅频特性曲线图 2-19 上用 $\dfrac{Q}{\sqrt{2}}$ 的一条水平直线在共振区附近截出两点 P_1、P_2，对应于两点 P_1、P_2 的激振频率为 ω_1、ω_2，P_1、P_2 称为 **半功率点**（Half-power Points），ω_1、ω_2 之差称为系统的 **半功率带宽**（Half-power Bandwidth）。如图 2-21 所示。

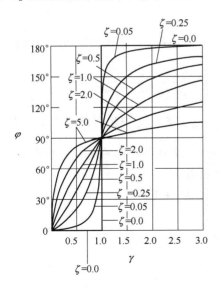

图 2-20 相频特性曲线

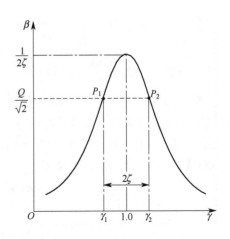

图 2-21 半功率点与半频率带宽

对于 P_1、P_2 两点，利用式(2-65) 和式(2-68) 得

$$\frac{Q}{\sqrt{2}}=\frac{1}{2\zeta\sqrt{2}}=\frac{1}{\sqrt{(1-\gamma^2)^2+(2\zeta\gamma)^2}} \tag{2-69}$$

从上式解出两个根 $\gamma_{1,2}=1\mp\zeta$（对小阻尼，略去 ζ^2 以上小量有 $\gamma_{1,2}^2=1\mp2\zeta$，在同样精度内级数展开即可），即为图 2-21 中的 $\frac{\omega_1}{\omega_n}$ 和 $\frac{\omega_2}{\omega_n}$，显然有 $\gamma_2-\gamma_1=2\zeta=\frac{\omega_2}{\omega_n}-\frac{\omega_1}{\omega_n}$，于是 Q 又可表示为

$$Q=\frac{1}{2\zeta}=\frac{\omega_n}{\omega_2-\omega_1} \tag{2-70}$$

利用式(2-70) 可以估算系统的阻尼比 ζ，当 $Q>5$ 或 $\zeta<0.1$ 时其误差不超过 3%。

通常把**共振区**（Resonance Region）取为

$$\gamma_1=\frac{\omega_1}{\omega_n}<\gamma<\gamma_2=\frac{\omega_2}{\omega_n} \tag{2-71}$$

共振区内的频率响应曲线称为**共振峰**（Resonance Peak）。

【**例 2-11**】 质量为 M 的振动机中，两个偏心质量 $m/2$ 绕相反方向以等角速度 ω 转动，振动机支承在弹簧 k 和阻尼器 c 上，如图 2-22 所示。试讨论振动机在其平衡位置附近的运动。

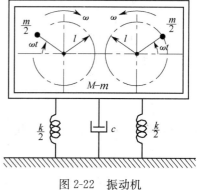

解：设振动机的固定部分偏离平衡位置的位移为 x，由动量定理求出运动方程

$$M\ddot{x}+c\dot{x}+kx=ml\omega^2\sin\omega t$$

由式(2-49)、式(2-51) 和式(2-65) 求得稳态响应

图 2-22 振动机

$$x(t)=\frac{ml}{M}\left(\frac{\omega}{\omega_n}\right)^2|H(\omega)|\sin(\omega t-\varphi)$$

响应幅值为 $X=\frac{ml}{M}\gamma^2|H(\omega)|$，考虑无量纲比 $\frac{MX}{ml}=\gamma^2|H(\omega)|$，振动机质心的位移为

$$x_C=\frac{(M-m)x+m(x+l\sin\omega t)}{M}=\frac{MX\sin(\omega t-\varphi)+ml\sin\omega t}{M}$$

由于当 $\gamma\to\infty$ 时，$\frac{MX}{ml}=\gamma^2|H(\omega)|\to1$，而 $\varphi\to\pi$，因此当干扰力的频率比固有频率大得多时，$\sin(\omega t-\varphi)\approx-\sin\omega t$，$MX\approx ml$，$x_C\approx0$，此时振动机的质心几乎保持静止。这就是高速旋转的机器正常工作时运转非常平稳的原因。

【**例 2-12**】 求【例 2-3】中拖车振幅到达最大值时的速度。

解：【例 2-3】中已求得振动方程

$$\ddot{\varphi}+\frac{cl^2}{J_O}\dot{\varphi}+\frac{kl^2}{J_O}\varphi=\frac{2\pi vclh_0}{J_Ol_1}\sin\frac{2\pi vt}{l_1}-\frac{klh_0}{J_O}\cos\frac{2\pi vt}{l_1}+\frac{klh_0}{J_O}$$

令 $2n=\frac{cl^2}{J_O}$，$\omega_n^2=\frac{kl^2}{J_O}$，$\omega=\frac{2\pi v}{l_1}$，则稳态响应

$$\varphi=\Phi_1\sin(\omega t-\psi)+\Phi_2\cos(\omega t-\psi)+\frac{h_0}{l}$$

其中

$$\Phi_1 = \frac{2n\omega h_0}{l\sqrt{(\omega_n^2 - \omega^2)^2 + (2n\omega)^2}}, \quad \Phi_2 = \frac{\omega_n^2 h_0}{l\sqrt{(\omega_n^2 - \omega^2)^2 + (2n\omega)^2}}$$

故拖车的振幅为

$$\Phi = \sqrt{\Phi_1^2 + \Phi_2^2} = \frac{h_0}{l}\sqrt{\frac{(2n\omega)^2 + \omega_n^4}{(\omega_n^2 - \omega^2)^2 + (2n\omega)^2}}$$

为求振幅最大时的拖车速度，令 $\dfrac{\mathrm{d}\Phi}{\mathrm{d}\omega}=0$，得 $2n^2\omega^4 + \omega_n^4\omega^2 - \omega_n^6 = 0$，无阻尼时 $n=0$，得 $v = \dfrac{\omega_n l}{2\pi}$；有阻尼时

$$\omega = \frac{1}{2n}\sqrt{-\omega_n^4 \pm \sqrt{\omega_n^8 + 8n^2\omega_n^6}} = \frac{\omega_n}{2\zeta}\sqrt{\sqrt{1+8\zeta^2}-1}, \quad v = \frac{l_1\omega_n}{4\pi\zeta}\sqrt{\sqrt{1+8\zeta^2}-1}$$

【**例 2-13**】 求图 2-23(a) 所示的机构中质量 m 作微小摆动时的最大摆角。除质量 m 外，其他构件的质量均略去不计。

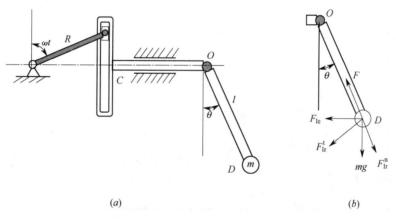

(a) (b)

图 2-23 微小摆动机构

解： 设摆角用 θ 表示，如图所示。以 O 为基点分析 D 点的加速度：$\vec{a}_D = \vec{a}_O + \vec{a}_{DO}^n + \vec{a}_{DO}^t$，$m$ 受力如图 (b)，由达朗贝尔原理对 O 点求矩得：

$$mgl\sin\theta + F_{Ir}^t l + F_{Ie} l\cos\theta = 0$$

将 $F_{Ie} = ma_O = -mR\omega^2\sin\omega t$，$F_{Ir}^t = ma_{DO}^t = ml\ddot{\theta}$ 代入，得到微振动方程

$$\ddot{\theta} + \frac{g}{l}\theta = \frac{R\omega^2}{l}\sin\omega t$$

因此有

$$\theta_{\max} = \frac{R\omega^2/l}{\omega_n^2 - \omega^2} = \frac{R\omega^2}{g - l\omega^2}$$

【**例 2-14**】 试求图 2-24 所示系统的振动微分方程，并求其稳态响应。

解： 取坐标如图，由牛顿定律得

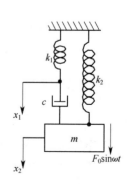

图 2-24 有阻尼振动系统

$$m\ddot{x} - c(\dot{x}_1 - \dot{x}) + k_2 x = F_0 \sin\omega t$$

$$k_1 x_1 + c(\dot{x}_1 - \dot{x}) = 0$$

将这两个方程求导得到 $c\dot{x}_1$ 和 $c\ddot{x}_1$，从而消去 x_1 得：

$$m\dddot{x} + \frac{mk_1}{c}\ddot{x} + (k_1 + k_2)\dot{x} + \frac{k_1 k_2}{c}x = F_0\left(\omega\cos\omega t + \frac{k_1}{c}\sin\omega t\right)$$

令 $F_0 \sin\omega t = F_0 e^{i\omega t}$，$x = B e^{i(\omega t - \varphi)}$，代入上式解得

$$B = F_0 \sqrt{\frac{k_1^2 + c^2\omega^2}{k_1^2(k_2 - m\omega^2)^2 + c^2\omega^2(k_1 + k_2 - m\omega^2)^2}}$$

$$\varphi = \tan^{-1}\frac{c\omega k_1^2}{k_1^2(k_2 - m\omega^2) + c^2\omega^2(k_1 + k_2 - m\omega^2)}$$

稳态响应为 $x = B\sin(\omega t - \varphi)$。

令 $\omega_n^2 = \dfrac{k_2}{m}$，$\zeta = \dfrac{c}{2\sqrt{k_2 m}}$，$\omega = \omega_n$，可得共振振幅

$$B = F_0\frac{\sqrt{k_1^2 + c^2\omega^2}}{c\omega k_1} = \frac{F_0}{k_2}\frac{1}{2\zeta}\sqrt{1 + 4\left(\frac{k_2}{k_1}\right)^2\zeta^2},\quad \varphi = \tan^{-1}\left(\frac{k_1}{c\omega}\right) = \tan^{-1}\left(\frac{k_1}{2\zeta k_2}\right)$$

这说明阻尼器接地的一端，如果串联一弹簧 k_1，将降低阻尼器的作用效果，其影响程度决定于 $\dfrac{k_2}{k_1}$ 比值的大小。

2.4.4 共振响应分析

共振时 $\gamma = 1$，由式（2-51）知振幅和初相位为

$$X = \frac{F_0/k}{\sqrt{(1 - \gamma^2)^2 + (2\zeta\gamma)^2}} = \frac{F_0}{2k\zeta},\quad \varphi = 90° \tag{2-72}$$

正弦激励的响应（2-54）变为

$$x = e^{-\zeta\omega t}\left(\frac{\dot{x}_0 + \zeta\omega x_0}{\omega_d}\sin\omega_d t + x_0\cos\omega_d t\right)$$

$$+ \frac{F_0}{2k}\left(\frac{e^{-\zeta\omega t}}{\sqrt{1 - \zeta^2}}\sin\omega_d t + \frac{e^{-\zeta\omega t}}{\zeta}\cos\omega_d t - \frac{1}{\zeta}\cos\omega t\right) \tag{2-73}$$

余弦激励的响应（2-58）变为

$$x = e^{-\zeta\omega t}\left(\frac{\dot{x}_0 + \zeta\omega x_0}{\omega_d}\sin\omega_d t + x_0\cos\omega_d t\right)$$

$$- \frac{F_0 e^{-\zeta\omega t}}{2k\zeta\sqrt{1 - \zeta^2}}\sin\omega_d t + \frac{F_0}{2k\zeta}\sin\omega t \tag{2-74}$$

对于无阻尼振动系统，式（2-73）变为

$$x = \frac{\dot{x}_0}{\omega_n}\sin\omega_n t + x_0\cos\omega_n t + \frac{F_0}{k(1 - \gamma^2)}\left[\sin\omega t - \gamma\sin\omega_n t\right] \tag{2-75}$$

共振时式（2-75）的后面项无意义，这时将 $\sin\omega t$ 在 ω_n 处级数展开，忽略高次项得 $\sin\omega t \approx \sin\omega_n t + (\omega t - \omega_n t)\cos\omega_n t$，代入式（2-75）后面两项得

$$\frac{F_0}{k(1 - \gamma^2)}\left[\sin\omega t - \gamma\sin\omega_n t\right] = \frac{F_0}{k(1 - \gamma^2)}\left[(1 - \gamma)\sin\omega_n t - \omega_n t(1 - \gamma)\cos\omega_n t\right]$$

$$= \frac{F_0}{k(1-\gamma^2)} \left[\sin\omega_n t + (\omega t - \omega_n t)\cos\omega_n t - \gamma\sin\omega_n t \right] = \frac{F_0}{2k} \left[\sin\omega_n t - \omega_n t\cos\omega_n t \right]$$

所以无阻尼系统正弦激励下的共振响应为

$$x = \frac{\dot{x}_0}{\omega_n}\sin\omega_n t + x_0\cos\omega_n t + \frac{F_0}{2k}\left[\sin\omega_n t - \omega_n t\cos\omega_n t \right] \tag{2-76}$$

同理，无阻尼系统余弦激励下的共振响应为

$$x = \frac{\dot{x}_0}{\omega_n}\sin\omega_n t + x_0\cos\omega_n t + \frac{F_0}{2k}\left[\cos\omega_n t + \omega_n t\sin\omega_n t \right] \tag{2-77}$$

【例 2-15】 质量为 1.95kg 的机器零件，在黏性阻尼介质中振动，激振力为 $25\sin(2\pi ft)$N。若测得系统共振时的振幅为 1.27cm，激振力周期为 0.20s，求其阻尼系数 c；若 $f=4$Hz，求去除阻尼后系统的振幅是有阻尼时振幅的多少倍。

解： 共振时 $\omega = \omega_n$，由式(2-72)得共振振幅 $X = \dfrac{F_0}{2k\zeta} = \dfrac{F_0}{c\omega} = \dfrac{F_0 T}{2\pi c}$，则阻尼系数为

$$c = \frac{F_0 T}{2\pi X} = \frac{25 \times 0.2}{2\pi \times 0.0127} = 62.66(\text{N} \cdot \text{s/m})$$

去除阻尼后的振幅为

$$X' = \frac{F_0/k}{1-\gamma^2} = \frac{F_0}{k - m\omega^2}$$

有阻尼时的振幅

$$X = \frac{F_0/k}{\sqrt{(1-\gamma^2)^2 + (2\zeta\gamma)^2}} = \frac{F_0}{\sqrt{(k-m\omega^2)^2 + (c\omega^2)^2}}$$

则振幅比值为

$$\frac{X'}{X} = \sqrt{1 + \left(\frac{c\omega}{k - m\omega^2} \right)^2} = \sqrt{1 + \left(\frac{c\omega}{m\omega_n^2 - m\omega^2} \right)^2}$$

$$= \sqrt{1 + \left[\frac{62.66 \times 2\pi \times 4}{1.95 \times (2\pi \times 4)^2 - 1.95\,(2\pi/0.2)^2} \right]^2} = 2.48$$

2.4.5 任意周期激励下的强迫振动

假设干扰力 $F(t)$ 为分段光滑、周期为 T 的函数

$$F(t \pm nT) = F(t), \quad n = 0, 1, 2, \cdots \tag{2-78}$$

将 $F(t)$ 利用附录 B 的式(B-2) 或 (B-4) 展开为傅里叶级数，则方程(2-1) 变为

$$\ddot{x} + 2\zeta\omega_n\dot{x} + \omega_n^2 x = \frac{a_0}{2m} + \frac{1}{m}\sum_{n=1}^{\infty}\left(a_n\cos\frac{2n\pi}{T}t + b_n\sin\frac{2n\pi}{T}t \right) \tag{2-79}$$

或

$$\ddot{x} + 2\zeta\omega_n\dot{x} + \omega_n^2 x = \frac{1}{m}\sum_{n=-\infty}^{+\infty} C_n e^{in\omega t} \tag{2-80}$$

式(2-80) 只取其实数部分。利用式(2-49)、式(2-51) 和式(2-58) 中的特解可得到方程(2-79) 的解

$$x(t) = \frac{a_0}{2k} + \sum_{n=1}^{\infty}\beta_n\left\{ \frac{a_n}{k}\cos\left(\frac{2n\pi t}{T} - \alpha_n \right) + \frac{b_n}{k}\sin\left(\frac{2n\pi t}{T} - \alpha_n \right) \right\} \tag{2-81}$$

其中

$$\beta_n=\frac{1}{\sqrt{(1-n^2\gamma^2)^2+(2n\zeta\gamma)^2}}, \quad \gamma=\frac{2\pi}{T\omega_n}, \quad \alpha_n=\arctan\frac{2n\zeta\gamma}{1-n^2\gamma^2} \qquad (2\text{-}82)$$

利用式(2-60)～式(2-64)可得到方程(2-80)的解

$$x(t)=\sum_{n=\infty}^{\infty}\frac{H(n\omega)}{k}C_n\mathrm{e}^{in\omega t} \qquad (2\text{-}83)$$

其中 $H(n\omega)$ 为对应于频率为 $n\omega$ 的复频率响应函数

$$H(n\omega)=\frac{1}{1-(n\gamma)^2+i2\zeta n\gamma} \qquad (2\text{-}84)$$

【例 2-16】 已知周期激励 $F(t)=\dfrac{A}{T}t$ $(0<t<T)$，$A=87.5\mathrm{N}$，$T=2\pi$，$m=20\mathrm{kg}$，$k=7\mathrm{kN/m}$，$c=0.2\mathrm{kN\cdot s/m}$。求振动方程 $m\ddot{x}+c\dot{x}+kx=F(t)$ 的响应。

解： 由附录 B 式(B-3)确定系数

$$a_0=\frac{2}{T}\int_0^T\frac{A}{T}t\mathrm{d}t=A, \quad a_n=\frac{2}{T}\int_0^T\frac{A}{T}t\cos\frac{2n\pi t}{T}\mathrm{d}t=0$$

$$b_n=\frac{2}{T}\int_0^T\frac{A}{T}t\sin\frac{2n\pi t}{T}\mathrm{d}t=-\frac{A}{n\pi}$$

则振动方程为

$$\ddot{x}+2\zeta\omega_n\dot{x}+\omega_n^2x=\frac{A}{2m}-\frac{A}{m\pi}\sum_{n=1}^{\infty}\left(\frac{1}{n}\sin\frac{2n\pi}{T}t\right)$$

利用式(2-81)得其解为

$$x(t)=\frac{A}{2k}-\frac{A}{\pi k}\sum_{n=1}^{\infty}\frac{\beta_n}{n}\left\{\sin\left(\frac{2n\pi t}{T}-\alpha_n\right)\right\}=0.00625-\frac{0.0125}{\pi}\sum_{n=1}^{\infty}\frac{\beta_n}{n}\sin(nt-\alpha_n)$$

$\zeta=0.267$，由式(2-82)确定系数

$$\gamma=0.0535, \quad \beta_n=\frac{1}{\sqrt{(1-0.00286n^2)^2+0.000816n^2}}, \quad \alpha_n=\arctan\frac{0.0286n}{1-0.00286n^2}$$

也可由附录 B 式(B-5)确定系数

$$C_0=\frac{A}{2}, \quad C_n=\frac{1}{T}\int_0^T F(t)\mathrm{e}^{-in\omega t}\mathrm{d}t=\frac{1}{T}\int_0^T\frac{A}{T}t\mathrm{e}^{-in\omega t}\mathrm{d}t=\frac{Ai}{2n\pi} \quad (n=\pm1,\pm2,\cdots,\pm\infty)$$

方程(2-80)为

$$\ddot{x}+2\zeta\omega_n\dot{x}+\omega_n^2x=\frac{A}{2m}+\frac{1}{m}\sum_{n=\pm1}^{\pm\infty}\frac{Ai}{2n\pi}\mathrm{e}^{in\omega t}$$

由式(2-83)得

$$x(t)=\frac{A}{2k}+\sum_{n=\pm1}^{\pm\infty}\frac{H(n\omega)}{k}\frac{Ai}{2n\pi}\mathrm{e}^{in\omega t}$$

将式(2-84)代入上式取其实部得

$$x(t)=\frac{A}{2k}+\sum_{n=\pm1}^{\pm\infty}\frac{A\beta_n^2}{2n\pi k}\{2\zeta n\gamma\cos nt-[1-(n\gamma)^2]\sin nt\}=\frac{A}{2k}+\sum_{n=1}^{\infty}\frac{A\beta_n}{n\pi k}\sin(nt-\alpha_n).$$

式中各符号的意义和结果同前，显然两种方法结果相同。

■ 2.5　任意激励下的强迫振动

分析任意激励下振动系统响应的方法有很多，常见的有脉冲响应法、傅里叶变换法、

拉普拉斯变换法和数值积分法等。

2.5.1 脉冲响应法

1. 单位脉冲响应函数

设系统受到附录 A 中的单位脉冲函数（A-2）激励，则方程(2-1) 变为

$$m\ddot{x} + c\dot{x} + kx = \delta(t) \tag{2-85}$$

设初始条件为 0，在 $\Delta t = \varepsilon$ 内对式(2-85) 两端积分得

$$\lim_{\varepsilon \to 0} \int_0^\varepsilon (m\ddot{x} + c\dot{x} + kx)\mathrm{d}t = \lim_{\varepsilon \to 0} \int_0^\varepsilon \delta(t)\mathrm{d}t = 1$$

而

$$\lim_{\varepsilon \to 0} \int_0^\varepsilon m\ddot{x}\,\mathrm{d}t = \lim_{\varepsilon \to 0}(m\dot{x})\mid_0^\varepsilon = m\dot{x}(0^+)(\text{动量的突变})$$

$$\lim_{\varepsilon \to 0} \int_0^\varepsilon c\dot{x}\,\mathrm{d}t = cx(0^+) = 0(\text{时间极短,位移无变化})$$

$$\lim_{\varepsilon \to 0} \int_0^\varepsilon kx\,\mathrm{d}t = 0$$

因此

$$\dot{x}(0^+) = \frac{1}{m}$$

上式说明系统受到脉冲激励后速度发生突变，而位置不变。于是由式(2-39) ～式 (2-42) 可得到系统对单位脉冲函数的响应

$$h(t) = \frac{\mathrm{e}^{-\zeta\omega_n t}}{m\omega_n \sqrt{1-\zeta^2}} \sin(\omega_n \sqrt{1-\zeta^2}\, t) \tag{2-86}$$

显然对 $t = a$ 处的单位脉冲激励的响应为

$$h(t-a) = \frac{\mathrm{e}^{-\zeta\omega_n(t-a)}}{m\omega_n \sqrt{1-\zeta^2}} \sin[\omega_n \sqrt{1-\zeta^2}\,(t-a)] \tag{2-87}$$

$h(t)$ 和 $h(t-a)$ 称为**单位脉冲响应函数**（Unit Impulse Response Function），或简称**脉冲响应函数**。

2. 任意激励的响应

设干扰力如图 2-25 所示，在时间区间 $[0,t]$ 内 $F(t)$ 的作用可视为一系列脉冲 $F(\tau)\mathrm{d}\tau$ 连续作用叠加而成。在任意瞬时 $t = \tau$ 处，大小为 $F(\tau)\mathrm{d}\tau$ 的脉冲可用 δ-函数表示为 $F(\tau)\mathrm{d}\tau\delta(t-\tau)$，相应的响应为 $\mathrm{d}x = F(\tau)\mathrm{d}\tau h(t-\tau)$，因而系统对 $F(t)$ 的总响应为

$$x(t) = \int_0^t F(\tau)h(t-\tau)\mathrm{d}\tau \tag{2-88}$$

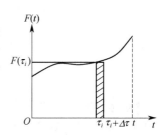

图 2-25 任意激励

由数学的概念知道上式就是 $F(t)$ 和 $h(t)$ 的卷积分，即

$$x(t) = \int_0^t F(\tau)h(t-\tau)\mathrm{d}\tau = F(t) \cdot h(t) \tag{2-89}$$

将式(2-87) 代入上式即得

$$x(t) = \frac{1}{m\omega_n \sqrt{1-\zeta^2}} \int_0^t \mathrm{e}^{-\zeta\omega_n(t-\tau)} F(\tau)\sin[\omega_n \sqrt{1-\zeta^2}\,(t-\tau)]\mathrm{d}\tau \tag{2-90}$$

这就是系统对任意干扰力 $F(t)$ 的零初值响应。式(2-89)、式(2-89) 称为**杜哈美积分**

(Duhamel's integral)。

若同时考虑非零初值的响应，只要将式(2-39)或式(2-40)的结果和式(2-90)相加即可。下面通过例题给出几种常见施力函数的响应。

【例 2-17】 阶跃激励。

解： 对幅值为 F_0 的阶跃函数（D-1）利用杜哈美积分（2-90）得到响应为

$$x(t) = \frac{1}{m\omega_n\sqrt{1-\zeta^2}} \int_0^t e^{-\zeta\omega_n(t-\tau)} F_0 H_0(\tau) \sin[\omega_n\sqrt{1-\zeta^2}(t-\tau)]d\tau$$

$$= \frac{F_0 H_0(t)}{k}\left[1 - e^{-\zeta\omega_n t}\cos(\omega_n\sqrt{1-\zeta^2}\,t) - \frac{\zeta}{\sqrt{1-\zeta^2}}e^{-\zeta\omega_n t}\sin(\omega_n\sqrt{1-\zeta^2}\,t)\right]$$

特别地，若 $F_0 = 1$，上式就成为单位阶跃函数 $H_0(t)$ 的零初值响应

$$g(t) = \frac{H_0(t)}{k}\left[1 - e^{-\zeta\omega_n t}\cos(\omega_n\sqrt{1-\zeta^2}\,t) - \frac{\zeta}{\sqrt{1-\zeta^2}}e^{-\zeta\omega_n t}\sin(\omega_n\sqrt{1-\zeta^2}\,t)\right] \quad (2\text{-}91)$$

比较（2-86）和式(2-91)可得到下面关系

$$h(t) = \frac{dg(t)}{dt} \quad (2\text{-}92)$$

【例 2-18】 斜坡载荷激励。

解： 设系统在 $t=0$ 开始受一斜坡载荷 $F(t)=at$ 的作用，则利用杜哈美积分（2-90）得

$$x(t) = \frac{1}{m\omega_n\sqrt{1-\zeta^2}} \int_0^t e^{-\zeta\omega_n(t-\tau)} a\tau \sin[\omega_n\sqrt{1-\zeta^2}(t-\tau)]d\tau$$

$$= \frac{at}{k} - \frac{2\zeta a}{k\omega_n} + e^{-\zeta\omega_n t}\left[\frac{2\zeta a}{k\omega_n}\cos(\omega_n\sqrt{1-\zeta^2}\,t) + \frac{a(2\zeta^2-1)}{k\omega_n\sqrt{1-\zeta^2}}\sin(\omega_n\sqrt{1-\zeta^2}\,t)\right]$$

$$(2\text{-}93)$$

【例 2-19】 指数衰减函数激励。

解： 设系统在 $t=0$ 时受一突加载荷 F_0 的激励，然后以指数函数衰减，即 $F(t)=F_0 e^{-at}$，则利用杜哈美积分（2-90）得

$$x(t) = \frac{1}{m\omega_n\sqrt{1-\zeta^2}} \int_0^t e^{-\zeta\omega_n(t-\tau)} F_0 e^{-a\tau} \sin[\omega_n\sqrt{1-\zeta^2}(t-\tau)]d\tau$$

$$= \frac{F_0}{ma^2 - 2\zeta\omega_n ma + k}\left[\left(\frac{a-\omega_n\zeta}{\omega_n\sqrt{1-\zeta^2}}\sin(\omega_n\sqrt{1-\zeta^2}\,t) - \cos(\omega_n\sqrt{1-\zeta^2}\,t)\right)e^{-\zeta\omega_n t} + e^{-at}\right]$$

$$(2\text{-}94)$$

【例 2-20】 求无阻尼振动系统在图 2-26 所示的三角形波干扰力作用下的零初值响应。

解： 图 2-26 所示的激振力

$$F(t) = \begin{cases} \dfrac{F_0}{t_1}t, & [0, t_1] \\[2mm] \dfrac{t-t_2}{t_1-t_2}F_0, & [t_1, t_2] \\[2mm] 0, & [t_2, \infty) \end{cases}$$

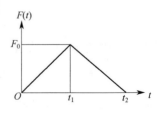

图 2-26　三角形波干扰力

可表示为

$$F(t) = \frac{F_0}{t_1}t - \frac{F_0 t_2(t-t_1)}{t_1(t_2-t_1)}H_0(t-t_1) + \frac{F_0(t-t_2)}{t_2-t_1}H_0(t-t_2) \quad (t>0)$$

利用叠加原理及式(2-93)所示的斜坡函数的响应 $x(t) = \frac{a}{k}\left[t - \frac{1}{\omega_n}\sin(\omega_n t)\right]$，可得

$$x(t) = \frac{F_0}{t_1 k}\left[t - \frac{1}{\omega_n}\sin(\omega_n t)\right] - \frac{F_0 t_2}{t_1(t_2-t_1)k}\left[(t-t_1) - \frac{1}{\omega_n}\sin\omega_n(t-t_1)\right]H_0(t-t_1)$$

$$+ \frac{F_0}{(t_2-t_1)k}\left[(t-t_2) - \frac{1}{\omega_n}\sin\omega_n(t-t_2)\right]H_0(t-t_2) \quad (t>0)$$

本题也可以直接用杜哈美积分求出各时间区间段的响应。

2.5.2 傅里叶变换方法

前面我们所讨论的振动问题都是在时域内进行分析计算的，得到的是系统的时间历程响应。下面利用数学中积分变换的方法，在频率域内分析激励频谱、响应频谱和系统特性之间的关系。

如果任意激励 $f(t)$ 满足条件 $\int_{-\infty}^{+\infty}|f(t)|\,\mathrm{d}t < \infty$，则 $f(t)$ 的傅里叶（Fourier）变换存在

$$F(\omega) = F[f(t)] = \int_{-\infty}^{+\infty}f(t)\mathrm{e}^{-i\omega t}\mathrm{d}t \quad\quad (2\text{-}95)$$

其逆变换为

$$f(t) = \frac{1}{2\pi}\int_{-\infty}^{+\infty}F(\omega)\mathrm{e}^{i\omega t}\mathrm{d}\omega \quad\quad (2\text{-}96)$$

对方程(2-1)两边取傅里叶变换，并利用傅里叶变换的性质得

$$(-m\omega^2 + ic\omega + k)X(\omega) = F(\omega)$$

因此响应的傅里叶变换即响应频谱为

$$X(\omega) = \frac{1}{k-m\omega^2+ic\omega}F(\omega) = \frac{1}{k}H(\omega)F(\omega) \quad\quad (2\text{-}97)$$

上式中的 $H(\omega)$ 为式(2-63)所表示的频率为 ω 的复频响应函数。

作系统响应频谱的傅里叶逆变换即可得到系统时域内的响应

$$x(t) = \frac{1}{2\pi}\int_{-\infty}^{+\infty}\frac{1}{k}H(\omega)F(\omega)\mathrm{e}^{i\omega t}\mathrm{d}\omega = \frac{1}{2\pi}\int_{-\infty}^{+\infty}\frac{1}{k}\frac{F(\omega)}{1-\gamma^2+2i\zeta\gamma}\mathrm{e}^{i\omega t}\mathrm{d}\omega$$

$$= \frac{1}{2\pi}\int_{-\infty}^{+\infty}\frac{F(\omega)}{k-m\omega^2+ic\omega}\mathrm{e}^{i\omega t}\mathrm{d}\omega \quad\quad (2\text{-}98)$$

由于用解析的方法求解傅里叶逆变换积分非常麻烦，因此远没有前面的脉冲响应法即杜哈美积分方法方便。而这种频域分析结果式(2-97)在实验模态分析与随机振动分析中均有重要作用。

用傅里叶积分方法求解振动系统的时域响应，可总结为下面3个步骤：

(1) 对激励 $f(t)$ 求傅里叶变换 $F(\omega)$；

(2) 利用式(2-96)求系统响应的傅里叶变换（频域响应）$X(\omega)$；

(3) 利用式(2-97)求 $X(\omega)$ 的逆变换得 $x(t)$。

【例 2-21】 设无阻尼振动系统从 $t=-T$ 开始受一矩形脉冲激励作用，脉冲高度为 F_0，宽度为 $2T$，求系统的零初值响应。

解： 系统激励可表示为

$$f(t)=\begin{cases}F_0,|t|<T\\0,|t|>T\end{cases}$$

取傅里叶变换得

$$F(\omega)=\int_{-T}^{T}F_0 e^{-i\omega t}dt=\frac{F_0}{i\omega}(e^{i\omega T}-e^{-i\omega T})$$

由式(2-96)得系统响应的傅里叶变换

$$X(\omega)=\frac{1}{k-m\omega^2}F(\omega)=\frac{1}{k-m\omega^2}\frac{F_0}{i\omega}(e^{i\omega T}-e^{-i\omega T})$$

由式(2-98)得系统响应

$$x(t)=\frac{1}{2\pi}\int_{-\infty}^{+\infty}\frac{F(\omega)}{k-m\omega^2}e^{i\omega t}d\omega=\frac{1}{2\pi}\int_{-\infty}^{+\infty}\frac{F_0}{k-m\omega^2}\frac{1}{i\omega}(e^{i\omega T}-e^{-i\omega T})e^{i\omega t}d\omega$$

解得

$$x(t)=\begin{cases}0,t<-T\\F_0[1-\cos(t+T)],|t|\leqslant T\\2F_0\sin\omega_n T\sin\omega_n t,t>T\end{cases}$$

2.5.3 拉普拉斯变换方法

一个实变量 t 的函数 $f(t)$ 的拉普拉斯（Laplace）变换定义为

$$F(s)=L[f(t)]=\int_0^\infty f(t)e^{-st}dt \tag{2-99}$$

其逆变换为

$$f(t)=L^{-1}[F(s)]=\frac{1}{2\pi i}\int_{\sigma-i\infty}^{\sigma+i\infty}F(s)e^{st}ds \tag{2-100}$$

式中 $s=\sigma+i\omega$ 为复数。

对方程(2-1)两边取拉普拉斯变换，并假设初始条件为零得

$$(ms^2+cs+k)X(s)=F(s)$$

则有

$$X(s)=\frac{F(s)}{ms^2+cs+k}=G(s)F(s) \tag{2-101}$$

若初始条件不为零，则上式变为

$$X(s)=G(s)F(s)+G(s)[m\dot{x}(0)+(ms+c)x(0)] \tag{2-102}$$

式中

$$G(s)=\frac{1}{ms^2+cs+k}=\frac{1}{m(s^2+2\zeta\omega_0 s+k)} \tag{2-103}$$

$G(s)$ 称为系统的传递函数。

对式(2-101)取拉普拉斯逆变换即可得到系统的零初值响应

$$x(t)=L^{-1}[G(s)F(s)]=\frac{1}{2\pi i}\int_{\sigma-i\infty}^{\sigma+i\infty}G(s)F(s)e^{st}ds \tag{2-104}$$

拉普拉斯变换方法求解积分也很麻烦，一般都直接查拉普拉斯变换表。

用拉普拉斯变换方法求解振动系统响应的步骤：

(1) 对激励 $f(t)$ 求拉普拉斯变换 $F(s)$；

(2) 利用式(2-101) 求系统响应的拉普拉斯变换 $X(s)$；

(3) 利用式(2-104) 求 $X(s)$ 的拉普拉斯逆变换得 $x(t)$。

【例 2-22】 设无阻尼振动系统从 $t=0$ 开始受一矩形脉冲激励作用，脉冲高度为 F_0，宽度为 T，求当 $t>T$ 时系统的零初值响应。

解： 系统激励可表示为

$$f(t)=F_0[H_0(t)-H_0(t-T)]$$

取拉普拉斯变换得

$$F(s)=L[f(t)]=\frac{F_0}{s}(1-e^{-sT})$$

由式(2-101) 得

$$X(s)=G(s)F(s)=\frac{F_0}{m}\left[\frac{1-e^{-sT}}{s(s^2+\omega_n^2)}\right]$$

查拉普拉斯变换表（附录 D）得

$$x(t)=L^{-1}[X(s)]=L^{-1}\frac{F_0}{m}\left[\frac{1-e^{-sT}}{s(s^2+\omega_n^2)}\right]$$

$$=\frac{F_0}{m}\left\{\frac{1}{\omega_n^2}(1-\cos\omega_n t)-\frac{1}{\omega_n^2}[1-\cos\omega_n(t-T)]H_0(t-T)\right\}$$

则系统的零初值响应为

$$x(t)=\frac{F_0}{m\omega_n^2}(1-\cos\omega_n t)\quad(0<t<T)$$

$$x(t)=\frac{F_0}{m\omega_n^2}\{(1-\cos\omega_n t)-[1-\cos\omega_n(t-T)]\}=\frac{F_0}{k}[\cos\omega_n(t-T)-\cos\omega_n t]\quad(t>T)$$

【例 2-23】 求无阻尼振动系统受图 2-27 所示斜坡阶跃激励的零初值响应。

解： 系统激励为

$$f(t)=\begin{cases}F_0\dfrac{t}{T},(0\leqslant t\leqslant T)\\ F_0,(t>T)\end{cases}=\begin{cases}F_0\dfrac{t}{T},(0\leqslant t\leqslant T)\\ F_0\left(\dfrac{t}{T}-\dfrac{t-T}{T}\right),(t>T)\end{cases}$$

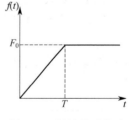

图 2-27 斜坡阶跃激励

取拉普拉斯变换得

$$F(s)=L[f(t)]=\begin{cases}F_0\dfrac{1}{Ts^2},(0\leqslant t\leqslant T)\\ F_0\left(\dfrac{1}{Ts^2}-\dfrac{e^{-Ts}}{Ts^2}\right),(t>T)\end{cases}$$

由式(2-101) 得

$$X(s)=G(s)F(s)=\begin{cases}\dfrac{F_0}{Tm}\left[\dfrac{1}{s^2(s^2+\omega_n^2)}\right],(0\leqslant t\leqslant T)\\ \dfrac{F_0}{Tm}\left(\dfrac{1-e^{-Ts}}{s^2(s^2+\omega_n^2)}\right),(t>T)\end{cases}$$

查拉普拉斯变换表（附录 D）得

$$x(t)=L^{-1}[X(s)]=\begin{cases}\dfrac{F_0}{Tk\omega_n}[\omega_n t-\sin\omega_n t],\ (0\leqslant t\leqslant T)\\[3mm]\dfrac{F_0}{Tk\omega_n}[(\omega_n t-\sin\omega_n t)-[\omega_n(t-T)-\sin\omega_n(t-T)]],\ (t>T)\end{cases}$$

$$=\begin{cases}\dfrac{F_0}{Tk\omega_n}[\omega_n t-\sin\omega_n t],\ (0\leqslant t\leqslant T)\\[3mm]\dfrac{F_0}{Tk\omega_n}[\omega_n T-\sin\omega_n t+\sin\omega_n(t-T)],\ (t>T)\end{cases}$$

■ 2.6　单自由度振动理论的应用

2.6.1　基础运动引起的强迫振动

在实际工程中，常常遇到系统受到基础的运动（或支承的运动）而引起的强迫振动。例如，精密仪器受周围环境的干扰而振动，车辆在不平路面上行驶引起的振动，建筑物由于地震引起的振动破坏等等。

如图 2-28 所示，设基础的位移为 y，则系统的运动方程为

$$m\ddot{x}+c\dot{x}+kx=ky+c\dot{y} \tag{2-105}$$

令相对位移 $x_1=x-y$，上式变为

$$m\ddot{x}_1+c\dot{x}_1+kx_1=-m\ddot{y} \tag{2-106}$$

式(2-104) 适用于基础运动以位移形式给出，而式(2-105) 适用于基础运动以速度或加速度形式给出，这时求出的是相对运动。

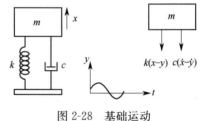

图 2-28　基础运动

下面用复数解法讨论基础运动 $y=Y\sin\omega t$ 引起的响应。

将 y 写为 $y=Ye^{i\omega t}$，式(2-105) 变为

$$m\ddot{x}+c\dot{x}+kx=(k+ic\omega)Ye^{i\omega t} \tag{2-107}$$

利用式(2-51) 式(2-64) 得系统的复数响应

$$x^*=\frac{1+i2\zeta\gamma}{\sqrt{(1-\gamma^2)^2+(2\zeta\gamma)^2}}Ye^{i(\omega t-\varphi)} \tag{2-108}$$

令 $1+i2\zeta\gamma=Ce^{i\alpha}$，则 $C=\sqrt{1+(2\zeta\gamma)^2}$，$\tan\alpha=2\zeta\gamma$，式(2-108) 可写为

$$x^*=Xe^{i(\omega t-\varphi+\alpha)} \tag{2-109}$$

取其虚部，即为系统的稳态响应

$$x(t)=X\sin(\omega t-\varphi+\alpha) \tag{2-110}$$

式中

$$X=Y\sqrt{\frac{1+(2\zeta\gamma)^2}{(1-\gamma^2)^2+(2\zeta\gamma)^2}},\ \varphi=\arctan\frac{2\zeta\gamma}{1-\gamma^2},\ \alpha=\arctan(2\zeta\gamma) \tag{2-111}$$

也可以设 $x^*(t)=\overline{X}e^{i\omega t}$，直接代入方程(2-107) 求解，结果一样。

2.6.2　隔振

前面讨论了基础的运动（激励）对振动系统的影响，而系统也同时将力通过弹簧和阻

尼传递给基础。为了减少基础和系统之间的相互作用和影响而采取的有效措施称为**隔振**（Vibration Isolation）。

隔振有主动隔振和被动隔振。把振源与基础隔离开来以减少振源对周围的影响而采取的措施叫做**主动隔振**（Active Vibration Isolation）。主动隔振的目的就是减少振源传递给基础的力，主要措施就是在机器（振源）和基础之间安装柔性支撑（弹簧）和阻尼器，其理论模型就是如图 2-1 或图 2-28 这样的典型结构。

经隔振装置，振动系统传递到基础上的力为

$$F = kx + c\dot{x} = kX\sin(\omega t - \varphi) + c\omega X\cos(\omega t - \varphi)$$

其最大值为

$$F_T = \sqrt{(kX)^2 + (c\omega X)^2} = kX\sqrt{1 + (2\zeta\gamma)^2} \tag{2-112}$$

这里 X 为激振力引起的强迫振动振幅。

由于任意激振力均可展开为傅里叶级数形式，则可利用形式为 $F_0\sin\omega t$ 的激振力定义评价主动隔振效果的指标——**主动隔振系数**（或称**力传递系数、力传递率**）：隔振后传递到基础的力与隔振前传递到基础的力的比值

$$\eta_F = \frac{F_T}{F_0} = \frac{kX\sqrt{1 + (2\zeta\gamma)^2}}{F_0} = \frac{\sqrt{1 + (2\zeta\gamma)^2}}{\sqrt{(1 - \gamma^2)^2 + (2\zeta\gamma)^2}} \tag{2-113}$$

为了减少外界振动（如基础运动）对设备的影响而采取的隔振措施叫做**被动隔振**（Passive Vibration Isolation），被动隔振的目的就是减小外界振动而引起系统响应的振幅。同样，定义评价被动隔振的指标——**被动隔振系数**（或称**位移传递系数、位移传递率**）：隔振后系统的振幅与基础运动的幅值的比值

$$\eta_r = \frac{X}{Y} = \frac{\sqrt{1 + (2\zeta\gamma)^2}}{\sqrt{(1 - \gamma^2)^2 + (2\zeta\gamma)^2}} \tag{2-114}$$

这里 X 为基础运动引起的强迫振动振幅。

由此可以看出，主动隔振系数和被动隔振系数完全相同，所以在设计主动隔振和被动隔振装置时所遵循的准则是一样的。图 2-29 给出了隔振系数与频率比的关系。

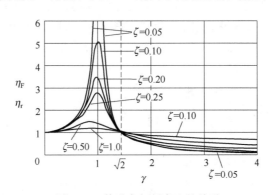

图 2-29　传递率与频率比的关系

分析式(2-113)、式(2-114) 和图 2-29 可知：

(1) 当 $\gamma \to 0$ 即 $\omega \to 0$ 和 $\gamma = \sqrt{2}$ 时，隔振系数为 1，与阻尼无关，无振动产生；

(2) 当 $\gamma \to 1$ 时，为共振区，无隔振效果；

(3) 不论阻尼大小，只有当 $\gamma > \sqrt{2}$ 时才有隔振效果；

(4) 当 $\gamma > \sqrt{2}$ 时，随着频率比增加，隔振系数减小，逐渐趋于零，隔振效果明显。在 $\gamma > 5$ 以后，隔振系数曲线几乎水平，即使使用再好的隔振装置，隔振效率提高有限。实用上选取频率比在 2.5～5.0 之间已经足够；

(5) 当 $\gamma > \sqrt{2}$ 时，阻尼越小，隔振效果越好，即在此情况下阻尼的增加是不利于隔振的，盲目增加阻尼不一定能带来好的隔振效果。但若阻尼过小，经过隔振区时将产生过大的振动。

【例 2-24】 汽车在 5m/周的简谐波形道路上行驶，引起铅垂方向振动的模型类似图 2-28 所示，已知汽车空载质量为 250kg，满载质量为 1000kg，$k = 350$kN/m，满载时 $\zeta_1 = 0.5$，车速 $v = 100$km/h，求满载和空载时汽车的振幅比。

解： 基础的激振频率

$$f = \frac{v}{5} = 5.56\text{Hz}, \quad \omega = 2\pi f = 34.9\text{rad/s}$$

阻尼系数 $c = 2\zeta_1 \sqrt{m_1 k} = 2\zeta_2 \sqrt{m_2 k}$，则空载时的阻尼比 $\zeta_2 = \zeta_1 \sqrt{m_1/m_2} = 1$，频率比

$$\gamma_1 = \frac{\omega}{\omega_{n1}} = \omega \sqrt{\frac{m_1}{k}} = 1.87(\text{满载}), \quad \gamma_2 = \frac{\omega}{\omega_{n2}} = \omega \sqrt{\frac{m_2}{k}} = 0.93(\text{空载})$$

振幅比

$$\eta_{r1} = \frac{X_1}{Y} = \sqrt{\frac{1 + (2\zeta_1 \gamma_1)^2}{(1 - \gamma_1^2)^2 + (2\zeta_1 \gamma_1)^2}} = 0.68(\text{满载})$$

$$\eta_{r2} = \frac{X_2}{Y} = \sqrt{\frac{1 + (2\zeta_2 \gamma_2)^2}{(1 - \gamma_2^2)^2 + (2\zeta_2 \gamma_2)^2}} = 1.13(\text{空载})$$

所以满载和空载时车辆的振幅比为 $\dfrac{X_1}{X_2} = \dfrac{0.68}{1.13} = 0.6$。

【例 2-25】 离心式自动脱水洗衣机可简化为受到简谐激励作用的标准 m-k-c 振动系统。已知洗衣机质量 $m = 2000$kg，由四个刚度系数 $k = 813.4$N/cm 的弹簧支撑，阻尼比为 0.15。设洗衣机脱水时转速 $n = 300$rpm，衣物偏心质量 $m_1 = 13$kg，偏心距 $e = 50$cm。试求洗衣机的振幅和隔振系数。

解： 洗衣机的固有频率和激振频率分别为

$$\omega_n = \sqrt{\frac{4k}{m}} = \sqrt{\frac{4 \times 813.4 \times 100}{2000}} = 12.751/\text{s}, \quad \omega = \frac{2\pi n}{60} = \frac{2\pi \times 300}{60} = 31.41/\text{s}$$

故 $\gamma = \dfrac{\omega}{\omega_n} = \dfrac{31.4}{12.75} = 2.45$，由式（2-51）得振幅

$$X = \frac{F_0}{4k\sqrt{(1-\gamma^2)^2 + (2\zeta\gamma)^2}} = \frac{m_1 e \omega^2}{4k\sqrt{(1-\gamma^2)^2 + (2\zeta\gamma)^2}} = \frac{m_1 e \gamma^2}{m\sqrt{(1-\gamma^2)^2 + (2\zeta\gamma)^2}} = 0.382\text{cm}$$

由式（2-113）、式（2-114）得隔振系数

$$\eta = \sqrt{\frac{1 + (2\zeta\gamma)^2}{(1-\gamma^2)^2 + (2\zeta\gamma)^2}} = \sqrt{\frac{1 + (2 \times 0.15 \times 2.45)^2}{(1 - 2.45^2)^2 + (2 \times 0.15 \times 2.45)^2}} = 0.246$$

2.6.3 惯性式振动测量仪

惯性式振动测量仪有两类：一类是用来测量振动物体位移的，称为**位移计**（Displacement Meter）；一类是用来测量振动物体加速度的，称为**加速度计**（Accelerometer）。无论是位移计还是加速度计，它们的力学模型都可以表示为图 2-30 所示的单自由度黏性阻尼系统，图中 m、k、c 为测振仪的振动参数。测振仪的壳体固连在振动物体上，随振动物一起运动，拾振质量 m 相对壳体作相对运动。

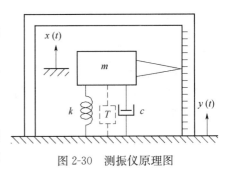

图 2-30　测振仪原理图

与前面 2.6.1 小节分析基础运动的方法类似，设待测物体的运动可表示为 $y(t)=Y\sin\omega t$，取质量 m 的相对平衡位置为坐标原点，令相对位移 $x_1=x-y$，则可得到系统的运动微分方程为

$$m\ddot{x}_1+c\dot{x}_1+kx_1=-m\ddot{y}=mY\omega^2\sin\omega t \tag{2-115}$$

其解的形式和式(2-49)、式(2-51)一样

$$x_1(t)=X_1\sin(\omega t-\varphi) \tag{2-116}$$

$$X_1=\frac{Y\gamma^2}{\sqrt{(1-\gamma^2)^2+(2\zeta\gamma)^2}}=Y\beta\gamma^2,\varphi=\arctan\frac{2\zeta\gamma}{1-\gamma^2} \tag{2-117}$$

其中的 β 为动力放大系数，由式(2-65)给出。位移放大率 $\dfrac{X_1}{Y}$ 随 γ 的变化曲线如图 2-31 所示。下面对式(2-117)和图 2-31 进行分析讨论：

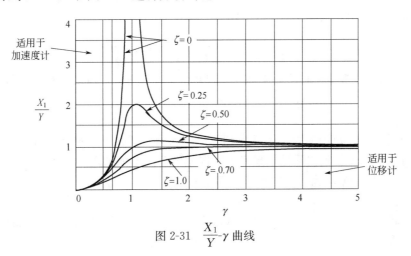

图 2-31　$\dfrac{X_1}{Y}$-γ 曲线

（1）位移计　当 $\gamma=\dfrac{\omega}{\omega_n}\gg1$ 时，$X_1\approx Y$，表明测振仪测得的位移与被测物体的位移一致，此时的测振仪即为**位移计（位移传感器）**。由于 $\gamma=\dfrac{\omega}{\omega_n}\gg1$，就要求位移计的质量相当大，而弹簧刚度又非常小，这将影响待测物体的振动，因此这类位移计通常用于测量大型物体的振动，如地震、船舶的振动等；

（2）加速度计　当 $\gamma=\dfrac{\omega}{\omega_n}\ll1$ 时，$\beta\to1$，$X_1\approx Y\gamma^2$，表明测振仪测得的位移与被测物体的

加速度成正比，比例常数为 $\dfrac{1}{\omega_n^2}$，此时的测振仪即为**加速度计（加速度传感器）**。为便于讨论，将图 2-19 中 β-γ 曲线的 $0 < \gamma < 1$ 部分予以放大，如图 2-32 所示。为提高加速度计的适用范围和灵敏度，应使 $\beta \to 1$，由图 2-32 看出，必须选用合适的阻尼，通常取 $\zeta = 0.70$，此时有 $0 < \gamma < 0.4$。和位移计相反，由于加速度计的固有频率很高，因而易于做到重量轻、体积小，所以仪器本身的质量不会对待测物体的振动产生影响；

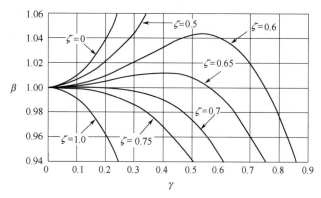

图 2-32　加速度测量仪误差与频率比的关系曲线

（3）测振仪的误差分析　无论是位移计还是加速度计，读取的数值 X_1 都是位移幅值，与待测物体的振幅 Y 都存在一定的误差。

根据前面讨论的位移计工作原理，仪器读数 X_1 与待测物体的振幅 Y 相对应，因此位移计的测量误差可用式(2-117)表示，即

$$\left| \frac{Y - X_1}{Y} \right| = 1 - \frac{\gamma^2}{\sqrt{(1-\gamma^2)^2 + (2\zeta\gamma)^2}} \tag{2-118}$$

而加速度计的读数 X_1 与待测物体的加速度幅值 $Y\gamma^2$ 相对应，因此测量误差可借助下式

$$\left| \frac{Y\gamma^2 - X_1}{Y\gamma^2} \right| = 1 - \frac{1}{\sqrt{(1-\gamma^2)^2 + (2\zeta\gamma)^2}} \tag{2-119}$$

【例 2-26】　一位移计的固有频率为 2Hz，用以测固有频率为 8Hz 的无阻尼简谐振动，测得振幅为 0.132cm，问实际振幅是多大？误差为多少？如加入一阻尼器，相对阻尼系数为 0.7，则测得的振幅将为多少？误差为多少？

解：根据题意，$f = 8$，$f_n = 2$，$\gamma = 4$。

无阻尼时，$X_1 = 0.132$cm，$\zeta = 0$，代入式(2-118)得实际振幅 $Y = 0.12375$cm，测量误差 $= \dfrac{|Y - X_1|}{Y} = 6.7\%$；

有阻尼时，$\zeta = 0.7$，此时已知 $Y = 0.12375$cm，代入式（2-118）求得 $X_1 = 0.12366$cm，误差 0.07%。

【例 2-27】　一测地震用的加速度计，本身的固有圆频率为 20 1/s，阻尼系数为 0.7，如果允许误差为 1%，问该加速度计能测得的最高频率是多少？

解：由题意知加速度计测得的振幅应为实际振幅的 99%，由式(2-119)知

$$\frac{1}{\sqrt{(1-\gamma^2)^2 + (2 \times 0.7\gamma)^2}} = \frac{99}{100}$$

解得 $\gamma = 0.411$，则该加速度计能测得的最高频率是 $0.411 \times 20 = 8.22 1/s$。

2.6.4 响应谱的概念

在工程中，常要求了解系统受到激励作用后的最大响应值，即振动的位移、速度、加速度或其他量的最大值。这些最大响应值与激励的某个参数（例如激励作用时间，一般为固有周期）的关系曲线称作**响应谱**（Response Spectrum）。响应谱提供了所有可能的单自由度系统的最大响应，一旦得到了对应于某一特定激励的响应谱，只需要知道系统的固有频率就可以求出其最大响应。响应谱在地震工程设计中有着广泛的应用。下面通过例子说明响应谱的计算过程。

设无阻尼振动系统受正弦激振力作用，初始位移和初始速度均为零。运动方程为

$$m\ddot{x} + kx = \begin{cases} F_0 \sin\omega t, & 0 \leqslant t \leqslant t_0 \\ 0, & t > t_0 \end{cases}$$

其解由齐次方程通解和特解组成

$$x(t) = A\cos\omega_n t + B\sin\omega_n t + \left(\frac{F_0}{k - m\omega^2}\right)\sin\omega t$$

代入初始条件确定系数 A，B 后得

$$x(t) = \frac{F_0/k}{1 - (\omega/\omega_n)^2}\left(\sin\omega t - \frac{\omega}{\omega_n}\sin\omega_n t\right), \quad 0 \leqslant t \leqslant t_0$$

写为如下形式

$$\frac{x(t)}{\delta_{st}} = \frac{1}{1 - (T/2t_0)^2}\left(\sin\frac{\pi t}{t_0} - \frac{T}{2t_0}\sin\frac{2\pi t}{T}\right), 0 \leqslant t \leqslant t_0 \qquad (2\text{-}120)$$

这里

$$\delta_{st} = \frac{F_0}{k}, \omega = \frac{\pi}{t_0}, \omega_n = \frac{2\pi}{T} = \sqrt{\frac{k}{m}}$$

式(2-120) 只是在 $0 \leqslant t \leqslant t_0$ 情况下的响应，当 $t > t_0$ 时，就是以式(2-120) 在 $t = t_0$ 时的位移和速度作为初始条件所做的自由振动，容易求得

$$\frac{x(t)}{\delta_{st}} = \frac{T/t_0}{2[1 - (T/2t_0)^2]}\left\{\sin\frac{2\pi}{T}(t_0 - t) - \sin\frac{2\pi t}{T}\right\}, t \geqslant t_0 \qquad (2\text{-}121)$$

式(2-120) 和式(2-121) 给出了系统无量纲形式的响应，响应谱如图 2-33 所示。响应最大值约 1.75，发生在 0.75 位置。

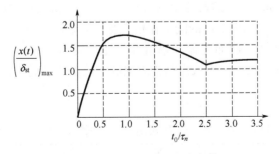

图 2-33 正弦激励下的响应谱

此例中，由于激励比较简单，得到了响应谱的封闭解，然而对于任意激励函数，或许

只能求出响应谱的数值解。

■2.7 阻尼理论

前面讨论的振动系统都假设具有黏性阻尼，这使得运动微分方程的数学求解比较容易。而实际情况并非如此，多数系统的阻尼力是很难描述的。为此，引入**等效黏性阻尼**（Equivalent Viscous Damping）的概念。由于所有阻尼的特点是使系统产生能量消耗，因此假定：在一个振动周期内，用等效黏性阻尼代替原阻尼以后的系统所消耗的能量与克服实际阻力所消耗的能量相等。

设等效黏性阻尼系数为 c_{eq}，则阻尼力的大小为 $F_{eq} = c_{eq}\dot{x}$，系统在一个振动周期内消耗的能量为

$$E_{eq} = \int_0^T c_{eq}\dot{x}^2 \mathrm{d}t \tag{2-122}$$

在正弦干扰力作用下，若系统的稳态响应为 $x = X\sin(\omega t - \varphi)$，并注意到振动周期 $T = \dfrac{2\pi}{\omega}$，代入式（2-122）得

$$E_{eq} = \int_0^{\frac{2\pi}{\omega}} c_{eq}\omega^2 X^2 \cos^2(\omega t - \phi)\mathrm{d}t = \pi c_{eq}\omega X^2 \tag{2-123}$$

对实际的阻尼力 F_R，在一个周期力所消耗的能量为

$$E_R = \int_0^T F_R \dot{x}\,\mathrm{d}t \tag{2-124}$$

令式（2-123）和式（2-124）相等，便得到等效黏性阻尼系数

$$c_{eq} = \frac{E_R}{\pi\omega X^2} \tag{2-125}$$

对于多种阻尼情况，设 E_{R1}，E_{R2}，$\cdots$，E_{Rn} 分别表示 n 个不同性质阻尼在稳态振动一周期内消耗的能量，则系统的等效黏性阻尼总系数为

$$c_{eq} = \frac{\sum\limits_{i=1}^{n} E_{Ri}}{\pi\omega X^2} \tag{2-126}$$

下面对几种常见的阻尼情况进行分析。

（1）结构阻尼。非完全弹性材料的内摩擦形成**结构阻尼**（Structural Damping），亦称**固体阻尼**（Solid Damping）或**迟滞阻尼**（Hysteretic Damping）。对大量材料的实验结果表明，结构阻尼在一个周期内消耗的能量在相当宽的频率范围内与振动频率关系不大，而同应变振幅的平方成正比，因而与振动幅值成正比，表示为 $E_R = \alpha X^2$，这里 α 为常数，可由实验测定。利用式（2-125）可求出结构阻尼的等效黏性阻尼系数

$$c_{eq} = \frac{\alpha}{\pi\omega} \tag{2-127}$$

（2）库仑阻尼。物体接触面之间的摩擦阻力为**干摩擦**（Dry Friction），也称为**库仑阻尼**（Coulomb Damping），我们一直沿用库仑定律，即最大静摩擦力 F_R 与接触面的法向反力 F_N 成正比 $F_R = fF_N$，这里 f 为接触面之间的摩擦因数。F_R 的方向始终与相对滑动方向相反，因此库仑阻尼在稳态振动一周期内消耗的能量（功）为 $E_R = 4XF_R$，利用式

（2-125）可求出库仑阻尼的等效黏性阻尼系数为

$$c_{eq} = \frac{4F_R}{\pi X \omega} = \frac{4fF_N}{\pi X \omega} \tag{2-128}$$

（3）流体阻尼。物体在低黏度流体（如气体）中振动，若物体质量小、体积大，流体的影响是很重要的，如**湍流阻尼**（Turbulent Damping）。此种流体阻力的大小 $F_R = \alpha \dot{x}^2$，这里 α 为常数，可由实验测定。对稳态响应，此阻力在一周期内消耗的能量为

$$E_R = \int_0^T F_R \dot{x} \, dt = \int_0^T \alpha \dot{x}^3 \, dt = \frac{8}{3} \alpha \omega^2 X^3$$

利用式(2-125)可求出等效黏性阻尼系数为

$$c_{eq} = \frac{8 \alpha \omega X}{3\pi} \tag{2-129}$$

当系统中的阻尼为其他复杂阻尼时，可以采用上述等效黏性阻尼近似代替，这样就可以用黏性阻尼系统的理论来分析复杂阻尼系统的响应。

习　题

[2-1]　图示机构，摇杆质量为 m_A，相对于支点 A 的转动惯量为 J_A，求系统相对于坐标 x 的等效质量 m_{eq} 和等效弹性系数 k_{eq}。

答：$m_{eq} = m + m_1 \dfrac{b^2}{a^2} + \dfrac{J_A}{a^2}$，$k_{eq} = k + k_1 \dfrac{b^2}{a^2}$。

[2-2]　试求图示系统的运动方程。

答：$(m_1 L_1^2 + m_2 L_2^2 + m_3 L_3^2) \ddot{\varphi} + (k_1 L_1^2 - m_1 g L_1 + m_2 g L_2) \varphi = 0$。

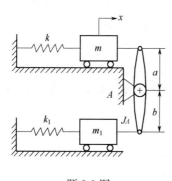

题 2-1 图

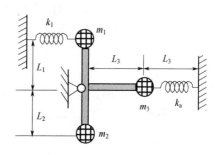

题 2-2 图

[2-3]　图示系统中，已知梁的质量为 m_1，浮体 A 置于水中，和连杆的质量为 m_2，浮体的横截面积为 S，求系统的运动方程。

【提示：（1）浮力大小等于物体排出液体的体积；（2）对支座的转动惯量为 $J = \dfrac{1}{12} m_1 (l_1 + l_2)^2 + m_1 \left(\dfrac{l_2 - l_1}{2} \right)^2 + m_2 l_2^2 = \dfrac{1}{3} m_1 (l_1^2 + l_2^2 - l_1 l_2) + m_2 l_2^2$。】

答：$J\ddot{x} + (\rho g S l_2^2 + k l_1^2) x = 0$。

[2-4] 求图示系统的微幅振动方程（m_2 视为均质圆盘）。

答：$\ddot{x} + \dfrac{2(k_1+k_2)}{2m_1+m_2}x = 0$。

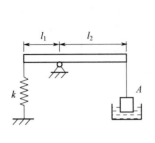

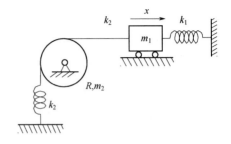

题 2-3 图　　　　　　　　　　题 2-4 图

[2-5] 抗弯刚度 $EI = 36 \times 10^7 \ \text{N} \cdot \text{cm}^2$ 的简支架，$l_1 = 2\text{m}$，$l_2 = 1\text{m}$，略去梁的分布质量，试求悬臂端处重为 $Q = 2548\text{N}$ 的重物的自由振动频率。

【提示：$k = \dfrac{3EI}{l_2^2(l_1+l_2)}$，$\delta_{\text{st}} = \dfrac{Ql_2^2(l_1+l_2)}{3EI}$，$\omega_{\text{n}} = \sqrt{\dfrac{gk}{Q}} = \sqrt{\dfrac{g}{\delta_{\text{st}}}} = \cdots 11.771/\text{s}$】

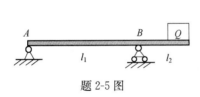

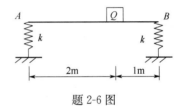

题 2-5 图　　　　　　　　　　题 2-6 图

[2-6] 图示梁 AB 的抗弯刚度 $EI = 9 \times 10^7 \text{N} \cdot \text{cm}^2$，两端支承弹簧的刚性系数均为 $k = 52.92\text{kN/m}$。略去梁的分布质量，试求重为 $Q = 4900\text{N}$ 的物块自由振动的周期。

答：$T = \dfrac{2\pi}{\omega_{\text{n}}} = 2\pi\sqrt{\dfrac{\delta_1+\delta_2}{g}} = 1.08\text{s}$。

[2-7] 一角尺由两长度各为 l 与 $2l$ 的均质细杆构成。两杆互成 $90°$ 交角，此角尺可绕 O 轴线在铅垂面内转动。求微小摆动的周期。

答：$T = \dfrac{2\pi}{\omega_{\text{n}}} = 2\pi\sqrt{\dfrac{2\times3ml^2}{\sqrt{17}mgl}}$。

[2-8] 一均质刚杆重为 P，长度为 l。A 处为光滑铰接，在 C 处由刚性系数为 k 的弹簧使杆在水平位置时平衡。弹簧质量不计，求杆在铅垂面内旋转振动时的周期。

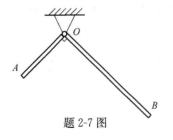

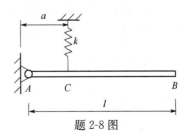

题 2-7 图　　　　　　　　　　题 2-8 图

答：$T=\dfrac{2\pi}{\omega_n}=2\pi\sqrt{\dfrac{Pl^2/3g}{ka^2}}=\dfrac{2\pi l}{a}\sqrt{\dfrac{P}{3gk}}$。

[2-9]　一机构如图所示，带有重为 Q 的刚性框架 $ABOC$ 可绕 O 轴在铅垂面内转动。略去框架和弹簧的质量。试确定该重物微小振动的固有频率。

答：$\omega_n=\sqrt{\dfrac{g\left[k_1a^2+k_2(a\tan\theta)^2\right]}{Ql^2}}$。

[2-10]　图示振动系统，物块质量为 25kg，弹簧刚度为 2N/mm，$E=210\mathrm{GPa}$，悬臂梁长 250mm，梁横截面宽 20mm，高 3mm，求固有频率。梁的分布质量不计。

答：$\omega_n=6.171/\mathrm{s}$。

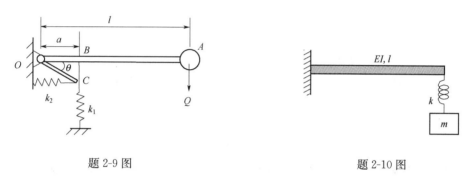

题 2-9 图　　　　　　　　　　题 2-10 图

[2-11]　求下列各系统的运动方程和固有频率。

（1）均质圆盘纯滚动，质量为 m；（2）均质圆盘纯滚动，质量为 m；（3）绳子和滑轮之间无滑动；（4）假定 $m_2>m_1$；（5）U 形管横截面积均匀；（6）横截面积如图示。

答：（1）$\dfrac{3}{2}m\ddot{x}+kx=0$，…

（2）设广义坐标为圆盘上边缘的水平位移。

$T=\dfrac{1}{2}m\left(\dfrac{\dot{x}}{2}\right)^2+\dfrac{1}{2}\cdot\dfrac{1}{2}mR^2\cdot\left(\dfrac{\dot{x}}{2R}\right)^2=\dfrac{3}{16}m\dot{x}^2$，$V=\dfrac{1}{2}(2k_1)\left(\dfrac{3x}{4}\right)^2+\dfrac{1}{2}(2k_2)\left(\dfrac{x}{4}\right)^2=\dfrac{1}{16}(9k_1+k_2)x^2$，方程 $3m\ddot{x}+(9k_1+k_2)x=0$…

（3）$\left(m_1+\dfrac{m_2}{4}+\dfrac{J}{4R^2}\right)\ddot{x}+\left(k_1+\dfrac{k_2}{4}\right)x=0$；

（4）设转角为 φ，则质量在自转平面内相对于原半径位置的移动距离为 $a(1-\cos\varphi)$，所以高度变化为 $a(1-\cos\varphi)\cos\alpha$。

$$(m_1+m_2)a^2\ddot{\varphi}+(m_2-m_1)ga\cos\alpha\varphi=0\cdots$$

（5）$\rho l\ddot{x}=-2\rho gx$，$\omega_n^2=\dfrac{2g}{l}$；

（6）由于左右侧的横截面积不一样，因此假设右边管子运动的位移为 x，左边管子运动的位移为 x_1，则有：$A_2x=A_1x_1$，根据上题的思路，有：$\rho(A_1a+A_3b+A_2a)\ddot{x}=-\rho g(xA_2+x_1A_1)$，得到系统的固有频率：$\omega_n^2=\dfrac{2A_2g}{(A_1a+A_3b+A_2a)}$。

[2-12]　质量为 m、半径为 R 的均质柱体在水平面上作无滑动的微幅滚动，在 $CA=$

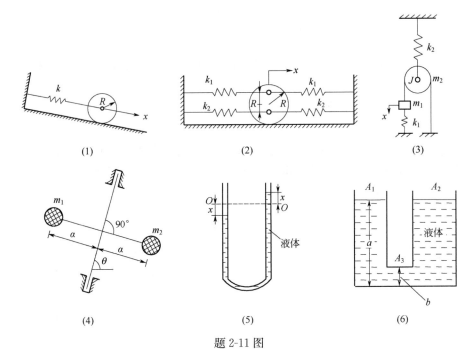

(1)　　　　　　　　(2)　　　　　　　　(3)

(4)　　　　　　　　(5)　　　　　　　　(6)

题 2-11 图

a 的 A 点系有两根弹性刚度系数为 k 的水平弹簧，如图所示。求系统的固有频率。

【提示：用能量法。$T=\dfrac{3}{4}mR^2\dot{\theta}^2$，$V=k\,(R+a)^2\theta^2$，$\omega_\mathrm{n}=\dfrac{R+a}{R}\sqrt{\dfrac{4k}{3m}}$】

[2-13]　求图示系统的固有频率。

答：$\omega_\mathrm{n}=\sqrt{\dfrac{k_2(k_1l^3+48EI)}{[(k_1+k_2)l^3+48EI]m}}$。

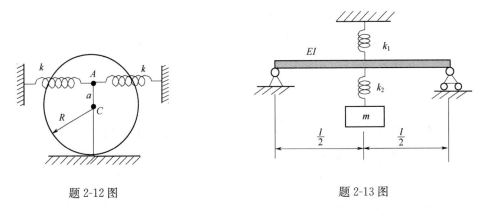

题 2-12 图　　　　　　　　　　　　题 2-13 图

[2-14]　求图示系统的固有频率。设悬臂梁的质量忽略不计，等效弹性系数分别为 k_1 和 k_3。

答：$k_\mathrm{eq}=\dfrac{k_1k_2k_4+k_3k_2k_4+k_3k_1k_4}{k_1k_2+k_3k_2+k_2k_4+k_1k_4+k_3k_1}$，$\omega_\mathrm{n}=\sqrt{\dfrac{k_\mathrm{eq}}{m}}=\cdots$

[2-15]　求图示系统的固有频率，假定滑轮质量不计。

答：$\omega_n^2 = \dfrac{k_1 k_2}{4(k_1+k_2)m}$。

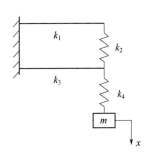

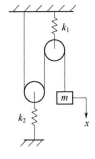

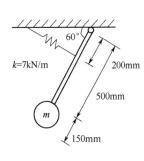

题 2-14 图   题 2-15 图   题 2-16 图

[2-16] 求图示系统的固有频率，假定均质杆质量不计。

答：$\omega_n = \sqrt{\dfrac{ka^2}{ml^2}} = \dfrac{29.1}{\sqrt{m}}$。

[2-17] 求图示系统的固有频率。已知：均质杆长 l，弹簧距支座距离为 a。

答：(a) $\omega_n = \sqrt{\dfrac{ka^2+mgl}{ml^2}}$，(b) $\omega_n = \sqrt{\dfrac{ka^2-mgl}{ml^2}}$，(c) $\omega_n = \sqrt{\dfrac{ka^2}{ml^2}}$。

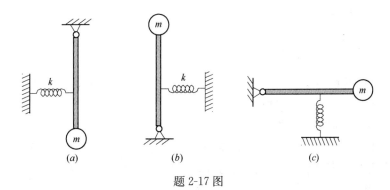

题 2-17 图

[2-18] 一个重为 98N 的物体，由刚性系数为 $k=9.8$kN/m 的弹簧支承，在速度为 1cm/s 时其阻力为 0.98N。求 10 周振幅减小比为多少？

答：$\dfrac{X_1}{X_{11}} = \mathrm{e}^{\frac{20\pi\xi}{\sqrt{1-\xi^2}}} = 20416$。

[2-19] 单摆在作微幅振动中具有黏性阻尼。设其对数减幅率 $\delta=0.04$，问经过 100 周振动后，振幅衰减的幅度。

答：$\delta = \dfrac{1}{n}\ln\dfrac{X_1}{X_{n+1}} = 0.04$，则 $\dfrac{X_1}{X_{101}} = \mathrm{e}^4 = 54.6$。

[2-20] 图示系统，在空气中振动周期为 T_1，在液体中振动周期为 T_2，试证明液体的黏性阻尼系数为 $c = \dfrac{4\pi m}{T_1 T_2}\sqrt{T_2^2 - T_1^2}$。

[2-21] 求图示系统振动的微分方程和固有频率（不计杆的质量，c 为黏滞阻尼）。

答：$\ddot{\theta}+\dfrac{b^2 c}{ml^2}\dot{\theta}+\dfrac{a^2 k}{ml^2}\theta=0$，$\omega_{\mathrm{d}}=\dfrac{1}{2ml^2}\sqrt{4ma^2 l^2 k-b^4 c^2}$

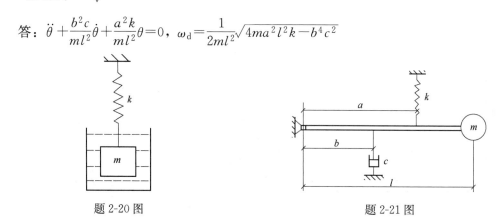

题 2-20 图   题 2-21 图

[2-22] 某黏滞阻尼系统，5 个振动周期后振幅减到 60%，求阻尼比。

答：0.0163。

[2-23] 标准 m-k-c 系统，弹簧刚度为 32.14kN/m，物块质量为 150kg。(1) 求系统的临界阻尼系数；(2) 该系统的阻尼系数为 0.685kN·s/m 时，问经过多少时间振幅减到 10%；(3) 衰减振动周期是多少。

答：(1) $\omega_{\mathrm{n}}=\sqrt{\dfrac{k}{m}}=14.641/\mathrm{s}$，$c_{\mathrm{c}}=2m\omega_{\mathrm{n}}=4391.4\mathrm{N}\cdot\mathrm{s/m}$；

(2) $t=nT=n\dfrac{2\pi}{\omega_{\mathrm{n}}}=0.981$；

(3) $T_{\mathrm{d}}=\dfrac{2\pi}{\omega_{\mathrm{n}}\sqrt{1-\zeta^2}}=0.435$。

[2-24] 悬挂的重为 $Q=98\mathrm{N}$ 的小电机，静位移 $\delta_{\mathrm{st}}=30\mathrm{mm}$，偏心质量所产生干扰力为 $me\omega^2=18\mathrm{N}$，$\omega=10\pi\ \mathrm{l/s}$。试求

(1) 电机稳态强迫振动的振幅。

(2) 已知当 $t=0$ 时，$x_0=\dot{x}_0=0$，求出当 $t=1\mathrm{s}$ 时重物的速度和位移。

(3) 考虑阻尼，求其稳态强迫振动的振幅，其黏性阻尼使系统在自由振动时，每振动 10 周振幅减小半。

答：(1) $X=\dfrac{F/k}{1-\gamma^2}=\dfrac{Fg}{kg-Q\omega^2}=2.726\times10^{-3}\mathrm{m}$；

(2) $x=\dfrac{F/k}{1-\gamma^2}(\sin\omega t-\gamma\sin\omega_{\mathrm{n}}t)$；

(3) $X=\dfrac{F/k}{\sqrt{(1-\gamma^2)^2+(2\zeta\gamma)^2}}=2.726\times10^{-3}\mathrm{m}$。

[2-25] 简支梁中间放一台重为 2kN 的电机，其中转子重 0.4kN，偏心距 $e=0.02\mathrm{cm}$，电机作用时的静挠度 $\delta_{\mathrm{st}}=2\mathrm{cm}$，电机转速 1450rpm，试求：电机稳态强迫振动的振幅（略去梁的质量）。

答：$X=\dfrac{F_0}{k(1-\gamma^2)}=4.09\times10^{-5}\mathrm{m}$。

[2-26] 标准 m-k 振动系统，若 $m=0.5\mathrm{kg}$，$k=2\mathrm{N/cm}$，$F=2\sin2t$，当 $t=0$ 时，

$x_0=0$，$\dot{x}_0=1\mathrm{cm/s}$。求响应。

答：$x=\sin2t-t\cos2t$

[2-27] 无阻尼自由振动系统受激振力

$$Q(t)=Q_0\left(\sin\omega t-\frac{1}{2}\sin2\omega t+\frac{1}{3}\sin3\omega t-\cdots\right)\text{作用，求系统的响应。}$$

答：$x(t)=\dfrac{Q_0}{k}\displaystyle\sum_{i=1}^{\infty}\dfrac{(-1)^{i+1}}{i(1-i^2\gamma^2)}\sin i\omega t$。

[2-28] 图示系统，假定刚性杆质量为 m，在激振力 $Q=Q_0\sin\omega t$ 作用下，求系统的角振幅。

答：$\theta_0=\dfrac{Q_0l}{ka^2}\dfrac{1}{\sqrt{\left(1-\dfrac{ml^2\omega^2}{3ka^2}\right)^2+\left(\dfrac{b^2c\omega}{ka^2}\right)^2}}$ rad。

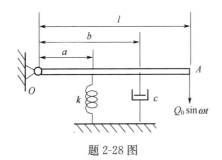

题 2-28 图

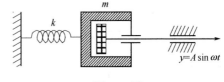

题 2-29 图

[2-29] 图示系统，假定缸体质量为 m，活塞杆质量不计，它们之间的阻尼系数为 c，活塞位移 $y=A\sin\omega t$，求缸体振幅与 y 的关系。

答：$x=X\cos(\omega t-\varphi)$，$X=\dfrac{A\omega c}{k\sqrt{(1-\gamma^2)^2+(2\zeta\gamma)^2}}$，$\varphi=\arctan\dfrac{2\zeta\gamma}{1-\gamma^2}$。

[2-30] 图示系统在位移 $H=H_0\cos\omega t$ 激励下，求系统的响应。

答：$\theta(t)=\dfrac{kaH_0}{ka^2-mgb}\dfrac{1}{1-\gamma^2}\cos\omega t$。

[2-31] 图示系统，在激振力 $Q=Q_0\sin\omega t$ 作用下，求质量块的振幅。

答：$X=\dfrac{Q_0k_1}{m(k_1+k_2)(\omega_n^2-\omega^2)}$。

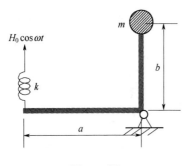

题 2-30 图

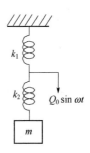

题 2-31 图

[2-32] 均质直杆长 $l=40\mathrm{cm}$，重量 $G=20\mathrm{N}$，上端由光滑铰链连接，在距上端 $l/4$ 处作用一水平周期干扰力 $P(t)=2\sin(4\pi t)$，求杆稳态振动振幅。

答：0.869。

[2-33] 弹簧质量系统，$m=196\mathrm{kg}$，$k=1.96\times10^5\mathrm{N/m}$，作用在质量上的激振力为 $Q=156.8\sin10t$，阻尼系数为 $627.2\mathrm{N\cdot s/m}$。求（1）质量块的振幅及放大因子；（2）如果把激振频率调整为 $5\mathrm{Hz}$，放大因子为多少；（3）如果把激振频率调整为 $15\mathrm{Hz}$，放大因子为多少；（4）若忽略阻尼，上面 3 种情况的放大因子又是多少，由此说明阻尼对振幅的影响。

答：（1）$X=\dfrac{F_0}{k\sqrt{(1-\gamma^2)^2+(2\zeta\gamma)^2}}=0.000888\mathrm{m}$，$\beta=\dfrac{1}{\sqrt{(1-\gamma^2)^2+(2\zeta\gamma)^2}}=1.11$；

（2）$\gamma=\dfrac{\omega}{\omega_\mathrm{n}}=0.990$，$\beta=9.8$；

（3）$\gamma=\dfrac{\omega}{\omega_\mathrm{n}}=2.97$，$\beta=0.128$；

（4）1.11，51.8，0.128。

[2-34] 求无阻尼系统在图示周期激励下的稳态响应。

答：（a）$x(t)=\dfrac{4F_0}{k\pi}\displaystyle\sum_{j=1,3,5\cdots}^{\infty}\dfrac{(-1)^{\frac{i-1}{2}}\cos j\omega t}{j\left[1-\left(\dfrac{j\omega}{\omega_\mathrm{n}}\right)^2\right]}$；

（b）$x(t)=\dfrac{8F_0}{k\pi^2}\displaystyle\sum_{j=1,3,5\cdots}^{\infty}\dfrac{(-1)^{\frac{i-1}{2}}\sin j\omega t}{j^2\left[1-\left(\dfrac{j\omega}{\omega_\mathrm{n}}\right)^2\right]}$。

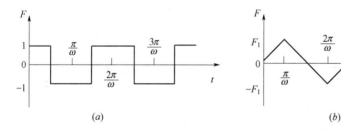

题 2-34 图

[2-35] 无阻尼自由振动系统受图示激振力作用，求系统的响应。

答：$x(t)=\dfrac{Q_1}{k}(1-\cos\omega_\mathrm{n}t)$，$0\leqslant t\leqslant t_1$；$x(t)=\dfrac{Q_1}{k}\left[2\cos\omega_\mathrm{n}(t-t_1)-\cos\omega_\mathrm{n}t-1\right]$，

$t_1\leqslant t\leqslant t_2$；$x(t)=\dfrac{Q_1}{k}\left[2\cos\omega_\mathrm{n}(t-t_1)-\cos\omega_\mathrm{n}(t-t_2)-\cos\omega_\mathrm{n}t\right]$，$t\geqslant t_2$。

[2-36] 求无阻尼系统在图示 $F=F_0\sin\left(\dfrac{\pi t}{t_1}\right)$ 激励下的稳态响应。

答：$x(t)=\dfrac{F_0}{k(1-\gamma^2)}\left(\sin\dfrac{\pi t}{t_1}-\gamma\sin\omega_\mathrm{n}t\right)$，$(0\leqslant t\leqslant t_1)$；

$x(t)=-\dfrac{F_0\gamma}{k(1-\gamma^2)}\left(\sin\omega_\mathrm{n}(t-t_1)+\sin\omega_\mathrm{n}t\right)$，$(t>t_1)$。

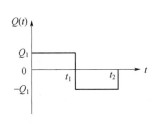

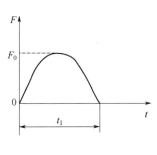

题 2-35 图   题 2-36 图

[2-37] 求无阻尼系统在图示激励下的响应。

答：$x = \dfrac{Q_0}{k}(1 - \cos\omega_n t)$，$0 \leqslant t \leqslant t_1$；

$$x = \dfrac{Q_0}{k}\left(1 - \cos\omega_n t - \dfrac{t - t_1}{t_2 - t_1} + \dfrac{\sin\omega_n(t - t_1)}{\omega_n(t_2 - t_1)}\right)，t_1 \leqslant t \leqslant t_2；$$

$$x = \dfrac{Q_0}{k}\left(-\cos\omega_n t + \dfrac{\sin\omega_n(t - t_1) - \sin\omega_n(t - t_2)}{\omega_n(t_2 - t_1)}\right)，t > t_2。$$

[2-38] 图示系统，质量为 m_1 的物体从高 h 处自由落下，与悬挂在弹簧 k 下的质量 m_2 碰撞后一起作微幅振动，求振动的固有频率和响应。

答：$\ddot{x} + \dfrac{k}{m_1 + m_2}x = \dfrac{m_1 g}{m_1 + m_2}$，$\omega_n^2 = \dfrac{k}{m_1 + m_2}$，

$$x(t) = \dfrac{m_1 g}{k}\left[\sqrt{\dfrac{2kh}{g(m_1 + m_2)}}\sin\sqrt{\dfrac{k}{m_1 + m_2}}t + \left(1 - \cos\sqrt{\dfrac{k}{m_1 + m_2}}t\right)\right]。$$

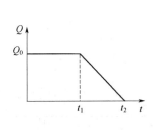

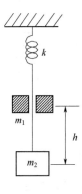

题 2-37 图   题 2-38 图

[2-39] 一物体 m，支承如图所示落向地板，假若支承首先接触地板时，弹簧无变形。设下落高度 $h = 1.5\text{m}$，$m = 18\text{kg}$，$c = 72\text{N} \cdot \text{s/m}$，$k = 1.8\text{kN/m}$。求物体的加速度。

答：$x = \dfrac{\dot{x}_0}{\omega_d}\mathrm{e}^{-\xi\omega_n t}\sin\omega_d t$，求两次导数即可……

[2-40] 图示车辆上装置一重为 Q 的物块，在形状为 $y = d\sin\dfrac{\pi}{l}x$ 的曲线路面上以等速 v 行驶。当车轮进入曲线路面时，物块在竖直方向无速度，设弹簧的刚性系数为 k。

求：（1）物块的强迫振动方程；（2）轮的临界速度。

答：（1）$y = \dfrac{kgdl^2}{kgl^2 - \pi^2 Qv^2} \sin \dfrac{\pi}{l} vt$ ；　　　　（2）$v_{cr} = \dfrac{1}{\pi}\sqrt{\dfrac{kg}{Q}}$。

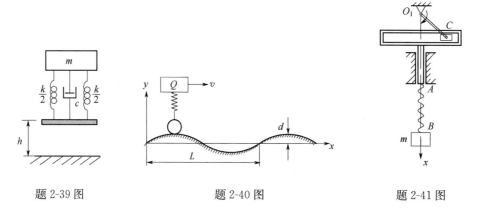

题 2-39 图　　　　　　　题 2-40 图　　　　　　　题 2-41 图

[2-41]　图示物体重 $Q = 4\text{N}$，悬挂在弹簧 AB 上，弹簧的上端和图示简谐机构的连杆 A 点相连，已知曲柄 $O_1 C = 2\text{cm}$，$\omega = 71/\text{s}$，弹簧在 0.4N 作用下伸长 1cm，求强迫振动响应。

答：$m\ddot{x} + kx = kO_1 C \sin\omega t$，$x = X\sin\omega t = \dfrac{kO_1 C}{k - m\omega^2}\sin\omega t = 0.04\sin 7t$。

[2-42]　求图示基础位移 $x_B = a\sin\omega t$ 引起系统稳态响应的振幅。

答：（a）$\dfrac{a}{\sqrt{(1-\gamma^2)^2 + (2\zeta\gamma)^2}}$；（b）$\dfrac{a(2\zeta\gamma)}{\sqrt{(1-\gamma^2)^2 + (2\zeta\gamma)^2}}$。

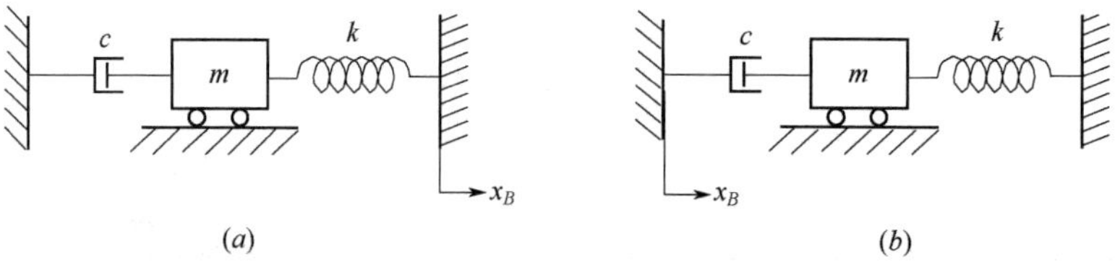

（a）　　　　　　　　　　　　　　　（b）

题 2-42 图

[2-43]　图示系统，$m = 9800\text{kg}$，$k = 966280\text{N/m}$，在质量块上作用有激振力 $Q = 4900\sin\dfrac{\pi}{2}t$，在弹簧固定端有支撑位移 $x_B = 0.3\sin\dfrac{\pi}{4}t$，求系统的稳态响应。

答：$x = x_1 + x_2 = \dfrac{4900}{k(1-r_1^2)}\sin\dfrac{\pi}{2}t + \dfrac{0.003k}{k(1-r_2^2)}\sin\dfrac{\pi}{4}t = 0.52\sin\dfrac{\pi}{2}t + 0.302\sin\dfrac{\pi}{4}t$。

[2-44]　图示单摆，在阻尼系数为 c 的黏性液体中运动，已知悬挂点 O 在水平方向的运动为 $x = A\sin\omega t$，求摆动方程并求解。

答：$\ddot{\theta} + \dfrac{c}{m}\dot{\theta} + \dfrac{g}{l}\theta = \sqrt{\left(\dfrac{A\omega^2}{l}\right)^2 + \left(\dfrac{A\omega c}{ml}\right)^2}\sin(\omega t + \alpha)$，$\alpha = \arctan\left(-\dfrac{c}{m\omega}\right)$，

$\theta = \theta_0\sin(\omega t + \alpha - \varphi)$，$\theta_0 = \sqrt{\dfrac{(A\omega^2/l)^2 + (A\omega c/ml)^2}{(g/l - \omega^2)^2 + (c\omega/m)^2}}$，$\varphi = \arctan\left(\dfrac{c\omega}{g - l\omega^2}\right)$。

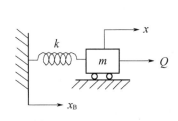

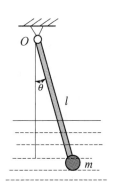

题 2-43 图	题 2-44 图

[2-45] 图示钢梁，自由端物块重量为 3000N，$I = 1.68 \times 10^{-6} \, \text{m}^4$，$E = 210 \text{GPa}$，$A$ 端支座按正弦波 $y = 3 \sin 30t$ 作微小振动，梁质量不计，求物块稳态振动振幅。

答：3.84mm。

[2-46] 图示钢梁，物块重量为 60kN，$I = 1.46 \times 10^{-5} \, \text{m}^4$，$E = 210 \text{GPa}$，左端支座有脉动力矩 $M = 1000 \sin 0.9 \omega_n t$ 作用，梁质量不计，求物块稳态振动振幅。

答：0.966mm。

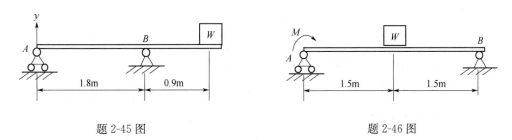

题 2-45 图	题 2-46 图

[2-47] 图为车辆振动模型，车辆速度为 v，地面视为一半波正弦脉冲 $x_g = a \sin \left(\dfrac{\pi t}{t_1} \right)$，求车辆上下振动的响应。

答：$x(t) = \dfrac{a \omega_n t_1}{\omega_n^2 t_1^2 - \pi^2} \left(\omega_n t_1 \sin \dfrac{\pi t}{t_1} - \pi \sin \omega_n t \right)$，$(0 \leqslant t \leqslant t_1)$；

$x(t) = -\dfrac{\pi a \omega_n t_1}{\omega_n^2 t_1^2 - \pi^2} (\sin(t - t_1) + \sin \omega_n t)$，$(t > t_1)$。

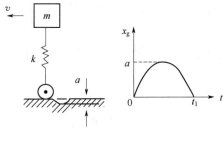

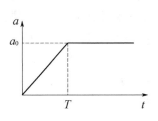

题 2-47 图	题 2-48 图

[2-48]　求无阻尼系统在基础以图示加速度激励下的响应。

答：$x^* = -\dfrac{a_0}{\omega_n^2}\left(\dfrac{t}{t_1} - \dfrac{\sin\omega_n t}{\omega_n t_1}\right), 0 \leqslant t \leqslant t_1; x^* = -\dfrac{a_0}{\omega_n^2}\left(1 + \dfrac{\sin\omega_n(t-t_1) - \sin\omega_n t}{\omega_n t_1}\right), t > t_1$。

[2-49]　重量为 3000N 的机器，以刚度系数 600N/cm 的弹簧及阻尼比 $\zeta = 0.2$ 的阻尼器支撑，若在机器上加以按正弦规律变换的干扰力，其频率与机器转速相同。求：（1）如果传递到基础上的力大于干扰力力幅，机器转速应如何？（2）若传递力的最大值小于干扰力力幅的 20%，机器的转速应如何。

答：（1）$n < 189\text{r/min}$，（2）$n > 393\text{r/min}$。

[2-50]　质量为 113kg 的精密仪器通过橡皮衬垫装在基础上，基础受到频率为 20Hz 加速度幅值为 15.24cm/s^2 的激励。设橡皮衬垫的参数：$k = 2802\text{N/cm}$，$\zeta = 0.1$，问：传给精密仪器的加速度是多少。

【提示：相对位移 $x_1 = x - y$，$m\ddot{x} = -c(\dot{x} - \dot{y}) - k(x - y)$，$m\ddot{x}_1 + c\dot{x}_1 + kx_1 = -m\ddot{y}\cdots$】

[2-51]　$m\text{-}k$ 系统放在箱子中，箱子从高 h 处自由落下。求

（1）箱子下落过程中，质量块相对箱子的运动 x；

（2）箱子落地后传到地面的最大压力。

答：（1）$x(t) = -\dfrac{g}{\omega_n^2}(1 - \cos\omega_n t)$；

（2）$P_{max} = kX = \cdots$

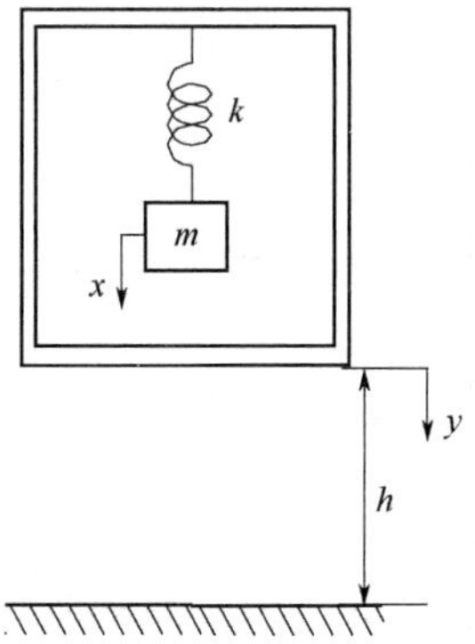

[2-52]　机器重 4410N，支撑在弹簧隔振器上，弹簧静变形为 0.5cm，机器有一偏心重，产生偏心激振力 $Q = 2.254\dfrac{\omega^2}{g}$，$\omega$ 为激振力频率，g 为重力加速度，不计阻尼。求（1）在机器转速为 1200r/min 时传入地基的力；（2）机器的振幅。

题 2-51 图

答：（1）$F = kx_{max} = k\dfrac{3630}{k(1 - \gamma^2)} = 514.4\text{N}$，

（2）$X = \dfrac{3630}{k(1 - \gamma^2)} = 5.83 \times 10^{-2}\text{cm}$。

[2-53]　一个骑着自行车的人可以简化为一个 $m\text{-}k\text{-}c$ 系统。它的等效质量、刚度和阻尼常数分别为 80kg、50kN/m 和 1kN·s/m。由于路基下沉造成了如图所示的路面不平。如果自行车的速度为 5m/s，求男孩在垂直方向上的位移变化规律。假设自行车在遇到路面的阶跃变化前没有竖直方向的振动。

【提示：系统在进入 A 点前没有振动，进入 A 点后自由振动，各段单独建立坐标系，g 取 10m/s^2】

答：在 AB 段，$y_0 = \delta = 0.016\text{m}$，$\dot{y}_0 = \sqrt{2g(0.05 - 0.016)} = \sqrt{0.68}\,\text{m/s}$，$y(t) = 0.0414e^{-6.25t}\sin(24.21t + 0.046)$；在 C 点获得初始条件 $y_0 = -0.05\text{m}$，$\dot{y}_0 = 0\text{m/s}$，过 C 点后 $y(t) = 0.0516e^{-6.25t}\sin(24.21t + 1.318)$。

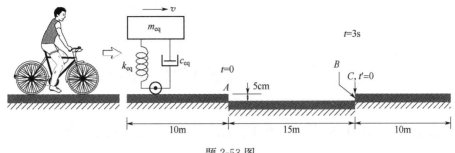

题 2-53 图

第3章 多自由度系统的振动

一般来说，一个 n 自由度的振动系统，其位移可以用 n 个独立坐标来描述，其运动规律通常可用 n 个二阶常微分方程来确定。

■3.1 多自由度系统运动方程的建立

建立多自由度系统运动方程的方法，除了在单自由度系统中常用的牛顿定律、动力学基本定理、达朗贝尔原理等以外，还包括影响系数法、拉格朗日方程等。

3.1.1 利用动力学基本定理

以图 3-1(a) 所示的两自由度 m-k-c 振动系统为例。

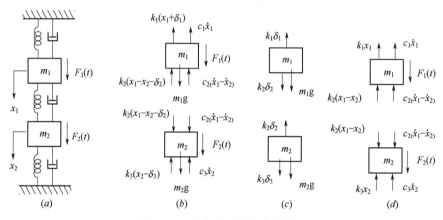

图 3-1　两自由度系统的力学模型

设振动质量的位移为 x_1 和 x_2，坐标原点选在静平衡位置。用 δ_1、δ_2、δ_3 分别表示三个弹簧的静变形，受力见图 3-1(b)，对每一质量应用牛顿第二定律得

$$m_1\ddot{x}_1=F_1(t)-k_1(x_1+\delta_1)-c_1\dot{x}_1-k_2(x_1-x_2-\delta_2)+c_2(\dot{x}_2-\dot{x}_1)+m_1g \quad (3-1)$$

$$m_2\ddot{x}_2=F_2(t)-k_3(x_2-\delta_3)-c_3\dot{x}_2+k_2(x_1-x_2-\delta_2)-c_2(\dot{x}_2-\dot{x}_1)+m_2g \quad (3-2)$$

静平衡时受力见图 3-1(c)，有平衡关系

$$k_1\delta_1=k_2\delta_2+m_1g, k_2\delta_2=k_3\delta_3+m_2g \quad (3-3)$$

将式(3-3) 代入式(3-1) 和式(3-2) 得

$$m_1\ddot{x}_1=F_1(t)-k_1x_1-c_1\dot{x}_1+k_2(x_2-x_1)+c_2(\dot{x}_2-\dot{x}_1) \quad (3-4)$$

$$m_2\ddot{x}_2=F_2(t)-k_3x_2-c_3\dot{x}_2-k_2(x_2-x_1)-c_2(\dot{x}_2-\dot{x}_1) \quad (3-5)$$

将上述方程(3-4) 和方程(3-5) 表示成矩阵形式

$$[M]\{\ddot{x}\}+[C]\{\dot{x}\}+[K]\{x\}=\{F(t)\} \quad (3-6)$$

式中：

$$[M] = \begin{bmatrix} m_{11} & m_{12} \\ m_{21} & m_{22} \end{bmatrix} = \begin{bmatrix} m_1 & 0 \\ 0 & m_2 \end{bmatrix}, [C] = \begin{bmatrix} c_{11} & c_{12} \\ c_{21} & c_{22} \end{bmatrix} = \begin{bmatrix} c_1+c_2 & -c_2 \\ -c_2 & c_2+c_3 \end{bmatrix},$$

$$[K] = \begin{bmatrix} k_{11} & k_{12} \\ k_{21} & k_{22} \end{bmatrix} = \begin{bmatrix} k_1+k_2 & -k_2 \\ -k_2 & k_2+k_3 \end{bmatrix}, \quad \{x\} = \begin{Bmatrix} x_1 \\ x_2 \end{Bmatrix}, \{F(t)\} = \begin{Bmatrix} F_1(t) \\ F_2(t) \end{Bmatrix}, \{\dot{x}\}、$$

$\{\ddot{x}\}$ 为 $\{x\}$ 对时间的一、二阶导数。

$[M]$ 称为系统的**质量矩阵**（Mass Matrix）或**惯性矩阵**（Inertia Matrix），$[K]$ 称为系统的**刚度矩阵**（Stiffness Matrix），$[C]$ 称为系统的**阻尼矩阵**（Damping Matrix），$\{x\}$ 为系统的**位移列向量**（Displacement Vector），$\{F(t)\}$ 为系统的**外激励列向量**（Excitation Vector）。

对于 n 自由度振动系统，运动方程仍为式(3-6)，此时 $[M]$、$[K]$、$[C]$ 为 n 阶方阵，$\{x\}$ 和 $\{F(t)\}$ 为 n 阶列向量。

【**例 3-1**】 图 3-2 为两端支承在弹簧上的刚性杆，设杆的质量为 m，绕质心 C 的转动惯量为 J_C。建立杆的运动方程。

解： 选质心偏离其平衡位置的铅垂位移 x 和杆的转角 θ 为广义坐标，两弹簧的静位移为 δ_1 和 δ_2，利用平面运动微分方程得

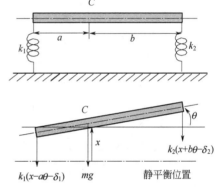

$$m\ddot{x} = -mg - k_1(x - a\theta - \delta_1) - k_2(x + b\theta - \delta_2)$$

$$J_C\ddot{\theta} = k_1(x - a\theta - \delta_1)a - k_2(x + b\theta - \delta_2)b$$

静平衡时

$$mg - k_1\delta_1 - k_2\delta_2 = 0, \quad k_1\delta_1 a - k_2\delta_2 b = 0$$

则系统的运动方程为

$$m\ddot{x} + k_1(x - a\theta) + k_2(x + b\theta) = 0$$

$$J_C\ddot{\theta} - k_1(x - a\theta)a + k_2(x + b\theta)b = 0$$

图 3-2　两自由度刚性杆振动系统

3.1.2　影响系数方法

1. 刚度影响系数

刚度矩阵 $[K]$ 中的元素称为**刚度影响系数**（Stiffness Influence Coefficient），其 k_{ij} 的力学意义是：仅在 j 坐标处产生单位广义位移，系统平衡时需在 i 坐标处施加的广义力。

2. 惯性影响系数

质量矩阵 $[M]$ 中的元素称为**惯性（质量）影响系数**（Mass Influence Coefficient），其 m_{ij} 的力学意义是：仅在 j 坐标处产生单位广义加速度，需在 i 坐标处施加的广义力。

3. 阻尼影响系数

阻尼矩阵 $[C]$ 中的元素称为**阻尼影响系数**（Damping Influence Coefficient）。对黏性阻尼，其 c_{ij} 的力学意义是：仅在 j 坐标处产生单位广义速度，需在 i 坐标处施加的广义力。

4. 柔度影响系数与柔度矩阵

刚度影响系数是用"刚性"来描述弹性元件，也可以用"柔性"来描述，对应的就是**柔度影响系数**（Flexibility Influence Coefficient）。柔度影响系数 R_{ij} 的力学意义是：在 j

坐标处作用单位广义力，引起 i 坐标处的广义静位移。由柔度影响系数就可以组成系统的**柔度矩阵**（Flexibility Matrix）$[R]$。

由材料力学的位移互等定理可知 $R_{ij} = R_{ji}$，即柔度矩阵是对称的。事实上，质量矩阵、刚度矩阵和阻尼矩阵也都是对称的。

【例 3-2】 用影响系数法求图 3-1(a) 所示系统的刚度矩阵、质量矩阵、阻尼矩阵和柔度矩阵。

解：（1）刚度矩阵。

设 $x_1 = 1$，$x_2 = 0$，则 m_1、m_2 受力如图 3-3(a)，利用平衡方程求得 $k_{11} = k_1 + k_2$，$k_{21} = -k_2$；同理，设 $x_1 = 0$，$x_2 = 1$，得 $k_{22} = k_3 + k_2$，$k_{12} = -k_2$。将它们组合成刚度矩阵 $[K]$ 即可。

（2）质量矩阵。

如图 3-3(b)，设质量 m_1 的加速度 $\ddot{x}_1 = 1$，m_2 的加速度 $\ddot{x}_2 = 0$，需在两质点上施加的广义力为 m_{11} 和 m_{21}，由 m_1 和 m_2 的动力平衡条件求出 $m_{11} = m_1\ddot{x}_1 = m_1$，$m_{21} = m\ddot{x}_2 = 0$。同理，令 $\ddot{x}_1 = 0$，$\ddot{x}_2 = 1$，求出 $m_{12} = 0$，$m_{22} = m_2$。将它们组合成质量矩阵 $[M]$ 即可。

（3）阻尼矩阵。

如图 3-3(c)，设质量 m_1 的速度 $\dot{x}_1 = 1$，m_2 的速度 $\dot{x}_2 = 0$，需在两质点上施加的广义力为 c_{11} 和 c_{21}，由 m_1 和 m_2 的动力平衡条件求出 $c_{11} = c_1 + c_2$，$c_{21} = -c_2$。同理，令 $\dot{x}_1 = 0$，$\dot{x}_2 = 1$，求出 $c_{22} = c_2 + c_3$，$c_{12} = -c_2$。将它们组合成阻尼矩阵 $[C]$ 即可。

（4）柔度矩阵。

在 m_1 上作用单位力 1，此时质量 m_1 和 m_2 上产生的位移为 R_{11} 和 R_{21}，受力如图 3-3(d)，由则两个质量的平衡方程 $k_1 R_{11} = 1 + (R_{21} - R_{11})k_2$ 和 $k_3 R_{21} + (R_{21} - R_{11})k_2 = 0$ 联立解得

$$R_{11} = \frac{k_2 + k_3}{k_1 k_2 + k_1 k_3 + k_2 k_3}, \quad R_{21} = \frac{k_2}{k_1 k_2 + k_1 k_3 + k_2 k_3}$$

同理在 m_2 上作用单位力 1，求得

$$R_{22} = \frac{k_1 + k_2}{k_1 k_2 + k_1 k_3 + k_2 k_3}, \quad R_{12} = \frac{k_2}{k_1 k_2 + k_1 k_3 + k_2 k_3}$$

将它们组合成柔度矩阵 $[R]$ 即可。

对于标准 m-k-c 振动系统，参考图 3-3 的受力情况，根据刚度影响系数的概念，可以写出下列关系：

$$\begin{cases} k_{11}x_1 + k_{12}x_2 = -m_1\ddot{x}_1 - c_1\dot{x}_1 - c_2(\dot{x}_1 - \dot{x}_2) + F_1(t) \\ k_{21}x_1 + k_{22}x_2 = -m_2\ddot{x}_2 - c_3\dot{x}_2 + c_2(\dot{x}_1 - \dot{x}_2) + F_2(t) \end{cases}$$

同理，根据惯性影响系数和阻尼影响系数的概念，可以写出下列关系：

$$\begin{cases} m_{11}\ddot{x}_1 + m_{12}\ddot{x}_2 = F_1(t) - k_1 x_1 - k_2(x_1 - x_2) - c_1\dot{x}_1 - c_2(\dot{x}_1 - \dot{x}_2) \\ m_{21}\ddot{x}_1 + m_{22}\ddot{x}_2 = F_2(t) - k_3 x_2 + k_2(x_1 - x_2) - c_3\dot{x}_2 + c_2(\dot{x}_1 - \dot{x}_2) \end{cases}$$

$$\begin{cases} c_{11}\dot{x}_1 + c_{12}\dot{x}_2 = -m_1\ddot{x}_1 - k_1 x_1 - k_2(x_1 - x_2) + F_1(t) \\ c_{21}\dot{x}_1 + c_{22}\dot{x}_2 = -m_2\ddot{x}_2 - k_3 x_2 + k_2(x_1 - x_2) + F_2(t) \end{cases}$$

写成矩阵形式即为方程(3-6)。

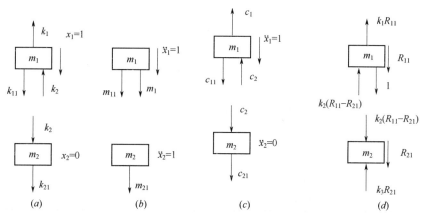

图 3-3 影响系数法受力图

3.1.3 利用动能和势能的矩阵表示形式

对于具有定常约束的 n 自由度振动系统，各个质点的位置矢径 $\vec{r}_i(i=1,2,\cdots,n)$ 都可以表示为 n 个广义坐标 $x_j(j=1,2,\cdots,n)$ 的函数

$$\vec{r}_i = \vec{r}_i(x_j), (i,j=1,2,\cdots,n)$$

这时，系统的动能可以表示为

$$T = \frac{1}{2}\sum_i m_i \dot{\vec{r}}_i \dot{\vec{r}}_i = \frac{1}{2}\sum_i m_i \left(\sum_k \frac{\partial \vec{r}_i}{\partial x_k}\dot{x}_k\right)\left(\sum_j \frac{\partial \vec{r}_i}{\partial x_j}\dot{x}_j\right) = \frac{1}{2}\sum_k \sum_j \left(\sum_i m_i \frac{\partial \vec{r}_i}{\partial x_k}\frac{\partial \vec{r}_i}{\partial x_j}\right)\dot{x}_k \dot{x}_j$$

$\dfrac{\partial \vec{r}_i}{\partial x_k}$ 一般仅是各个广义坐标的函数，设在静平衡位置 $x_i = 0(i=1,2,\cdots,n)$，在此平衡位置附近的泰勒展开式可写成

$$\frac{\partial \vec{r}_i}{\partial x_k} = \left(\frac{\partial \vec{r}_i}{\partial x_k}\right)_0 + \sum_j \left(\frac{\partial}{\partial x_j}\left(\frac{\partial \vec{r}_i}{\partial x_k}\right)\right)_0 x_j + \cdots$$

式中下标 0 表示括号内的量取 $x_i = 0(i=1,2,\cdots,n)$ 时的值。考虑到动能式只需保留到二阶小量，故式中的 $\dfrac{\partial \vec{r}_i}{\partial x_k}$ 和 $\dfrac{\partial \vec{r}_i}{\partial x_j}$ 只需保留到常数项，记

$$m_{kj} = m_{jk} = \sum_i m_i \left(\frac{\partial \vec{r}_i}{\partial x_k}\right)_0 \left(\frac{\partial \vec{r}_i}{\partial x_j}\right)_0 \tag{3-7}$$

于是，动能可表示为

$$T = \frac{1}{2}\sum_k \sum_j m_{kj}\dot{x}_k\dot{x}_j = \frac{1}{2}\{\dot{x}\}^{\mathrm{T}}[M]\{\dot{x}\} \tag{3-8}$$

式中：$\{\dot{x}\}$ 为广义速度向量，$[M]=[m_{kj}]$ 为系统的质量矩阵。

在定常约束情况下，系统的势能仅是广义坐标的函数，其在静平衡位置附近的泰勒展开式为

$$V = (V)_0 + \sum_i \left(\frac{\partial V}{\partial x_i}\right)_0 x_i + \frac{1}{2}\sum_j \sum_k \left(\frac{\partial^2 V}{\partial x_j \partial x_k}\right)_0 x_j x_k + \cdots$$

考虑到在静平衡位置附近有势力 $-\dfrac{\partial V}{\partial x_i} = 0$，则 $\left(\dfrac{\partial V}{\partial x_i}\right)_0 = 0, (i=1,2,\cdots,n)$，且不失一般

性，可取 $V(0)=0$，故在势能的泰勒展开式中略去二阶以上的小量，可得

$$V=\frac{1}{2}\sum_k\sum_j k_{kj}x_kx_j=\frac{1}{2}\{x\}^{\mathrm{T}}[K]\{x\} \tag{3-9}$$

式中：$\{x\}$ 为广义坐标向量，$k_{kj}=\left(\dfrac{\partial^2 V}{\partial x_k\partial x_j}\right)_0$，$[K]=[k_{kj}]$ 为系统的刚度矩阵。

至于系统的阻尼，在黏性模型下可由瑞利耗能函数表示为

$$E_d=\frac{1}{2}\sum_k\sum_j c_{kj}\dot{x}_k\dot{x}_j=\frac{1}{2}\{\dot{x}\}^{\mathrm{T}}[C]\{\dot{x}\} \tag{3-10}$$

式中：$[C]=[c_{kj}]$ 为系统的阻尼矩阵。

由式(3-8)~式(3-10) 知，通过计算系统的动能、势能和瑞利耗散函数可以直接得到其质量矩阵、刚度矩阵和阻尼矩阵，显然他们都是对称阵。

【例 3-3】 三个单摆由两根弹簧相连接，各个参数如图 3-4 所示，设三个单摆都位于铅垂位置时弹簧没有变形，求系统的微振动方程。

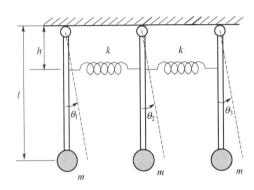

图 3-4　三个单摆组合振动系统

解： 取 θ_1、θ_2 和 θ_3 为广义坐标。动能和势能为

$$T=\frac{ml^2}{2}[\dot{\theta}_1^2+\dot{\theta}_2^2+\dot{\theta}_3^2]$$

$$V=\frac{ml^2}{2}[(A+B)\theta_1^2+(A+2B)\theta_2^2+(A+B)\theta_3^2-2B(\theta_1\theta_2+\theta_3\theta_2)]$$

式中：$A=\dfrac{g}{l}$，$B=\dfrac{kh^2}{ml^2}$。由式(3-8) 和式(3-9) 得到系统的质量矩阵和刚度矩阵

$$[M]=ml^2\begin{bmatrix}1&0&0\\0&1&0\\0&0&1\end{bmatrix},\ [K]=ml^2\begin{bmatrix}A+B&-B&0\\-B&A+2B&-B\\0&-B&A+B\end{bmatrix}$$

振动方程为

$$ml^2\begin{bmatrix}1&0&0\\0&1&0\\0&0&1\end{bmatrix}\begin{Bmatrix}\ddot{\theta}_1\\\ddot{\theta}_2\\\ddot{\theta}_3\end{Bmatrix}+ml^2\begin{bmatrix}A+B&-B&0\\-B&A+2B&-B\\0&-B&A+B\end{bmatrix}\begin{Bmatrix}\theta_1\\\theta_2\\\theta_3\end{Bmatrix}=\begin{Bmatrix}0\\0\\0\end{Bmatrix}$$

3.1.4　利用拉格朗日方程

对于 n 自由度完整约束系统，拉格朗日方程可表示为

$$\frac{\mathrm{d}}{\mathrm{d}t}\left(\frac{\partial T}{\partial \dot{x}_i}\right)-\frac{\partial T}{\partial x_i}+\frac{\partial V}{\partial x_i}=Q_i \,(i=1,2,\cdots,n) \tag{3-11}$$

$$Q_i=\sum_k \vec{F}_k \frac{\delta \vec{r}_k}{\delta x_i} \tag{3-12}$$

式中：T、V 为系统的动能和势能，Q_i 为系统与广义坐标 x_i 对应的所有非有势力的广义力，$\delta \vec{r}_k$ 为与非有势广义力 $\vec{F}_k$ 对应的广义虚位移。

具体计算 Q_i 时，一般只假设第 i 个广义坐标 x_i 的虚位移 δx_i 不为零，其他广义虚位移均为零。对于振动系统中的黏性阻尼力，其广义力可用瑞利耗能函数计算

$$Q_i=-\frac{\partial E_d}{\partial \dot{x}_i} \tag{3-13}$$

【例 3-4】 用拉格朗日方程求图 3-1(a) 所示系统的振动方程。

解： 取静平衡位置为坐标原点和零势能位置，以每一质量对应的 x_1 和 x_2 为广义坐标。设 $\delta_1,\delta_2,\delta_3$ 分别为三个弹簧的静变形，则动能和势能为

$$T=\frac{1}{2}(m_1 \dot{x}_1^2+m_2 \dot{x}_2^2)$$

$$V=\frac{1}{2}k_1\left[(x_1+\delta_1)^2-\delta_1^2\right]+\frac{1}{2}k_2\left[(x_1-x_2-\delta_2)^2-\delta_2^2\right]+$$

$$+\frac{1}{2}k_3\left[(x_2-\delta_3)^2-\delta_3^2\right]-m_1 g x_1-m_2 g x_2$$

利用静平衡时的受力图 3-1(c)，有平衡关系 $k_1\delta_1=k_2\delta_2+m_1 g$，$k_2\delta_2=k_3\delta_3+m_2 g$，则

$$T=\frac{1}{2}(m_1 \dot{x}_1^2+m_2 \dot{x}_2^2),V=\frac{1}{2}k_1 x_1^2+\frac{1}{2}k_2\,(x_1-x_2)^2+\frac{1}{2}k_3 x_2^2$$

下面计算广义力。设 m_1 产生虚位移 δx_1，而 $\delta x_2=0$，利用式(3-12) 有

$$Q_1=\frac{F_1\delta x_1-c_1\dot{x}_1\delta x_1-c_2(\dot{x}_1-\dot{x}_2)\delta x_1}{\delta x_1}=F_1-(c_1+c_2)\dot{x}_1+c_2\dot{x}_2$$

同理求出

$$Q_2=\frac{F_2\delta x_2-c_3\dot{x}_2\delta x_2-c_2(\dot{x}_2-\dot{x}_1)\delta x_2}{\delta x_2}=F_2-(c_3+c_2)\dot{x}_2+c_2\dot{x}_1$$

代入拉格朗日方程(3-11) 可得到与方程(3-6) 完全相同的结果。

从前面的例题可以发现，弹簧的静变形和重力的影响相互抵消，和单自由度一样，这具有一定的普遍性。事实上，无论用什么方法建立振动方程，当取静平衡位置为坐标原点和零势能点时，可以不考虑引起弹簧静变形的重力和弹簧静变形的影响，而取其他位置为坐标原点和零势能点时，必须考虑它们的影响；如果系统中的重力不引起弹簧静变形，则必须考虑重力的影响。

利用上述特性，图 3-1(a) 所示系统的动能和势能就直接写为

$$T=\frac{1}{2}(m_1 \dot{x}_1^2+m_2 \dot{x}_2^2),V=\frac{1}{2}k_1 x_1^2+\frac{1}{2}k_2\,(x_1-x_2)^2+\frac{1}{2}k_3 x_2^2$$

3.1.5 运动方程的两种表示形式

1. 作用力方程

前面例题得出的方程都是以力的形式给出的，即方程两边都是广义力的量纲，因此

称为作用力方程。事实上，将前面的式(3-8)～式(3-10) 代入拉格朗日方程(3-11) 和式(3-12)、式(3-13) 就得到多自由度系统作用力方程的一般形式

$$[M]\{\ddot{x}\}+[C]\{\dot{x}\}+[K]\{x\}=\{Q\} \tag{3-14}$$

其中 $\{Q\}$ 为与各广义力相应的广义力列向量。

2. 位移方程

根据柔度矩阵的定义，振动系统的动位移可表示为

$$\{x\}=[R](\{Q\}-[M]\{\ddot{x}\}-[C]\{\dot{x}\}) \tag{3-15}$$

因为 $[R]$ 为正定矩阵，可以将方程(3-14) 写为

$$\{x\}=[K]^{-1}(\{Q\}-[M]\{\ddot{x}\}-[C]\{\dot{x}\}) \tag{3-16}$$

对比式(3-15) 与式(3-16) 可知

$$[K]=[R]^{-1},[R]=[K]^{-1} \tag{3-17}$$

即对于正定系统，$[R]$ 和 $[K]$ 互为逆矩阵。

方程(3-15) 或方程(3-16) 是以位移的形式给出的，即方程两边都是广义位移的量纲，因此称为位移形式的运动方程，简称位移方程。

【**例 3-5**】 图 3-5(a) 所示悬臂梁。在梁的中点和自由端分别与质量为 m_1 和 m_2 的质点联结。梁的弯曲刚度为 EI，取质点在 y 方向的位移 y_1 和 y_2 为广义坐标，只考虑弯曲变形。试建立系统在力 P_1、P_2作用下运动的位移方程。

解：令 $P_1=1$、$P_2=0$，如图 3-5(b)。由材料力学挠度公式得 $R_{11}=\dfrac{5L^3}{24EI}$，$R_{21}=\dfrac{5L^3}{48EI}$，同理，令 $P_1=0$，$P_2=1$，如图 3-5(c)，有 $R_{12}=\dfrac{5L^3}{48EI}$，$R_{22}=\dfrac{L^3}{3EI}$，则柔度矩阵

$$[R]=\frac{5L^3}{48EI}\begin{bmatrix} 2 & 5 \\ 5 & 16 \end{bmatrix};$$

用质量影响系数方法很容易求出质量矩阵 $[M]=\begin{bmatrix} m_1 & 0 \\ 0 & m_2 \end{bmatrix}$，则由方程(3-10) 得到位移形式的运动方程

$$\begin{Bmatrix} y_1 \\ y_2 \end{Bmatrix}=\frac{L^3}{48EI}\begin{bmatrix} 2 & 5 \\ 5 & 16 \end{bmatrix}\left(\begin{Bmatrix} P_1 \\ P_2 \end{Bmatrix}-\begin{bmatrix} m_1 & 0 \\ 0 & m_2 \end{bmatrix}\begin{Bmatrix} y_1 \\ y_2 \end{Bmatrix}\right)$$

由柔度矩阵求逆可得到刚度矩阵

$$[K]=[R]^{-1}=\frac{48EI}{7L^3}\begin{bmatrix} 16 & -5 \\ -5 & 2 \end{bmatrix}$$

作为对比，下面利用刚度影响系数方法直接求解刚度矩阵。

设 $y_1=1$，$y_2=0$，由材料力学挠度公式有：

$$\frac{L^3}{24EI}k_{11}+\frac{5L^3}{48EI}k_{21}=1$$

$$\frac{5L^3}{48EI}k_{11}+\frac{L^3}{3EI}k_{21}=0$$

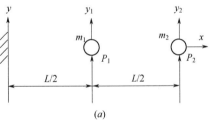

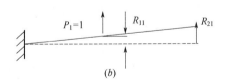

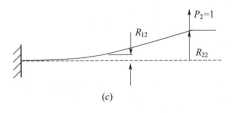

图 3-5 悬臂梁

同理，设 $y_1=0$，$y_2=1$，有

$$\frac{L^3}{24EI}k_{12}+\frac{5L^3}{48EI}k_{22}=0$$

$$\frac{5L^3}{48EI}k_{12}+\frac{L^3}{3EI}k_{22}=1$$

由此联立解出刚度影响系数即可。

显然，本题的刚度矩阵适合由柔度矩阵求逆得到。

3.1.6　坐标耦合

在振动微分方程的一般形式(3-14)中，如果质量矩阵 $[M]$ 和刚度矩阵 $[K]$ 的非对角线元素不为零，则在 n 个方程中都同时包含各广义坐标 $x_i(i=1,2,\cdots,n)$ 和它们的导数项，这种情形称为**坐标耦合**（Coordinate Coupling），我们把质量矩阵 $[M]$ 为对角阵，刚度矩阵 $[K]$ 为非对角阵的情形称为**静力耦合**（Static Coupling）或**弹性耦合**（Elastic Coupling），把质量矩阵 $[M]$ 为非对角阵，刚度矩阵 $[K]$ 为对角阵的情形称为**动力耦合**（Dynamic Coupling）。

例如，图 3-1(a) 系统是静力耦合。图 3-2 所示的系统，若取质心位移 x 和转角 θ 为广义坐标，振动方程为

$$\begin{bmatrix} m & \\ & J_C \end{bmatrix}\begin{Bmatrix} \ddot{x} \\ \ddot{\theta} \end{Bmatrix}+\begin{bmatrix} k_1+k_2 & -(k_1a-k_2b) \\ -(k_1a-k_2b) & k_1a^2+k_2b^2 \end{bmatrix}\begin{Bmatrix} x \\ \theta \end{Bmatrix}=\begin{Bmatrix} 0 \\ 0 \end{Bmatrix}$$

也是静力耦合的。若将坐标 x 不取在质心，而是选在满足 $k_1a_1=k_2b_1$ 的 O 点位置（这时的 a_1 和 b_1 不是原来的位置，图中未标出），运动方程为

$$\begin{bmatrix} m & me \\ me & J_O \end{bmatrix}\begin{Bmatrix} \ddot{x} \\ \ddot{\theta} \end{Bmatrix}+\begin{bmatrix} k_1+k_2 & 0 \\ 0 & k_1a_1^2+k_2b_1^2 \end{bmatrix}\begin{Bmatrix} x \\ \theta \end{Bmatrix}=\begin{Bmatrix} 0 \\ 0 \end{Bmatrix}$$

其中 e 为 O 点距质心的位置，这时方程是动力耦合的。类似，若将坐标 x 取在最左端，运动方程为

$$\begin{bmatrix} m & ma \\ ma & J_C+ma^2 \end{bmatrix}\begin{Bmatrix} \ddot{x} \\ \ddot{\theta} \end{Bmatrix}+\begin{bmatrix} k_1+k_2 & k_2(a+b) \\ k_2(a+b) & k_2(a+b)^2 \end{bmatrix}\begin{Bmatrix} x \\ \theta \end{Bmatrix}=\begin{Bmatrix} 0 \\ 0 \end{Bmatrix}$$

方程既是静力耦合又是动力耦合的。这里的 a 和 b 就是原图 3-2 中所标的位置。

由此可见，坐标是否耦合以及耦合的形式取决于广义坐标形式的选取。

■3.2　多自由度系统的模态分析

3.2.1　固有频率与固有振型

对于无阻尼自由振动系统，方程(3-6)或方程(3-14)变为

$$[M]\{\ddot{x}\}+[K]\{x\}=\{0\} \tag{3-18}$$

假设方程的解

$$\{x\}=\{u\}\sin(\omega t-\varphi) \tag{3-19}$$

这里：$\{u\}=\{u_1,u_2,\cdots,u_n\}^{\mathrm{T}}$ 为与各广义坐标 $x_i(t)(i=1,2,\cdots,n)$ 对应的与时间无关的向量，ω 为固有频率，φ 为初相位。

将式(3-19)代入方程(3-18)得

$$([K]-\omega^2[M])\{u\}=\{0\} \tag{3-20}$$

与线性代数中的特征值问题相对照，我们把方程(3-20) 称为**广义特征值问题** (Generalized Eigenvalue Problem)。要使式(3-20) 有解，必须使其系数行列式为零，即

$$|[K]-\omega^2[M]|=0 \tag{3-21}$$

上式称为**特征方程** (Characteristic Equation)。由此可求出 n 个非负的特征根 $\omega_i^2(i=1,2,\cdots,n)$，将每个特征根代入方程(3-20) 即可得到相应的非零向量 $\{u^{(i)}\}(i=1,2,\cdots,n)$，显然有

$$([K]-\omega_i^2[M])\{u^{(i)}\}=\{0\},(i=1,2,\cdots,n) \tag{3-22}$$

上式为 n 个以 $u_j^{(i)}(j=1,2,\cdots,n)$ 为未知数的齐次代数方程。对于一个特定的 ω_i^2，式(3-22) 只能确定出与 ω_i^2 对应的 $u_j^{(i)}(j=1,2,\cdots,n)$ 各个分量的比例 $u_1^{(i)}$：$u_2^{(i)}:\cdots:u_n^{(i)}$。

由式(3-21) 和式(3-22) 看出，ω_i 和 $\{u^{(i)}\}(i=1,2,\cdots,n)$ 只决定于系统本身的物理特性，而与外部激励和初始条件无关，这表明它们都是系统的固有属性。w_i 称为系统的**固有频率**，按从小到大的顺序排列，即 $\omega_1\leqslant\omega_2\leqslant\cdots\leqslant\omega_n$。$\{u^{(i)}\}(i=1,2,\cdots,n)$ 称为系统的**固有振型** (Natural Mode Shape) 或**主振型** (Principal Mode Shape) (或称**特征向量、固有向量、模态向量**等)。

式(3-19) 表明振动系统各个质量按相同的频率和相位角作简谐运动，这种运动称为**固有振动** (Natural Mode of Vibration) 或**主振动** (Principal Mode of Vibration)。系统在主振动中，各质点同时达到平衡位置或最大位移，而在整个振动过程中，各质点位移的比值将始终保持不变，也就是说，在主振动中，系统振动的形式保持不变，这就是振型的物理意义。每一个主振动称为一个模态，ω_i 和对应的 $\{u^{(i)}\}(i=1,2,\cdots,n)$ 组成第 i 阶模态的参数。

由式(3-20) 和式(3-21) 知，固有振型 $\{u^{(i)}\}$ 具有一个未确定的常数因子，通常假设振型的某个元素为 1，则其他元素就可以表示为此元素的倍数，这种方法或过程称为**振型的基准化** (Benchmark of the Vibration Mode)，一般假设振型的第一个元素为 1。

固有振型除了通过广义特征值问题(3-22) 求解以外，还可以通过求伴随矩阵的方法求解。定义**特征矩阵** (Eigenmatrix)

$$[H]=[K]-\omega^2[M] \tag{3-23}$$

利用数学的概念知

$$[H]^{-1}=\frac{1}{|[H]|}[H]^*,|[H]|[E]=[H][H]^* \tag{3-24}$$

这里：$[H]^{-1}$ 为逆矩阵，$[H]^*$ 为伴随矩阵，$[E]$ 为单位矩阵。

由式(3-21) 知 $|[H(\omega_i^2)]|=0$，因此

$$[H(\omega_i^2)][H(\omega_i^2)]^*=[0] \tag{3-25}$$

比较式(3-22) 和式(3-25) 知，伴随矩阵 $[H(\omega_i^2)]^*$ 的每一个非零的列都与 $\{u^{(i)}\}$ 成比例，则构成固有振型 $\{u^{(i)}\}$。

对于位移形式的无阻尼自由振动方程

$$\{x\}=-[R][M]\{\ddot{x}\} \tag{3-26}$$

引入记号

$$\lambda = \frac{1}{\omega^2}, [D] = [R][M] \tag{3-27}$$

$[D]$ 称为**动力矩阵**（Dynamic Matrix）。将式(3-19) 代入方程(3-26) 得到

$$([D] - \lambda[E])\{u\} = \{0\} \tag{3-28}$$

特征方程为

$$|[D] - \lambda[E]| = 0 \tag{3-29}$$

上式有 n 个正实根 $\lambda_i (i = 1, 2, \cdots, n)$，系统的固有频率为

$$\omega_i = \sqrt{\frac{1}{\lambda_i}}, (i = 1, 2, \cdots, n) \tag{3-30}$$

与 λ_i 对应的振型 $\{u^{(i)}\}$ 可通过式(3-28) 求得。类似地，固有振型也可以通过求 $[D] - \lambda[E]$ 的伴随矩阵得到。

【例 3-6】 求图 3-4 所示系统的固有频率和固有振型。

解： 利用**【例 3-3】**的结果，将质量矩阵 $[M]$ 和刚度矩阵 $[K]$ 代入特征方程 (3-21)，并约去非零因子 ml^2 得

$$\begin{vmatrix} A+B-\omega^2 & -B & 0 \\ -B & A+2B-\omega^2 & -B \\ 0 & -B & A+B-\omega^2 \end{vmatrix} = 0$$

展开上式并分解因式，求得三个特征根即固有频率为

$$\omega_1^2 = A, \omega_2^2 = A+B, \omega_3^2 = A+3B$$

将 $\omega_1^2 = A$ 代入式(3-22)，得 $\begin{bmatrix} B & -B & 0 \\ -B & 2B & -B \\ 0 & -B & B \end{bmatrix} \{u^{(1)}\} = \{0\}$，取 $u_1^{(1)} = 1$，求得第 1 特征向量为 $\{u^{(1)}\} = \{1 \quad 1 \quad 1\}^T$, 同理可求出第 2、3 特征向量 $\{u^{(2)}\} = \{1 \quad 0 \quad -1\}^T$, $\{u^{(3)}\} = \{1 \quad -2 \quad 1\}^T$。

下面通过特征矩阵的伴随矩阵求特征向量。特征矩阵为

$$[H] = ml^2 \begin{bmatrix} A+B-\omega^2 & -B & 0 \\ -B & A+2B-\omega^2 & -B \\ 0 & -B & A+B-\omega^2 \end{bmatrix}$$

其伴随矩阵为

$$[H]^* = m^2 l^4 \begin{bmatrix} C_1 C_2 - B^2 & BC_1 & B^2 \\ BC_1 & C_1^2 & BC_1 \\ B^2 & BC_1 & C_1 C_2 - B^2 \end{bmatrix}$$

其中 $C_1 = A+B-\omega^2$, $C_2 = A+2B-\omega^2$, 将 $\omega_1^2 = A$ 代入上式得 $[H(\omega_1^2)]^* = k^2 h^4$ $\begin{bmatrix} 1 & 1 & 1 \\ 1 & 1 & 1 \\ 1 & 1 & 1 \end{bmatrix}$, 则第 1 特征向量为 $\{u^{(1)}\} = \{1 \quad 1 \quad 1\}^T$, 同理将 $\omega_2^2 = A+B$, $\omega_3^2 = A+3B$ 代入特征矩阵的伴随矩阵可求出第 2、3 特征向量。

【例 3-7】 跨度为 l 的简支梁，弯曲刚度为 EI，梁上有三个相同的集中质量，如图 3-6所示，忽略梁质量对系统固有频率的影响。求固有频率和固有振型，并画出振型图。

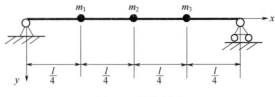

图 3-6　梁的振动

解： 取三个集中质量的横向位移 y_1、y_2 和 y_3 为广义坐标。

动能 $T = \dfrac{1}{2}(m_1\dot{y}_1^2 + m_2\dot{y}_2^2 + m_3\dot{y}_3^2)$，则质量阵 $[M] = \begin{bmatrix} m_1 & 0 & 0 \\ 0 & m_2 & 0 \\ 0 & 0 & m_3 \end{bmatrix}$，现求柔度影

响系数，注意到 $R_{ij} = R_{ji}$，且由所给条件的对称性，有 $R_{11} = R_{33}$，$R_{12} = R_{32}$。设在 m_1 处作用单位力 1，由材料力学公式可以求得

$$R_{11} = \frac{9l^3}{768EI} = R_{33}, R_{21} = \frac{11l^3}{768EI} = R_{12} = R_{32} = R_{23}$$

$$R_{31} = \frac{7l^3}{768EI} = R_{13}, R_{22} = \frac{16l^3}{768EI}$$

因此，柔度矩阵为 $[R] = \dfrac{l^3}{768EI}\begin{bmatrix} 9 & 11 & 7 \\ 11 & 16 & 11 \\ 7 & 11 & 9 \end{bmatrix}$，位移形式的振动方程为

$$\begin{Bmatrix} y_1 \\ y_2 \\ y_3 \end{Bmatrix} = -[R][M]\begin{Bmatrix} \ddot{y}_1 \\ \ddot{y}_2 \\ \ddot{y}_3 \end{Bmatrix} = -\frac{ml^3}{768EI}\begin{bmatrix} 9 & 11 & 7 \\ 11 & 16 & 11 \\ 7 & 11 & 9 \end{bmatrix}\begin{Bmatrix} \ddot{y}_1 \\ \ddot{y}_2 \\ \ddot{y}_3 \end{Bmatrix}$$

将质量矩阵 $[M]$ 和柔度矩阵 $[R]$ 代入特征方程(3-29) 得

$$|[D] - \lambda[E]| = \begin{vmatrix} \dfrac{9ml^3}{768EI} - \lambda & \dfrac{11ml^3}{768EI} & \dfrac{7ml^3}{768EI} \\ \dfrac{11ml^3}{768EI} & \dfrac{16ml^3}{768EI} - \lambda & \dfrac{11ml^3}{768EI} \\ \dfrac{7ml^3}{768EI} & \dfrac{11ml^3}{768EI} & \dfrac{9ml^3}{768EI} - \lambda \end{vmatrix} = 0$$

展开上式可求出三个固有频率为 $\omega_1 = 4.93\sqrt{\dfrac{EI}{ml^3}}$，$\omega_2 = 19.6\sqrt{\dfrac{EI}{ml^3}}$，$\omega_3 = 41.6$ $\sqrt{\dfrac{EI}{ml^3}}$；将 $\lambda_1 = \dfrac{1}{\omega_1^2}$，$\lambda_2 = \dfrac{1}{\omega_2^2}$，$\lambda_3 = \dfrac{1}{\omega_3^2}$ 分别代入方程(3-28)，并设 $u_1^{(i)} = 1(i=1,2,3)$，即可求出三个固有振型 $\{u^{(1)}\} = \{1 \quad 1.41 \quad 1\}^T$，$\{u^{(2)}\} = \{1 \quad 0 \quad -1\}^T$，$\{u^{(3)}\} = \{1 \quad -1.41 \quad 1\}^T$。三个振型对应的梁的挠度曲线如图 3-7 所示。

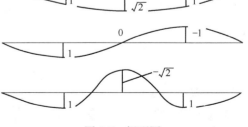

图 3-7　振型图

3.2.2 固有振型的正交性

系统第 i，j 个特征对满足

$$[K]\{u^{(i)}\} = \omega_i^2[M]\{u^{(i)}\} \tag{3-31}$$

$$[K]\{u^{(j)}\} = \omega_j^2[M]\{u^{(j)}\} \tag{3-32}$$

分别以 $\{u^{(j)}\}^{\mathrm{T}}$ 和 $\{u^{(i)}\}^{\mathrm{T}}$ 左乘式(3-31) 和式(3-32) 得

$$\{u^{(j)}\}^{\mathrm{T}}[K]\{u^{(i)}\} = \omega_i^2\{u^{(j)}\}^{\mathrm{T}}[M]\{u^{(i)}\} \tag{3-33}$$

$$\{u^{(i)}\}^{\mathrm{T}}[K]\{u^{(j)}\} = \omega_j^2\{u^{(i)}\}^{\mathrm{T}}[M]\{u^{(j)}\} \tag{3-34}$$

由于 $[K]$ 和 $[M]$ 都是对称阵，式(3-34) 可写为

$$\{u^{(j)}\}^{\mathrm{T}}[K]\{u^{(i)}\} = \omega_j^2\{u^{(j)}\}^{\mathrm{T}}[M]\{u^{(i)}\} \tag{3-35}$$

将式(3-33) 和式(3-35) 相减，当 $\omega_i^2 \neq \omega_j^2$ 时，有

$$\{u^{(j)}\}^{\mathrm{T}}[M]\{u^{(i)}\} = 0 \ (i \neq j) \tag{3-36}$$

代入式(3-33) 得

$$\{u^{(j)}\}^{\mathrm{T}}[K]\{u^{(i)}\} = 0 \ (i \neq j) \tag{3-37}$$

这样，就得出一个重要结论：当刚度矩阵 $[K]$ 和质量矩阵 $[M]$ 都是对称阵时，n 个固有频率对应的固有振型之间关于 $[K]$ 和 $[M]$ 都是正交的。

在式(3-36) 和式(3-37) 中，若 $i=j$，则定义

$$\{u^{(i)}\}^{\mathrm{T}}[M]\{u^{(i)}\} = M_i，\{u^{(i)}\}^{\mathrm{T}}[K]\{u^{(i)}\} = K_i \tag{3-38}$$

这里的 M_i 和 K_i 是两个实常数，分别称为系统的**主质量**（Principal Mass）和**主刚度**（Principal Stiffness），或称**模态质量**（Modal Mass）和**模态刚度**（Modal Stiffness）。

由式(3-33) 可得到和单自由度振动系统类似的关系

$$\omega_i^2 = \frac{K_i}{M_i} \tag{3-39}$$

3.2.3 振型矩阵与正则振型矩阵

把各阶固有振型 $\{u^{(i)}\}$ 组成的方阵称为**振型矩阵**（Vibration Mode Matrix）或称**模态矩阵**（Modal Matrix），即

$$[u] = [\{u^{(1)}\}\{u^{(2)}\}\cdots\{u^{(n)}\}] \tag{3-40}$$

由式(3-38) 得到

$$[M_{\mathrm{p}}] = [u]^{\mathrm{T}}[M][u] = \begin{bmatrix} \ddots & & 0 \\ & M_i & \\ 0 & & \ddots \end{bmatrix} \tag{3-41}$$

$$[K_{\mathrm{p}}] = [u]^{\mathrm{T}}[K][u] = \begin{bmatrix} \ddots & & 0 \\ & K_i & \\ 0 & & \ddots \end{bmatrix} \tag{3-42}$$

$[M_{\mathrm{p}}]$ 和 $[K_{\mathrm{p}}]$ 分别称为**主质量（模态质量）矩阵**和**主刚度（模态刚度）矩阵**。它们的主对角线元素为相应的主质量和主刚度，其他元素为零。

利用式(3-41) 和（3-42）可得到如下的关系

$$[u]^{-1} = [M_{\mathrm{p}}]^{-1}[u]^{\mathrm{T}}[M] = [K_{\mathrm{p}}]^{-1}[u]^{\mathrm{T}}[K] \tag{3-43}$$

将固有振型做如下变换

$$\{u_{\mathrm{N}}^{(i)}\}=\frac{\{u^{(i)}\}}{\sqrt{M_i}} \tag{3-44}$$

则

$$\{u_{\mathrm{N}}^{(i)}\}^{\mathrm{T}}[M]\{u_{\mathrm{N}}^{(i)}\}=1 \tag{3-45}$$

$\{u_{\mathrm{N}}^{(i)}\}$ 称为 **正规化**（Normalization）（或**归一化、标准化**）的振型。对方程(3-15)两端左乘 $\{u_{\mathrm{N}}^{(i)}\}^{\mathrm{T}}$，注意到式(3-45)，有

$$\{u_{\mathrm{N}}^{(i)}\}^{\mathrm{T}}[K]\{u_{\mathrm{N}}^{(i)}\}=\omega_i^2 \tag{3-46}$$

由 $\{u_{\mathrm{N}}^{(i)}\}$ 组成的方阵称为**正则振型矩阵**，即

$$[u_{\mathrm{N}}]=[\{u_{\mathrm{N}}^{(1)}\}\{u_{\mathrm{N}}^{(2)}\}\cdots\{u_{\mathrm{N}}^{(n)}\}] \tag{3-47}$$

则有

$$[u_{\mathrm{N}}]^{\mathrm{T}}[M][u_{\mathrm{N}}]=[E] \tag{3-48}$$

$$[u_{\mathrm{N}}]^{\mathrm{T}}[K][u_{\mathrm{N}}]=\begin{bmatrix}\ddots & & 0\\ & \omega_i^2 & \\ 0 & & \ddots\end{bmatrix} \tag{3-49}$$

显然存在下面的关系

$$[u_{\mathrm{N}}]^{-1}=[u_{\mathrm{N}}]^{\mathrm{T}}[M] \tag{3-50}$$

式(3-43) 和式(3-50) 在后面的分析中非常有用。

3.2.4 主坐标与正则坐标

对方程(3-18) 进行坐标变换

$$\{x\}=[u]\{q\} \tag{3-51}$$

利用正交关系(3-41) 和式(3-42)，方程(3-18) 变为

$$[M_{\mathrm{p}}]\{\ddot{q}\}+[K_{\mathrm{p}}]\{q\}=\{0\} \tag{3-52}$$

或

$$M_i\ddot{q}_i+K_iq_i=0 \tag{3-53}$$

利用式(3-39)，上式又可写为

$$\ddot{q}_i+\omega_i^2q_i=0(i=1,2,\cdots,n) \tag{3-54}$$

方程(3-53) 或(3-54) 表明，沿着第 i 个广义坐标 q_i，只发生固有频率为 ω_i 的简谐振动，这组广义坐标 $\{q\}$ 称为**主坐标**（Principal Coordinate）。

若用正则振型矩阵(3-47) 对方程(3-18) 进行变换

$$\{x\}=[u_{\mathrm{N}}]\{q_{\mathrm{N}}\} \tag{3-55}$$

利用正交关系(3-48) 和 (3-49)，方程(3-18) 变为

$$\ddot{q}_{\mathrm{N}i}+\omega_i^2q_{\mathrm{N}i}=0(i=1,2,\cdots,n) \tag{3-56}$$

这组广义坐标 $\{q_{\mathrm{N}}\}$ 称为**正则坐标**（Normalized Coordinate）。

由此可见，通过主坐标或正则坐标变换，振动系统已经解耦，可以利用单自由度的方法进行求解。

3.2.5 展开定理

n 个正交的固有振型 $\{u^{(1)}\}$，$\{u^{(2)}\}$，$\cdots$，$\{u^{(n)}\}$ 是线性无关的，因此 n 自由度系统的任何振动形式，都可以表示为它们的线性组合

$$\{x\} = \sum_{i=1}^{n} c_i \{u^{(i)}\} \tag{3-57}$$

利用正交化关系(3-41) 可求得系数 c_i

$$c_i = \frac{\{u^{(i)}\}^{\mathrm{T}} [M] \{x\}}{M_i} (i=1,2,\cdots,n) \tag{3-58}$$

式(3-57) 和 (3-58) 也可以表示为正则振型的线性组合

$$\{x\} = \sum_{i=1}^{n} c_i \{u_{\mathrm{N}}^{(i)}\}, c_i = \{u_{\mathrm{N}}^{(i)}\}^{\mathrm{T}} [M] \{x\} (i=1,2,\cdots,n) \tag{3-59}$$

当 $\{x\}$ 依赖于时间 t 时，系数 c_i 也依赖于时间 t，这时式(3-57)~式(3-59)中的 $\{x\}$ 变为 $\{x(t)\}$，系数 c_i 变为 $c_i(t)$。

3.3 无阻尼系统的响应

3.3.1 自由振动响应

1. 利用主振动的线性组合

求出特征方程(3-21) 或 (3-29)的 n 个特征值 ω_i^2 (或 λ_i) 和对应的特征向量 $\{u^{(i)}\}$ 后，即得到振动方程(3-18) 在给定的初始条件下的 n 个线性无关的特解，每一个特解就是系统按相应的固有频率所作的主振动

$$\{x^{(i)}\} = \{u^{(i)}\} \sin(\omega_i t - \varphi_i) (i=1,2,\cdots,n) \tag{3-60}$$

方程(3-18)的通解可以表示为上述特解（主振动）的线性组合

$$\{x\} = \sum_{i=1}^{n} C_i \{u^{(i)}\} \sin(\omega_i t - \varphi_i) \tag{3-61}$$

或写为

$$\{x\} = \sum_{i=1}^{n} \{u^{(i)}\} (A_i \sin\omega_i t + B_i \cos\omega_i t) \tag{3-62}$$

若给出初始条件，$t=0$ 时的位移向量 $\{x_0\}$ 和速度向量 $\{\dot{x}_0\}$，可得到含有 $2n$ 个方程的方程组

$$\{x_0\} = \sum_{i=1}^{n} C_i \{u^{(i)}\} \sin\varphi_i \text{ 和} \{\dot{x}_0\} = \sum_{i=1}^{n} C_i \omega_i \{u^{(i)}\} \cos\varphi_i \tag{3-63}$$

或

$$\{x_0\} = \sum_{i=1}^{n} B_i \{u^{(i)}\} \text{ 和} \{\dot{x}_0\} = \sum_{i=1}^{n} A_i \omega_i \{u^{(i)}\} \tag{3-64}$$

由此可确定全部的常数 C_i、φ_i、A_i 和 B_i $(i=1,2,\cdots,n)$。

【例 3-8】 图 3-8 所示系统中，$m_1=m_2=m_3=m$，$k_1=k_2=k_3=k$，设各振动质量的初始位移为 1，初始速度为 0。求初始激励的自由振动响应。

解：（1）质量矩阵和刚度矩阵为

$$[M] = m \begin{bmatrix} 1 & 0 & 0 \\ 0 & 1 & 0 \\ 0 & 0 & 1 \end{bmatrix}, [K] = k \begin{bmatrix} 2 & -1 & 0 \\ -1 & 2 & -1 \\ 0 & -1 & 1 \end{bmatrix}$$

（2）求出固有频率和振型

$$\omega_1^2 = 0.198\frac{k}{m}, \omega_2^2 = 1.555\frac{k}{m}, \omega_3^2 = 3.247\frac{k}{m}$$

$$\{u^{(1)}\} = \begin{Bmatrix} 1 \\ 1.802 \\ 2.247 \end{Bmatrix}, \{u^{(2)}\} = \begin{Bmatrix} 1 \\ 0.445 \\ -0.802 \end{Bmatrix}, \{u^{(3)}\} = \begin{Bmatrix} 1 \\ -1.247 \\ 0.555 \end{Bmatrix}$$

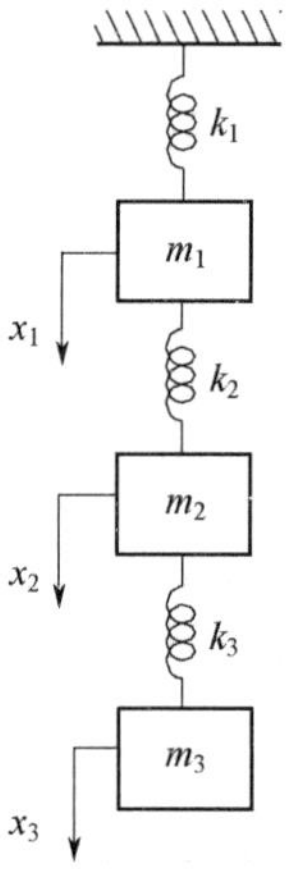

（3）求响应。将振型代入式（3-62）并展开得

$$x_1 = A_1\sin\omega_1 t + B_1\cos\omega_1 t + A_2\sin\omega_2 t + B_2\cos\omega_2 t + A_3\sin\omega_3 t + B_3\cos\omega_3 t$$

$$x_2 = 1.802(A_1\sin\omega_1 t + B_1\cos\omega_1 t) + 0.445(A_2\sin\omega_2 t + B_2\cos\omega_2 t) -$$
$$1.247(A_3\sin\omega_3 t + B_3\cos\omega_3 t)$$

$$x_3 = 2.247(A_1\sin\omega_1 t + B_1\cos\omega_1 t) - 0.802(A_2\sin\omega_2 t + B_2\cos\omega_2 t) +$$
$$0.555(A_3\sin\omega_3 t + B_3\cos\omega_3 t)$$

代入初始条件得

$$B_1 + B_2 + B_3 = 1, 1.802B_1 + 0.445B_2 - 1.247B_3 = 1,$$
$$2.247B_1 - 0.802B_2 + 0.555B_3 = 1$$

$$A_1\omega_1 + A_2\omega_2 + A_3\omega_3 = 0, 1.802A_1\omega_1 + 0.445A_2\omega_2 - 1.247A_3\omega_3 = 0$$
$$2.247A_1\omega_1 - 0.802A_2\omega_2 + 0.555A_3\omega_3 = 0$$

图 3-8 三自
由度振动系统

解出各系数代入式（3-62）即可。

2. 振型叠加法

前面 3.2.4 小节中，把描述系统运动的广义坐标变换到模态坐标（主坐标或正则坐标），得到解耦的 n 个独立方程，可求出模态坐标下的响应，然后再通过坐标变换（3-51）或（3-55）得到系统在广义坐标下的响应。这种坐标变换过程，实际上是将振型进行组合叠加的过程和方法，因此称为**振型叠加法**（Modal Superposition Method）或**模态分析方法**或**振型分析方法**（Modal Analysis Method）。

以正则坐标下的运动方程（3-56）为例，由于已经解耦，其求解方法和单自由度完全一样，即利用式（2-10）和式（2-12）得到初始激励下的正则坐标响应

$$q_{Ni} = q_{Ni0}\cos\omega_i t + \frac{\dot{q}_{Ni0}}{\omega_i}\sin\omega_i t \tag{3-65}$$

再利用式（3-55）变换得到广义坐标下的响应

$$\{x\} = [u_N]\{q_N\} = \sum_{i=1}^{n}\{u_N^{(i)}\}q_{Ni} \tag{3-66}$$

这里需要利用式（3-55）和式（3-50）将初始条件 $\{x_0\}$ 和 $\{\dot{x}_0\}$ 转换到正则坐标下

$$\{q_{N0}\} = [u_N]^{-1}\{x_0\} = [u_N]^T[M]\{x_0\}, \{\dot{q}_{N0}\} = [u_N]^{-1}\{\dot{x}_0\} = [u_N]^T[M]\{\dot{x}_0\}$$
$$\tag{3-67}$$

上述过程也可以在主坐标 $\{q\}$ 下进行，这时利用的方程和公式为式（3-43）、式（3-51）和式（3-54）。

3.3.2 强迫振动响应

n 自由度无阻尼强迫振动的运动方程为

$$[M]\{\ddot{x}\} + [K]\{x\} = \{F(t)\} \tag{3-68}$$

外激振力列向量 $\{F(t)\}$ 可以是任意干扰力。

响应求解仍利用振型叠加法。对方程(3-68)利用式(3-55)进行正则坐标变换，利用关系式(3-48)、式(3-49)，再用 $[u_N]^T$ 左乘方程(3-68)后，即可得到 n 个解耦的正则坐标下的运动方程

$$\ddot{q}_{Ni}+\omega_i^2 q_{Ni}=F_{Ni}(t)(i=1,2,\cdots,n) \tag{3-69}$$

其中

$$\{F_N(t)\}=[u_N]^T\{F(t)\} \tag{3-70}$$

由于方程(3-69)已经解耦，所以可以利用单自由度振动系统的概念和方法求解不同形式激振力在正则坐标下的响应。

例如，对于任意激振力，利用式(2-90)得到方程(3-69)的正则坐标稳态响应

$$q_{Ni}=\frac{1}{\omega_i}\int_0^t F_{Ni}(\tau)\sin[\omega_i(t-\tau)]\mathrm{d}\tau \tag{3-71}$$

若外激振力为简谐或周期形式，则正则坐标下的外激振力列向量 $\{F_N(t)\}$ 也是简谐或周期形式，正则坐标稳态响应可以利用式(2-49)～式(2-51)或式(2-80)、式(2-81)直接得到。

若再考虑初始条件的响应(3-65)，则方程(3-68)的通解为

$$q_{Ni}=q_{Ni0}\cos\omega_i t+\frac{\dot{q}_{Ni0}}{\omega_i}\sin\omega_i t+\frac{1}{\omega_i}\int_0^t F_{Ni}(\tau)\sin[\omega_i(t-\tau)]\mathrm{d}\tau(i=1,2,\cdots,n)$$

$$\tag{3-72}$$

最后利用式(3-66)将正则坐标变换到系统的广义坐标即可。

振型叠加法求响应的基本步骤如下：

(1) 确定系统的质量矩阵 $[M]$ 和刚度矩阵 $[K]$；

(2) 求固有频率和振型；

(3) 确定正则振型矩阵；

(4) 将初始条件变换到正则坐标下；

(5) 对外激振力正则化；

(6) 计算正则坐标下初始条件和外激振力的响应；

(7) 计算广义坐标下的响应。

上述过程，也可以利用式(3-43)、式(3-51)和式(3-54)通过主坐标变换进行求解。

【例3-9】 图3-9所示系统，$m_2=2m_1=2m$，$k_1=k_2=k_3=k$，激振力 $F_1(t)=PH_0(t)$，设初始激励为 $x_{01}=x_{02}=0$，$\dot{x}_{01}=v_0$，$\dot{x}_{02}=0$，求系统的响应。

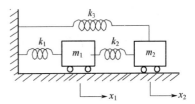

图3-9 无阻尼振动系统

解：(1) 确定质量矩阵和刚度矩阵。取 x_1 和 x_2 为广义坐标，系统的动能和势能为

$$T=\frac{1}{2}(m_1\dot{x}_1^2+m_2\dot{x}_2^2)=\frac{1}{2}m(\dot{x}_1^2+2\dot{x}_2^2)$$

$$V=\frac{1}{2}k_1 x_1^2+\frac{1}{2}k_2(x_1-x_2)^2+\frac{1}{2}k_3 x_2^2=\frac{1}{2}k(2x_1^2-2x_1 x_2+2x_2^2)$$

得到系统的质量矩阵和刚度矩阵

$$[M] = m \begin{bmatrix} 1 & 0 \\ 0 & 2 \end{bmatrix}, [K] = k \begin{bmatrix} 2 & -1 \\ -1 & 2 \end{bmatrix}$$

（2）求固有频率和固有振型。特征方程为

$$\left| [K] - \omega^2 [M] \right| = \begin{vmatrix} 2k - m\omega^2 & -k \\ -k & 2k - 2m\omega^2 \end{vmatrix} = 0$$

求得固有频率

$$\omega_1 = \sqrt{\frac{3}{2}\left(1 - \frac{1}{\sqrt{3}}\right)\frac{k}{m}} = 0.796\sqrt{\frac{k}{m}}, \omega_2 = \sqrt{\frac{3}{2}\left(1 + \frac{1}{\sqrt{3}}\right)\frac{k}{m}} = 1.538\sqrt{\frac{k}{m}}$$

将固有频率代入 $[[K] - \omega^2[M]]\{u\} = \{0\}$，取 $\{u_1^{(1)}\} = \{u_1^{(2)}\} = 1$ 得到固有振型

$$\{u^{(1)}\} = \{1 \quad 1.366\}^T, \{u^{(2)}\} = \{1 \quad -0.366\}^T$$

（3）求正则振型矩阵。利用式（3-38）计算主质量

$$M_1 = \{u^{(1)}\}^T [M] \{u^{(1)}\} = 4.732m, \text{同理 } M_2 = 1.268m$$

利用式（3-44）得到正则振型矩阵

$$[u_N] = \frac{1}{\sqrt{m}} \begin{bmatrix} 0.458 & 0.888 \\ 0.628 & -0.325 \end{bmatrix}$$

（4）利用式（3-67）对初始条件正则化

$$\{q_{N0}\} = [u_N]^T [M] \{x_0\} = \{0 \quad 0\}^T$$

$$\{\dot{q}_{N0}\} = [u_N]^T [M] \{\dot{x}_0\} = \sqrt{m} v_0 \{0.458 \quad 0.888\}^T$$

（5）利用式（3-65）计算正则坐标下初始激励的响应

$$q_{N1} = q_{N10}\cos\omega_1 t + \frac{\dot{q}_{N10}}{\omega_1}\sin\omega_1 t = 0.577 \frac{mv_0}{\sqrt{k}}\sin 0.796\sqrt{\frac{k}{m}}t$$

$$q_{N2} = q_{N20}\cos\omega_2 t + \frac{\dot{q}_{N20}}{\omega_2}\sin\omega_2 t = 0.577 \frac{mv_0}{\sqrt{k}}\sin 1.538\sqrt{\frac{k}{m}}t$$

（6）利用式（3-70）对外激励正则化

$$\{F_N(t)\} = [u_N]^T \{F(t)\} = \frac{1}{\sqrt{m}} \begin{bmatrix} 0.458 & 0.888 \\ 0.628 & -0.325 \end{bmatrix}^T \begin{Bmatrix} P \\ 0 \end{Bmatrix} = \frac{P}{\sqrt{m}} \begin{Bmatrix} 0.458 \\ 0.888 \end{Bmatrix}$$

（7）利用式（3-71）计算外激励的正则坐标响应

$$q_{N1} = \frac{1}{\omega_1}\int_0^t F_{N1}(\tau)\sin[\omega_1(t-\tau)]\mathrm{d}\tau = \frac{1}{\omega_1}\int_0^t \frac{P}{\sqrt{m}}\sin[\omega_1(t-\tau)]\mathrm{d}\tau$$

$$= 0.726 \frac{P\sqrt{m}}{k}(1 - \cos\omega_1 t)$$

$$q_{N2} = \frac{1}{\omega_2}\int_0^t F_{N2}(\tau)\sin[\omega_2(t-\tau)]\mathrm{d}\tau = 0.357 \frac{P\sqrt{m}}{k}(1 - \cos\omega_2 t)$$

（8）对步骤（5）、（7）中的正则坐标响应利用式（3-66）计算广义坐标响应

$$\{x\}=[u_N]\{q_N\}=\frac{1}{\sqrt{m}}\begin{bmatrix}0.458 & 0.888\\0.628 & -0.325\end{bmatrix}\begin{bmatrix}\frac{P}{k}\sqrt{m}\begin{Bmatrix}0.726(1-\cos\omega_1 t)\\0.375(1-\cos\omega_2 t)\end{Bmatrix}+$$

$$0.577\frac{mv_0}{\sqrt{k}}\begin{Bmatrix}\sin 0.796\sqrt{\frac{k}{m}}t\\[2mm]\sin 1.538\sqrt{\frac{k}{m}}t\end{Bmatrix}\Bigg]$$

$$=v_0\sqrt{\frac{m}{k}}\begin{Bmatrix}0.265\\0.363\end{Bmatrix}\sin 0.796\sqrt{\frac{k}{m}}t+v_0\sqrt{\frac{m}{k}}\begin{Bmatrix}0.513\\-0.188\end{Bmatrix}\sin 1.538\sqrt{\frac{k}{m}}t+$$

$$\frac{P}{k}\begin{Bmatrix}0.677-0.334\cos\omega_1 t-0.333\cos\omega_2 t\\0.333-0.455\cos\omega_1 t+0.122\cos\omega_2 t\end{Bmatrix}$$

【例 3-10】 上题中若激振力 $F_1(t)=0$，$F_2(t)=F\sin\omega t$，求强迫振动响应。

解： 利用式(3-10)对激励正则化

$$\{F_N(t)\}=[u_N]^T\{F(t)\}=\frac{1}{\sqrt{m}}\begin{bmatrix}0.458 & 0.888\\0.628 & -0.325\end{bmatrix}^T\begin{Bmatrix}0\\P\sin\omega t\end{Bmatrix}=\frac{P}{\sqrt{m}}\begin{Bmatrix}0.628\\-0.325\end{Bmatrix}\sin\omega t$$

利用式(2-49)、式(2-51)计算外激励的正则坐标响应

$$q_{N1}=0.628\frac{P}{\sqrt{m}(\omega_1^2-\omega^2)}\sin\omega t,\ q_{N2}=-0.325\frac{P}{\sqrt{m}(\omega_2^2-\omega^2)}\sin\omega t$$

利用式(3-66)计算广义坐标下的强迫振动响应

$$\{x\}=[u_N]\{q_N\}=\frac{1}{\sqrt{m}}\begin{bmatrix}0.458 & 0.888\\0.628 & -0.325\end{bmatrix}\begin{Bmatrix}q_{N1}\\q_{N2}\end{Bmatrix}=\frac{P}{m}\begin{bmatrix}0.288 & -0.289\\0.394 & 0.106\end{bmatrix}\begin{Bmatrix}\dfrac{1}{\omega_1^2-\omega^2}\sin\omega t\\[3mm]\dfrac{1}{\omega_2^2-\omega^2}\sin\omega t\end{Bmatrix}$$

■3.4 黏性阻尼系统的强迫振动

n 自由度系统运动方程(3-6)或方程(3-14)中的质量矩阵 $[M]$、刚度矩阵 $[K]$ 和阻尼矩阵 $[C]$ 通常为实对称矩阵，但阻尼矩阵通过前面的坐标变换一般不能化为对角阵，即方程不能解耦。下面分两种情况进行讨论。

3.4.1 比例阻尼 实模态理论

如果阻尼矩阵 $[C]$ 是质量矩阵 $[M]$ 和刚度矩阵 $[K]$ 的线性组合，则称之为**比例阻尼**（Proportional Damping）或**模态阻尼**（Modal Damping），设

$$[C]=\alpha[M]+\beta[K] \tag{3-73}$$

其中 α 和 β 为常数。则对阻尼矩阵进行正则变换后得

$$[u_N]^T[C][u_N]=\alpha[E]+\beta[\omega_i^2] \tag{3-74}$$

这样，和上节一样，对方程(3-6)进行正则变换后得到

$$\{\ddot{q}_N\}+(\alpha[E]+\beta[\omega_i^2])\{\dot{q}_N\}+[\omega_i^2]\{q_N\}=\{F_N(t)\} \tag{3-75}$$

或

$$\ddot{q}_{Ni}+(\alpha+\beta\omega_i^2)\dot{q}_{Ni}+\omega_i^2 q_{Ni}=F_{Ni}(t),\ (i=1,2,\cdots,n) \tag{3-76}$$

其中 $\{F_N(t)\}$ 为式(3-70)给出的正则坐标下的激振力。

相应的第 i 阶阻尼和阻尼比可写为

$$c_i = \alpha + \beta \omega_i^2, \quad \zeta_i = \frac{\alpha + \beta \omega_i^2}{2\omega_i}, \quad (i=1,2,\cdots,n) \tag{3-77}$$

由于方程（3-75）、方程（3-76）已经解耦，则可直接利用式（2-90）求得正则坐标下的稳态响应

$$q_{\mathrm{N}i} = \frac{1}{\omega_i \sqrt{1-\zeta_i^2}} \int_0^t e^{-\zeta_i \omega_i (t-\tau)} F_{\mathrm{N}i}(\tau) \sin[\omega_i \sqrt{1-\zeta_i^2}(t-\tau)]\mathrm{d}\tau, \quad (i=1,2,\cdots,n) \tag{3-78}$$

广义坐标下的稳态响应为

$$\{x\} = [u_{\mathrm{N}}]\{q_{\mathrm{N}}\} = \sum_{i=1}^n \{u_{\mathrm{N}}^{(i)}\} q_{\mathrm{N}i} \tag{3-79}$$

分析表明，除比例阻尼外，利用主振型矩阵 $[u]$ 或正则振型矩阵 $[u_{\mathrm{N}}]$ 使系统的阻尼矩阵实现对角化的充要条件为

$$[C][M]^{-1}[K] = [K][M]^{-1}[C] \tag{3-80}$$

3.4.2　非比例阻尼　复模态理论

对非比例阻尼情况，阻尼矩阵不能表示为（3-73）的形式，方程（3-6）也就不能利用主振型或正则振型的变换实现解耦。为此，我们利用复模态理论进行分析。

1. 特征值和特征向量

引入 $2n$ 维**状态变量**（State Variable）$\{y\}$ 及其导数

$$\{y\} = \begin{Bmatrix} \{x\} \\ \{\dot{x}\} \end{Bmatrix}, \quad \{\dot{y}\} = \begin{Bmatrix} \{\dot{x}\} \\ \{\ddot{x}\} \end{Bmatrix} \tag{3-81}$$

将方程（3-6）写为 $2n$ 维的**状态方程**

$$[A]\{\dot{y}\} + [B]\{y\} = \{P(t)\} \tag{3-82}$$

其中

$$[A] = \begin{bmatrix} [C] & [M] \\ [M] & [0] \end{bmatrix}, [B] = \begin{bmatrix} [K] & [0] \\ [0] & [-M] \end{bmatrix}, \{P(t)\} = \begin{Bmatrix} \{F(t)\} \\ \{0\} \end{Bmatrix} \tag{3-83}$$

质量矩阵 $[M]$、刚度矩阵 $[K]$ 和阻尼矩阵 $[C]$ 通常为实对称矩阵，所以 $[A]$ 和 $[B]$ 均为 $2n \times 2n$ 维的实对称阵。

为使方程（3-82）解耦，和无阻尼系统相同，先研究状态方程的自由振动问题

$$[A]\{\dot{y}\} + [B]\{y\} = \{0\} \tag{3-84}$$

设状态方程解的形式为

$$\{y(t)\} = \{\psi\} e^{\lambda t} \tag{3-85}$$

代入方程（3-84）得

$$(\lambda[A] + [B])\{\psi\} = \{0\} \tag{3-86}$$

相应的特征方程为

$$|\lambda[A] + [B]| = 0 \tag{3-87}$$

由式（3-87）和（3-86）可求出 $2n$ 个特征值 λ_i 和特征向量 $\{\psi^{(i)}\}$（$i=1,2,\cdots,2n$）。若设方程（3-6）的自由振动解为

$$\{x(t)\} = \{u\} e^{\mu t} \tag{3-88}$$

将式(3-87)展开后，和方程(3-6)的特征方程比较得知，两个特征方程完全相同，则它们具有相同的特征值，则式(3-88)可写为

$$\{x(t)\} = \{u\}e^{\lambda t} \qquad (3-89)$$

利用式(3-81)、式(3-85)、式(3-89)得到

$$\{\psi^{(i)}\} = \begin{Bmatrix} \{u^{(i)}\} \\ \lambda_i\{u^{(i)}\} \end{Bmatrix}, (i = 1, 2, \cdots, 2n) \qquad (3-90)$$

利用和 3.3 节相同的方法可以证明特征向量的正交关系为

$$\left.\begin{aligned}\{\psi^{(r)}\}^{\mathrm{T}}[A]\{\psi^{(s)}\} = 0, \{\psi^{(r)}\}^{\mathrm{T}}[B]\{\psi^{(s)}\} = 0 \quad r \neq s \\ \{\psi^{(r)}\}^{\mathrm{T}}[A]\{\psi^{(r)}\} = a_r, \{\psi^{(r)}\}^{\mathrm{T}}[B]\{\psi^{(r)}\} = b_r \quad r = s \end{aligned}\right\} \qquad (3-91)$$

由式(3-86)和式(3-91)得

$$\lambda_i = -\frac{b_i}{a_i}, (i = 1, 2, \cdots, 2n) \qquad (3-92)$$

由关系式(3-83)、式(3-90)、(3-91)可得到相同模态矩阵之间的加权正交关系

$$\left.\begin{aligned}\{\psi^{(r)}\}^{\mathrm{T}}[(\lambda_r + \lambda_s)[M] + [C]]\{\psi^{(s)}\} = 0 \quad & r \neq s \\ \{\psi^{(r)}\}^{\mathrm{T}}(\lambda_r\lambda_s[M] - [K])\{\psi^{(s)}\} = 0 \quad & r \neq s \\ \{\psi^{(r)}\}^{\mathrm{T}}(2\lambda_r[M] + [C])\{\psi^{(r)}\} = a_r \quad & r = s \\ \{\psi^{(r)}\}^{\mathrm{T}}(\lambda_i^2[M] - [K])\{\psi^{(r)}\} = -b_r \quad & r = s \end{aligned}\right\} \qquad (3-93)$$

2. 自由振动系统响应

对方程(3-84)利用特征向量 $[\psi]$ 进行变换

$$\{y\} = [\psi]\{z\} \qquad (3-94)$$

代入方程(3-84)并左乘$[\psi]^{\mathrm{T}}$得

$$a_i \dot{z}_i + b_i z_i = 0 \text{ 或} \dot{z}_i - \lambda_i z_i = 0 \quad (i = 1, 2, \cdots, 2n) \qquad (3-95)$$

上面方程的解为

$$z_i(t) = Z_{i0}e^{\lambda_i t} \quad (i = 1, 2, \cdots, 2n) \qquad (3-96)$$

因此

$$\{y(t)\} = \begin{Bmatrix} x(t) \\ \dot{x}(t) \end{Bmatrix} = [\psi]\{z(t)\} = \sum_{i=1}^{2n}\{\psi^{(i)}\}z_i(t) = \sum_{i=1}^{2n}\{\psi^{(i)}\}Z_{i0}e^{\lambda_i t} \qquad (3-97)$$

式中 $2n$ 个常数由初始条件 $\{y(0)\}$ 确定。或由下面的初始条件和式(3-96)确定

$$\{z(0)\} = [\psi]^{-1}\{y(0)\} \qquad (3-98)$$

由式(3-81)、式(3-90)和式(3-97)可得到系统自由振动的响应表达式

$$\{x(t)\} = \sum_{i=1}^{2n}\{u^{(i)}\}Z_{i0}e^{\lambda_i t} \qquad (3-99)$$

3. 强迫振动系统响应

对方程(3-82)利用式(3-94)进行变换，并左乘$[\psi]^{\mathrm{T}}$利用式(3-91)得到

$$a_i \dot{z}_i + b_i z_i = R_i(t) \text{ 或} \dot{z}_i - \lambda_i z_i = \frac{R_i(t)}{a_i}(i = 1, 2, \cdots, 2n) \qquad (3-100)$$

式中

$$\{R(t)\} = [\psi]^{\mathrm{T}}\{P(t)\} \qquad (3-101)$$

下面讨论方程(3-100) 的解，方法和单自由度任意激励响应的求解方法类似。

先给出方程(3-100) 无干扰力时的解。令 $z_i = A_i e^{\mu_i t}$，代入方程可求得 $z_i = A_i e^{\lambda_i t}$。

再求单位阶跃函数的零初值响应，即求 $\dot{z}_i - \lambda_i z_i = 1 \cdot H_0(t)$ 的解。显然 $-1/\lambda_i$ 是一个特解，因而其一般解可写为 $z_i = A_i e^{\lambda_i t} - 1/\lambda_i$，将零初始条件代入，可确定常数 $A_i = 1/\lambda_i$，所以方程(3-100) 的单位阶跃函数响应为

$$g_i(t) = \frac{1}{\lambda_i}(e^{\lambda_i t} - 1) \tag{3-102}$$

利用第 2 章中的概念，式(2-92) 为单位阶跃函数响应与单位脉冲函数响应之间的关系，它们具有一般性。因此方程(3-100) 在单位脉冲激励下的响应为

$$h_i(t) = \frac{dg_i(t)}{dt} = e^{\lambda_i t} \tag{3-103}$$

这样，方程(3-100) 的响应就可表示为

$$z_i(t) = \frac{1}{a_i} \int_0^t h_i(t-\tau) R_i(\tau) d\tau = \frac{1}{a_i} \int_0^t e^{\lambda_i(t-\tau)} R_i(\tau) d\tau \quad (i = 1, 2, \cdots, 2n) \tag{3-104}$$

因此方程(3-82) 的解为

$$\{y(t)\} = [\psi]\{z(t)\} = \sum_{i=1}^{2n} \{\psi^{(i)}\} z_i(t) = \sum_{i=1}^{2n} \frac{\{\psi^{(i)}\}}{a_i} \int_0^t e^{\lambda_i(t-\tau)} R_i(\tau) d\tau \tag{3-105}$$

由式(3-81)~式(3-83)、式(3-90) 和式(3-105) 可得到系统任意激励的响应表达式

$$\{x(t)\} = \sum_{i=1}^{2n} \{u^{(i)}\} \left[\frac{1}{a_i} \int_0^t e^{\lambda_i(t-\tau)} (\{u^{(i)}\}^T \{F(\tau)\}) d\tau\right] \tag{3-106}$$

■ 3.5　固有频率相等或为零的情况

3.5.1　固有频率相等的情况

振动系统由于结构的对称性或其他原因，可能具有重特征值，也就是有相同的固有频率。这时就需要对这些重特征值的振型进行专门的讨论。

设固有频率有 r 重根，则特征方程的秩变为 $n-r$，即只有 $n-r$ 个方程独立，设 $[H] = [K] - \omega^2 [M]$ 的第 $n-r$ 阶主子式不为零，划去其余 r 个不独立方程，并且调整矩阵列的位置，使下式中的 $[H_a]^{-1}$ 存在，把前 $n-r$ 个独立方程写为

$$[[H_a][H_b]] \begin{Bmatrix} \{u_a\} \\ \{u_b\} \end{Bmatrix} = \{0\} \tag{3-107}$$

其中：$[H_a]$ 为 $(n-r) \times (n-r)$ 阶方阵，$[H_b]$ 为 $(n-r) \times r$ 阶矩阵，$\{u_a\}$ 为 $n-r$ 阶列阵，$\{u_b\}$ 为 r 阶列阵。由此得到

$$\{u_a\} = -[H_a]^{-1}[H_b]\{u_b\} \tag{3-108}$$

记

$$\{\bar{u}\} = \begin{Bmatrix} \{u_a\} \\ \{u_b\} \end{Bmatrix} = \begin{bmatrix} -[H_a]^{-1}[H_b] \\ [E]_{r \times r} \end{bmatrix} \{u_b\} \tag{3-109}$$

若给出 r 个线性独立的 r 维向量 $\{u_b^{(i)}\}$ $(i = 1, 2, \cdots, r)$，即可由式(3-109)确定 r 个主振型。一般取

$$\{u_b^{(i)}\} = \{0 \quad 0 \cdots 1 \quad 0 \quad 0\}^T \tag{3-110}$$

这里只有第 i 个元素为 1，其余均为零。

求得 $\{\bar{u}\}$ 还要将其正交化，方法步骤如下：

(1) 取 $\{u^{(1)}\} = \{\bar{u}^{(1)}\}$；

(2) 取 $\{u^{(2)}\} = c_1\{u^{(1)}\} + \{\bar{u}^{(2)}\}$，$c_1 = \dfrac{-\{u^{(1)}\}^{\mathrm{T}}[M]\{\bar{u}^{(2)}\}}{\{u^{(1)}\}^{\mathrm{T}}[M]\{u^{(1)}\}}$；

(3) 取

$$\{u^{(i)}\} = c_1\{u^{(1)}\} + c_2\{u^{(2)}\} + \cdots + \{\bar{u}^{(i)}\} \tag{3-111}$$

其中

$$c_j = \frac{-\{u^{(j)}\}^{\mathrm{T}}[M]\{\bar{u}^{(i)}\}}{\{u^{(j)}\}^{\mathrm{T}}[M]\{u^{(j)}\}} \quad (j = 1, 2, \cdots, i-1) \tag{3-112}$$

注意：上面各式中的 $\{u^{(i)}\}$ 表示第 i 阶重根的振型。下面举例说明。

【例 3-11】 设系统的运动方程为

$$\begin{bmatrix} m & 0 & 0 & 0 \\ 0 & m & 0 & 0 \\ 0 & 0 & m & 0 \\ 0 & 0 & 0 & m \end{bmatrix} \begin{Bmatrix} \dot{x}_1 \\ \dot{x}_2 \\ \dot{x}_3 \\ \dot{x}_4 \end{Bmatrix} + \begin{bmatrix} 5k & -k & 0 & 0 \\ -k & 5k & 0 & 0 \\ 0 & 0 & 4k & 0 \\ 0 & 0 & 0 & 6k \end{bmatrix} \begin{Bmatrix} x_1 \\ x_2 \\ x_3 \\ x_4 \end{Bmatrix} = \begin{Bmatrix} 0 \\ 0 \\ 0 \\ 0 \end{Bmatrix}$$

求系统的自由振动响应。

解： 求出固有频率为 $\omega_1 = \omega_2 = 2\sqrt{\dfrac{k}{m}}$，$\omega_3 = \omega_4 = \sqrt{6\dfrac{k}{m}}$，即有两个重根。

第 1、2 阶固有频率的特征方程为 $\begin{vmatrix} k & -k & 0 & 0 \\ -k & k & 0 & 0 \\ 0 & 0 & 0 & 0 \\ 0 & 0 & 0 & 2k \end{vmatrix} = 0$，先确定其中一个振型，设

为 $\{u^{(1)}\} = \{1 \quad 1 \quad 0 \quad 0\}^{\mathrm{T}}$，去掉第 2、3 个方程后，调整列的位置如下

$$\begin{array}{cccccccc} 列 & 1 & 2 & 3 & 4 & 1 & 4 & 2 & 3 \end{array}$$

$$\begin{bmatrix} k & -k & 0 & 0 \\ 0 & 0 & 0 & 2k \end{bmatrix} \Rightarrow \begin{bmatrix} k & 0 & -k & 0 \\ 0 & 2k & 0 & 0 \end{bmatrix}$$

则

$$[H_a] = \begin{bmatrix} k & 0 \\ 0 & 2k \end{bmatrix}, [H_b] = \begin{bmatrix} -k & 0 \\ 0 & 0 \end{bmatrix}, [H_a]^{-1} = \begin{bmatrix} 1/k & 0 \\ 0 & 1/2k \end{bmatrix}$$

由式 (3-110) 设 $\{u_b\} = \begin{Bmatrix} 0 \\ 1 \end{Bmatrix}$，由式 (3-108) 得 $\{u_a\} = -[H_a]^{-1}[H_b]\{u_b\} = \begin{Bmatrix} 0 \\ 0 \end{Bmatrix}$，则有

$$\{\bar{u}\} = \begin{Bmatrix} u_a \\ u_b \end{Bmatrix} = \{0 \quad 0 \quad 0 \quad 1\}^{\mathrm{T}}$$

将列位置 (1, 4, 2, 3) 重新调整到原来位置 (1, 2, 3, 4) 得 $\{\bar{u}^2\} = \{0 \quad 0 \quad 1 \quad 0\}^{\mathrm{T}}$，再利用式 (3-111) 和 (3-112) 进行正交化

$$c_1 = \frac{-\{u^{(1)}\}^{\mathrm{T}}[M]\{\bar{u}^{(2)}\}}{\{u^{(1)}\}^{\mathrm{T}}[M]\{u^{(1)}\}} = 0, \{u^{(2)}\} = c_1\{u^{(1)}\} + \{\bar{u}^{(2)}\} = \{0 \quad 0 \quad 1 \quad 0\}^{\mathrm{T}}$$

第 3、4 固有频率对应的特征方程为 $\begin{vmatrix} -k & -k & 0 & 0 \\ -k & -k & 0 & 0 \\ 0 & 0 & -2k & 0 \\ 0 & 0 & 0 & 0 \end{vmatrix} = 0$，确定第 3 振型，设为

$\{u^{(3)}\} = \{1 \quad -1 \quad 0 \quad 0\}^T$。为求第 4 振型，去掉第 2、4 个方程后，和上面相同的过程，将列位置调整为 $(1,3,2,4)$ 的顺序，则

$$[H_a] = \begin{bmatrix} -k & 0 \\ 0 & -2k \end{bmatrix}, [H_b] = \begin{bmatrix} -k & 0 \\ 0 & 0 \end{bmatrix}, [H_a]^{-1} = \begin{bmatrix} -1/k & 0 \\ 0 & -1/2k \end{bmatrix}$$

由式(3-110) 设 $\{u_b\} = \begin{Bmatrix} 0 \\ 1 \end{Bmatrix}$，由式(3-98) 得 $\{u_a\} = -[H_a]^{-1}[H_b]\{u_b\} = \begin{Bmatrix} 0 \\ 0 \end{Bmatrix}$，则有

$\{\bar{u}\} = \begin{Bmatrix} u_a \\ u_b \end{Bmatrix} = \{0 \quad 0 \quad 0 \quad 1\}^T$，将列位置 $(1,3,2,4)$ 重新调整到原来位置 $(1,2,3,4)$ 得

$\{\bar{u}^{(4)}\} = \{0 \quad 0 \quad 0 \quad 1\}^T$，再利用式(3-111) 和式(3-112) 进行正交化

$$c_1 = \frac{-\{u^{(3)}\}^T[M]\{\bar{u}^{(4)}\}}{\{u^{(3)}\}^T[M]\{u^{(3)}\}} = 0, \quad \{u^{(4)}\} = c_1\{u^{(3)}\} + \{\bar{u}^{(4)}\} = \{0 \quad 0 \quad 0 \quad 1\}^T$$

所以主振型矩阵 $[u] = \begin{bmatrix} 1 & 0 & 1 & 0 \\ 1 & 0 & -1 & 0 \\ 0 & 1 & 0 & 0 \\ 0 & 0 & 0 & 1 \end{bmatrix}$，利用式(3-61) 得到系统的响应

$$\begin{Bmatrix} x_1 \\ x_2 \\ x_3 \\ x_4 \end{Bmatrix} = \begin{bmatrix} 1 & 0 & 1 & 0 \\ 1 & 0 & -1 & 0 \\ 0 & 1 & 0 & 0 \\ 0 & 0 & 0 & 1 \end{bmatrix} \begin{Bmatrix} X_1 \sin(2\sqrt{k/m}\,t + \alpha_1) \\ X_2 \sin(2\sqrt{k/m}\,t + \alpha_2) \\ X_3 \sin(\sqrt{6k/m}\,t + \alpha_3) \\ X_4 \sin(\sqrt{6k/m}\,t + \alpha_4) \end{Bmatrix}$$

其中的 $X_i, \alpha_i (i = 1,2,3,4)$ 由初始条件确定。

3.5.2 固有频率为零的情况

对方程(3-18)利用主坐标变换 (3-51) 得到方程(3-53)，且有 $\omega_i^2 = \dfrac{K_i}{M_i}$，假定系统有零特征值，即零固有频率，例如 $\omega_1 = 0$（根据固有频率的排列顺序，零固有频率一定在最前面），则其主振动方程变为 $\ddot{q}_1 = 0$，其解为 $q_1 = at + b$ （a，b 为任意常数），这说明系统沿主坐标的运动是一个刚体运动，没有发生弹性变形，称为**刚体模态**（Rigid Modal）或零固有频率模态。对于刚体模态，整个系统如同一个刚体一样整体运动，有 $x_1 = x_2 = \cdots\cdots = x_n$，因而其特征向量 $\{u^{(1)}\} = u_0\{1\}$，这里 $\{1\}$ 表示所有元素都为 1，u_0 为任意不为零的常数。

有一个或几个固有频率等于零的系统称为**半正定系统**（Semidefinite System）或**退化系统**（Degenerate System）。可以证明，当系统的质量矩阵和刚度矩阵都是正定矩阵时，不会有零固有频率，而当刚度矩阵为半正定矩阵时，系统为半正定系统。出现这种情况的物理条件是系统有刚体位移或自由-自由边界，即缺少必要的约束，因此也称为**非约束系统**（Unrestrained System）。下面举例说明。

【例 3-12】 如图 3-10 所示，水平面上一物块 m_1 以速度 v 与物块 m_2 发生完全弹性碰撞，已知 $m_1 = m_2 = m_3 = m$，求碰撞后系统的响应。

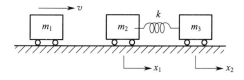

图 3-10 半正定系统一

解： 碰撞后 m_2 的速度为 v，然后 m_2 和 m_3 组成的系统开始作自由振动。质量矩阵和刚度矩阵为

$$[M] = \begin{bmatrix} m & 0 \\ 0 & m \end{bmatrix}, [K] = \begin{bmatrix} k & -k \\ -k & k \end{bmatrix}$$

特征矩阵

$$|[K] - \omega^2[M]| = \begin{bmatrix} k - m\omega^2 & -k \\ -k & k - m\omega^2 \end{bmatrix} = (k - m\omega^2)^2 - k^2 = 0$$

求得 $\omega_1 = 0$，$\omega_2 = \sqrt{\dfrac{2k}{m}}$。

ω_1 对应刚体运动，设为 $At + B$。ω_2 对应的振型为 $\{u^{(2)}\} = \begin{Bmatrix} 1 \\ -1 \end{Bmatrix}$，主振动为 $\begin{Bmatrix} 1 \\ -1 \end{Bmatrix} (C\cos\omega_2 t + D\sin\omega_2 t)$，总响应为 $\{x\} = At + B + \begin{Bmatrix} 1 \\ -1 \end{Bmatrix} (C\cos\omega_2 t + D\sin\omega_2 t)$。

代入初始条件 $x_{01} = x_{02} = 0$，$\dot{x}_{01} = v$，$\dot{x}_{02} = 0$ 得 $B = C = 0$，$A = \dfrac{v}{2}$，$D = \dfrac{v}{2\omega_2}$，所以系统的响应为 $\begin{Bmatrix} x_1 \\ x_2 \end{Bmatrix} = \dfrac{v}{2}t + \begin{Bmatrix} 1 \\ -1 \end{Bmatrix} \dfrac{v}{2\omega_2}\sin\omega_2 t$。

3.5.3 刚体自由度的消除

由于半正定系统 $[K]$ 奇异，在进行数值计算时计算机无法正常求解，因此采用施加约束解除刚体位移的方法，将方程降阶，下面给出基本方法步骤。

若系统有 r 个零固有频率，以 $\{v\}$ 表示其刚体振型，则相应的主振动为

$$\{x\} = \{v\}(at + b) \tag{3-113}$$

由于 $|[K]| = 0$，则 $[K]\{v\} = \{0\}$，写为

$$\begin{bmatrix} [K_{rr}] & [K_{re}] \\ [K_{er}] & [K_{ee}] \end{bmatrix} \begin{bmatrix} [E]_{r \times r} \\ [v_{er}]_{(n-r) \times r} \end{bmatrix} = \begin{bmatrix} 0 \\ 0 \end{bmatrix} \tag{3-114}$$

这里 $[K_{re}]$ 表示 $r \times e$ 的矩阵，$e = n - r$。由此可求出 r 个振型

$$[v_r] = \begin{bmatrix} [E] \\ [v_{er}] \end{bmatrix} = \begin{bmatrix} [E] \\ -[K_{ee}]^{-1}[K_{er}] \end{bmatrix} \tag{3-115}$$

对于半正定系统 $[K]^{-1}$ 不存在，对系统施加 r 个约束，消除刚体位移

$$[v_r]^T[M]\{x\} = \{0\} \tag{3-116}$$

写为

$$\begin{bmatrix} [v_{rr}] \\ [v_{er}] \end{bmatrix}^T \begin{bmatrix} [M_{rr}] & [M_{re}] \\ [M_{er}] & [M_{ee}] \end{bmatrix} \begin{Bmatrix} \{x_r\} \\ \{x_e\} \end{Bmatrix} = \{0\} \tag{3-117}$$

则

$$\{x_r\} = [D_1]\{x_e\} \tag{3-118}$$

其中

$$[D_1] = -([v_{rr}]^T[M_{rr}] + [v_{er}]^T[M_{er}])^{-1}([v_{rr}]^T[M_{re}] + [v_{er}]^T[M_{ee}]) \tag{3-119}$$

当 $([v_{rr}]^T[M_{rr}] + [v_{er}]^T[M_{er}])$ 奇异时,可调整 $[v_r]$ 中个别列的位置,使其满足非奇异的要求。对 $\{x\}$ 施加变换

$$\{x\} = [D]\{x_e\} \tag{3-120}$$

则

$$[\overline{M}]\{\ddot{x}_e\} + [\overline{K}]\{x_e\} = \{0\} \tag{3-121}$$

上式为 $n-r$ 自由度的正定系统。其中

$$[D] = [[D_1] \quad [E]_{n-r}]^T, [\overline{M}] = [D]^T[M][D], [\overline{K}] = [D]^T[K][D] \tag{3-122}$$

方程(3-121)对应于原系统的非零固有频率和相应的主振型为

$$\omega_{r+i} \text{和} \{u^{(r+i)}\} = [D]\{u_e^{(r+i)}\} \tag{3-123}$$

下面通过例题说明上述方法的使用。

【例 3-13】 图 3-11 所示系统,设 $m_1 = m_2 = m_3 = m$,$k_1 = k_2 = k$,求固有频率和振型。

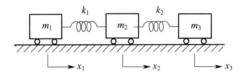

图 3-11 半正定系统二

解: 系统的质量矩阵和刚度矩阵为

$$[M] = m\begin{bmatrix} 1 & 0 & 0 \\ 0 & 1 & 0 \\ 0 & 0 & 1 \end{bmatrix}, [K] = k\begin{bmatrix} 1 & -1 & 0 \\ -1 & 2 & -1 \\ 0 & -1 & 1 \end{bmatrix}$$

固有频率 $\omega_1^2 = 0$,$\omega_2^2 = \dfrac{k}{m}$,$\omega_3^2 = \dfrac{3k}{m}$。相应的固有振型为:$\{u^{(2)}\} = \{1 \ 0 \ -1\}^T$,$\{u^{(3)}\} = \{1 \ -2 \ 1\}^T$,而零固有频率的振型可直接写出,$\{u^{(1)}\} = \{1 \ 1 \ 1\}^T$。

下面通过本节的方法求解。

系统有一个刚体位移,式(3-114)中 $[K_{rr}] = [1]$,$[K_{re}] = [-1 \ 0]$,$[K_{er}] = [-1 \ 0]^T$,$[K_{ee}] = \begin{bmatrix} 2 & -1 \\ -1 & 1 \end{bmatrix}$,$[E] = [1]$,由式(3-105)求出 $[v_r] = [1 \ 1 \ 1]^T$。

式(3-117)中 $[M_{rr}] = [1]$,$[M_{re}] = [0 \ 0]$,$[M_{er}] = [0 \ 0]^T$,$[M_{ee}] = \begin{bmatrix} 1 & 0 \\ 0 & 1 \end{bmatrix}$,$[v_{rr}] = [1]$,$[v_{er}] = [1 \ 1]^T$,由式(3-119)求得 $[D_1] = [-1 \ -1]$。

利用式(3-120)施加变换,得到式(3-121),这里:

$$[D] = \begin{bmatrix} -1 & -1 \\ 1 & 0 \\ 0 & 1 \end{bmatrix}, [\overline{M}] = m \begin{bmatrix} 2 & 1 \\ 1 & 2 \end{bmatrix}, [\overline{K}] = k \begin{bmatrix} 5 & 1 \\ 1 & 2 \end{bmatrix}$$

由式(3-121)求得的固有频率和振型为

$$\omega_2^2 = \frac{k}{m}, \omega_3^2 = \frac{3k}{m}, \{u_e^{(2)}\} = \{0 \quad 1\}^T, \{u_e^{(3)}\} = \{-2 \quad 1\}^T$$

由式(3-123)求得

$$\{u^{(2)}\} = [D]\{u_e^{(2)}\} = \{-1 \quad 0 \quad 1\}^T, \{u^{(3)}\} = [D]\{u_e^{(3)}\} = \{1 \quad -2 \quad 1\}^T$$

和前面的结果完全一样。

■ 3.6 多自由度系统振动理论的应用

3.6.1 拍的现象

以双摆作为例子。两个相同的单摆用一根弹簧相连，如图 3-12 所示，设弹簧刚度为 k，铅垂位置为静平衡位置，此时弹簧没有变形。

以图示 θ_1 和 θ_2 为广义坐标建立系统的振动方程

$$\begin{bmatrix} ml^2 & \\ & ml^2 \end{bmatrix} \begin{Bmatrix} \ddot{\theta}_1 \\ \ddot{\theta}_2 \end{Bmatrix} + \begin{bmatrix} mgl+ka^2 & -ka^2 \\ -ka^2 & mgl+ka^2 \end{bmatrix} \begin{Bmatrix} \theta_1 \\ \theta_2 \end{Bmatrix} = \begin{Bmatrix} 0 \\ 0 \end{Bmatrix}$$

利用前面的方法求得固有频率和振型

$$\omega_1^2 = \frac{g}{l}, \omega_2^2 = \frac{g}{l} + \frac{2ka^2}{ml^2}$$

$$\{u^{(1)}\} = \begin{Bmatrix} 1 \\ 1 \end{Bmatrix}, \{u^{(2)}\} = \begin{Bmatrix} 1 \\ -1 \end{Bmatrix}$$

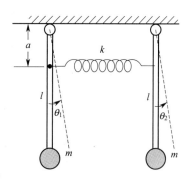

图 3-12 双摆振动系统

如给出初始条件：$t=0$ 时，$\theta_1 = \theta_0$，$\theta_2 = 0$，$\dot{\theta}_1 = \dot{\theta}_2 = 0$，则系统的响应为

$$\theta_1 = \frac{\theta_0}{2}(\cos\omega_1 t + \cos\omega_2 t)$$

$$\theta_2 = \frac{\theta_0}{2}(\cos\omega_1 t - \cos\omega_2 t)$$

(3-124)

这是两个不同谐振动的叠加，但已经不再是简谐运动。

对式(3-124)进一步分析，写为

$$\theta_1 = \theta_0 \cos(\frac{\omega_2 - \omega_1}{2}t)\cos(\frac{\omega_2 + \omega_1}{2}t)$$

$$\theta_2 = \theta_0 \sin(\frac{\omega_2 - \omega_1}{2}t)\sin(\frac{\omega_2 + \omega_1}{2}t)$$

(3-125)

记 $\Delta\omega = \omega_2 - \omega_1$，$\omega^* = \frac{\omega_1 + \omega_2}{2}$，则

$$\theta_1 = \theta_0 \cos(\frac{\Delta\omega}{2}t)\cos\omega^* t, \quad \theta_2 = \theta_0 \sin(\frac{\Delta\omega}{2}t)\sin\omega^* t$$

(3-126)

当两个摆之间的联系很弱时，ω_1 和 ω_2 很接近，$\Delta\omega$ 很小，此时上式 θ_1、θ_2 的变化可

看作是频率为 ω^* 的简谐振动，振幅是缓慢变化的简谐函数 $\theta_0\cos(\dfrac{\Delta\omega}{2}t)$ 和 $\theta_0\sin(\dfrac{\Delta\omega}{2}t)$。我们把频率相近的两个简谐振动的叠加而引起的合振动，振幅时而加强、时而减弱的现象称为**拍**（Beat）。图 3-13 表示了两个摆拍的现象，不过两个摆的相位相差 90°，当左边摆振幅最大时右边摆振幅为零，而当右边摆振幅最大时左边摆振幅为零，反复循环，能量从一个摆传到另一个摆，交替转换，使系统能持续交替振动。

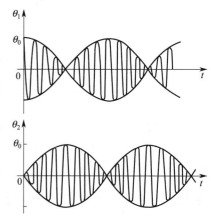

图 3-13　双摆拍的现象

拍的现象在声的振动、电振动和波动中常常遇到，例如演奏乐器时常利用拍的现象使音调优美，还有工程中的双螺旋桨工作时产生的时强时弱的噪声都是拍击现象。

3.6.2　频率响应曲线　共振现象

以两自由度振动系统为例。设式(3-6) 中的干扰力为谐干扰力，用复数表示为

$$\{F(t)\}=\begin{Bmatrix}F_1(t)\\F_2(t)\end{Bmatrix}=\begin{Bmatrix}F_1\\F_2\end{Bmatrix}\mathrm{e}^{i\omega t}=\{F\}\,\mathrm{e}^{i\omega t} \tag{3-127}$$

令方程的解为

$$\{x(t)\}=\begin{Bmatrix}x_1(t)\\x_2(t)\end{Bmatrix}=\begin{Bmatrix}X_1\\X_2\end{Bmatrix}\mathrm{e}^{i\omega t}=\{X\}\,\mathrm{e}^{i\omega t} \tag{3-128}$$

其中 X_1 和 X_2 为复振幅。将式(3-128) 代入式(3-6) 得

$$[Z(\omega)]\{X\}=\{F(t)\} \tag{3-129}$$

式中

$$[Z(\omega)]=\begin{bmatrix}z_{11}(\omega)&z_{12}(\omega)\\z_{21}(\omega)&z_{22}(\omega)\end{bmatrix} \tag{3-130}$$

$$z_{ij}(\omega)=-\omega^2 m_{ij}+i\omega c_{ij}+k_{ij}\,(i,j=1,2) \tag{3-131}$$

假定干扰力频率不是 $|[Z(\omega)]|=0$ 的根，则得到系统响应的振幅

$$\{X\}=[Z(\omega)]^{-1}\{F(t)\} \tag{3-132}$$

按照逆矩阵的定义

$$[Z(\omega)]^{-1}=\frac{1}{|[Z(\omega)]|}\begin{bmatrix}z_{22}(\omega)&-z_{12}(\omega)\\-z_{21}(\omega)&z_{11}(\omega)\end{bmatrix}$$

$$=\frac{1}{z_{11}(\omega)z_{22}(\omega)-z_{12}^2(\omega)}\begin{bmatrix}z_{22}(\omega)&-z_{12}(\omega)\\-z_{21}(\omega)&z_{11}(\omega)\end{bmatrix} \tag{3-133}$$

将式(3-133) 代入式(3-132) 得响应振幅为

$$X_1=\frac{z_{22}(\omega)F_1-z_{12}(\omega)F_2}{z_{11}(\omega)z_{22}(\omega)-z_{12}^2(\omega)},\ X_2=\frac{-z_{12}(\omega)F_1+z_{11}(\omega)F_2}{z_{11}(\omega)z_{22}(\omega)-z_{12}^2(\omega)} \tag{3-134}$$

若干扰力为正弦函数 $\sin\omega t$ 或余弦函数 $\cos\omega t$，则式(3-127) 和式(3-128) 中的 $\mathrm{e}^{i\omega t}$ 变为 $\sin\omega t$ 或 $\cos\omega t$ 即可。

为便于讨论，假设图 3-1(a) 所示系统中，$F_1(t)=0$，$F_2(t)=F_0 e^{i\omega t}$，$k_3=0$，$c_3=0$，利用式(3-134) 可求出复振幅为

$$X_1 = \frac{(k_2+i\omega c_2)F_0}{[k_1+k_2-m_1\omega^2+i\omega(c_1+c_2)](k_2-m_2\omega^2+i\omega c_2)-(k_2+i\omega c_2)^2}$$

$$X_2 = \frac{[k_1+k_2-m_1\omega^2+i\omega(c_1+c_2)]F_0}{[k_1+k_2-m_1\omega^2+i\omega(c_1+c_2)](k_2-m_2\omega^2+i\omega c_2)-(k_2+i\omega c_2)^2}$$

再令 $m_1=m_2=m$，$k_1=k_2=k$，$c_1=c_2=c$，则上式简化为

$$X_1 = \frac{(k+i\omega c)F_0}{m^2\omega^4-3km\omega^2+k^2-c^2\omega^2+ic\omega(2k-3m\omega^2)}$$

$$X_2 = \frac{(2k-m\omega^2+2i\omega c)F_0}{m^2\omega^4-3km\omega^2+k^2-c^2\omega^2+ic\omega(2k-3m\omega^2)}$$

因为无阻尼情况下上式分母前三项就是特征方程，则上式又可变为

$$\left.\begin{array}{l} X_1 = \dfrac{(k+i\omega c)F_0}{m^2(\omega^2-\omega_1^2)(\omega^2-\omega_2^2)-c^2\omega^2+ic\omega(2k-3m\omega^2)} \\[4mm] X_2 = \dfrac{(2k-m\omega^2+2i\omega c)F_0}{m^2(\omega^2-\omega_1^2)(\omega^2-\omega_2^2)-c^2\omega^2+ic\omega(2k-3m\omega^2)} \end{array}\right\} \tag{3-135}$$

应用复数运算法则，可得到上述复数振幅的模，即强迫振动的实振幅

$$\left.\begin{array}{l} |X_1| = \dfrac{\sqrt{k^2+(c\omega)^2}\,F_0}{\sqrt{[m^2(\omega^2-\omega_1^2)(\omega^2-\omega_2^2)-c^2\omega^2]^2+[c\omega(2k-3m\omega^2)]^2}} \\[5mm] |X_2| = \dfrac{\sqrt{(2k-m\omega^2)^2+(2\omega c)^2}\,F_0}{\sqrt{[m^2(\omega^2-\omega_1^2)(\omega^2-\omega_2^2)-c^2\omega^2]^2+[c\omega(2k-3m\omega^2)]^2}} \end{array}\right\} \tag{3-136}$$

引入下列系数

$$\gamma=\frac{\omega}{\omega_1},\ \zeta=\frac{c}{2m\omega_1},\ X_0=\frac{F_0}{k},\ \eta_1=\omega_1^2\frac{m}{k},\ \eta_2=\omega_2^2\frac{m}{k}$$

可得出下面振幅的无因次关系

$$\left.\begin{array}{l} \dfrac{|X_1|}{X_0} = \dfrac{\sqrt{1+(2\zeta\eta_1\gamma)^2}}{\sqrt{[\eta_1^2(\gamma^2-1)(\gamma^2-\eta_2/\eta_1)-(2\zeta\eta_1\gamma)^2]^2+(2\zeta\eta_1\gamma)^2(2-3\eta_1\gamma^2)^2}} \\[5mm] \dfrac{|X_2|}{X_0} = \dfrac{\sqrt{(2-\eta_1\gamma^2)^2+(2\zeta\eta_1\gamma)^2}}{\sqrt{[\eta_1^2(\gamma^2-1)(\gamma^2-\eta_2/\eta_1)-(2\zeta\eta_1\gamma)^2]^2+(2\zeta\eta_1\gamma)^2(2-3\eta_1\gamma^2)^2}} \end{array}\right\}$$

$$\tag{3-137}$$

对图 3-1(a) 所示的系统代入前面假设的数值可以求出 $\omega_1^2=0.382\dfrac{k}{m}$，$\omega_2^2=2.62\dfrac{k}{m}$，$\eta_1=0.382$，$\eta_2=2.62$。再给定一个因子 ζ，则可得 $\dfrac{|X_1|}{X_0}$、$\dfrac{|X_2|}{X_0}$ 和频率比 γ 的关系曲线图 3-14，即幅频响应曲线。

需要说明的是，曲线图 3-14 只是对我们前面假设的系统参数而绘出的，并且这里 ζ 是对基频（最小频率）而言的，尽管如此，其概念和意义仍具有一般性。从图 3-14 我们

可以看出以下特性：

（1）当激励频率与系统的固有频率接近时，系统出现共振现象，即无阻尼振幅将达到无穷大，所不同的是，多自由度系统有多个共振峰；

（2）阻尼的存在使共振振幅减小，在相同的阻尼下，频率高的共振峰降低的程度比频率低的大，这就是为什么实际结构的动力响应只需要考虑最低几阶振型的原因。

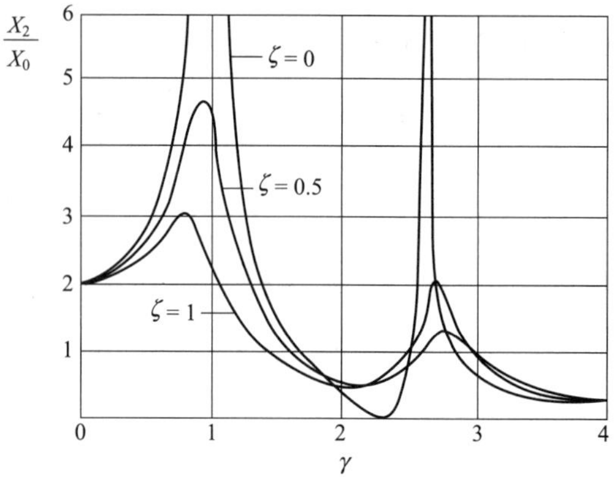

图 3-14　幅频响应曲线

3.6.3　动力吸振器

我们知道，当机器在共振区域附近常速运转时会引起剧烈的振动，如果把系统简化为一个受到谐激励的单自由度系统，则可以通过调整质量或弹簧刚度来使振动情况得到缓解。然而，有些时候并不允许我们这样做。这时，可以在原系统上附加一个新的质量-弹簧或质量-阻尼系统，变成两自由度的振动系统，使原振动系统的振幅为零，这就是动力吸振器的原理。

1. 无阻尼动力吸振器

如图 3-15 所示，$m_1 - k_1$ 为原来的基本振动系统，$m_2 - k_2$ 为附加的吸振系统，这两个系统组成的两自由度振动系统的运动方程为

$$\begin{bmatrix} m_1 & \\ & m_2 \end{bmatrix} \begin{Bmatrix} \ddot{x}_1 \\ \ddot{x}_2 \end{Bmatrix} + \begin{bmatrix} k_1 + k_2 & -k_2 \\ -k_2 & k_2 \end{bmatrix} \begin{Bmatrix} x_1 \\ x_2 \end{Bmatrix} = \begin{Bmatrix} F(t) \\ 0 \end{Bmatrix} \quad (3\text{-}138)$$

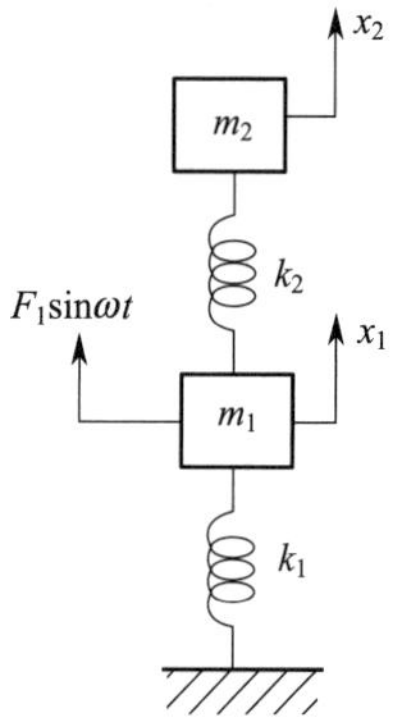

利用前面的方法求得振幅

$$X_1 = \frac{(k_2 - m_2\omega^2)F_1}{(k_1 + k_2 - m_1\omega^2)(k_2 - m_2\omega^2) - k_2^2}$$

$$X_2 = \frac{k_2 F_1}{(k_1 + k_2 - m_1\omega^2)(k_2 - m_2\omega^2) - k_2^2} \quad (3\text{-}139)$$

图 3-15　无阻尼
动力吸振器

上式表明，当激励频率 $\omega = \sqrt{\dfrac{k_2}{m_2}}$ 时，振幅 X_1 为零，这就达到了吸振的目的。

引入记号：$\omega_n = \sqrt{\dfrac{k_1}{m_1}}$ 为基本系统的固有频率；$\omega_a = \sqrt{\dfrac{k_2}{m_2}}$ 为吸振系统的固有频率；$x_{st} = \dfrac{F_1}{k_1}$ 为基本系统的静位移；$\mu = \dfrac{m_2}{m_1}$ 为吸振质量与基本质量之比。

一般动力吸振器设计成 $\omega_n = \omega_a$，定义频率比 $\gamma = \dfrac{\omega}{\omega_n} = \dfrac{\omega}{\omega_a}$，式(3-139) 可写为

$$\frac{X_1}{x_{st}} = \frac{1 - \gamma^2}{\gamma^4 - (2 + \mu)\gamma^2 + 1}, \quad \frac{X_2}{x_{st}} = \frac{1}{\gamma^4 - (2 + \mu)\gamma^2 + 1} \quad (3\text{-}140)$$

图 3-16 给出了 $\dfrac{X_1}{x_{st}}$ 与 γ 的关系曲线，图中 $\dfrac{X_1}{x_{st}}$ 的正或负表示响应与激励是同相或反相。

由于我们只要求 $\omega_n = \omega_a$，因此对吸振系统的参数有广泛的选择余地。通常，实际的选择要求适当限制吸振系统的振幅 X_2，由式（3-139）可知，如果质量比 μ 太小，在 $\gamma = 1$ 时 X_2 是个大的量，因此我们取 μ 值不能太小。

2. 有阻尼动力吸振器

将图 3-15 中附加的吸振系统增加阻尼 c，则此两自由度系统的运动微分方程为

$$\begin{bmatrix} m_1 & \\ & m_2 \end{bmatrix} \begin{Bmatrix} \ddot{x}_1 \\ \ddot{x}_2 \end{Bmatrix} + \begin{bmatrix} c & -c \\ -c & c \end{bmatrix} \begin{Bmatrix} \dot{x}_1 \\ \dot{x}_2 \end{Bmatrix} + $$

$$\begin{bmatrix} k_1+k_2 & -k_2 \\ -k_2 & k_2 \end{bmatrix} \begin{Bmatrix} x_1 \\ x_2 \end{Bmatrix} = \begin{Bmatrix} F(t) \\ 0 \end{Bmatrix} \qquad (3\text{-}141)$$

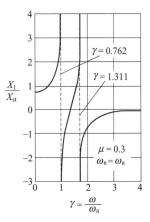

图 3-16　X_1/x_{st} 与 γ 的关系曲线

利用式（3-134）得到振幅为

$$\left. \begin{aligned} |X_1| &= \frac{\sqrt{(k_2-m_2\omega^2)^2+(c\omega)^2}\,F_1}{\sqrt{[(k_2-m_2\omega^2)(k_1-m_1\omega^2)-k_2 m_2\omega^2]^2+(c\omega)^2[k_1-m_2\omega^2-m_1\omega^2]^2}} \\ |X_2| &= \frac{\sqrt{k_2+(c\omega)^2}\,F_1}{\sqrt{[(k_2-m_2\omega^2)(k_1-m_1\omega^2)-k_2 m_2\omega^2]^2+(c\omega)^2[k_1-m_2\omega^2-m_1\omega^2]^2}} \end{aligned} \right\}$$

$$(3\text{-}142)$$

我们所关心的是如何选取吸振器参数 m_2、k_2 和 c，使基本系统振幅最小。除使用上面引入的系数 ω_n、ω_a、x_{st}、μ 以外，再引入

$$\delta = \frac{\omega_a}{\omega_n}, \quad \gamma = \frac{\omega}{\omega_n}, \quad \zeta = \frac{c}{2m_2\omega_n}$$

可得到下面的无量纲比式

$$\frac{X_1^2}{x_{st}^2} = \frac{(\delta^2-\gamma^2)^2+4\zeta^2\gamma^2}{[(1-\gamma^2)(\delta^2-\gamma^2)-\mu\gamma^2\delta^2]^2+4\zeta^2\gamma^2(1-\gamma^2-\mu\gamma^2)^2} \qquad (3\text{-}143)$$

由上式，可对任意给定的 μ 和 δ 值描绘出对应于各 ζ 值的响应曲线图 3-17。

通过式（3-143）和图 3-17 我们首先对吸振器的特性进行分析，然后进行参数的选择。

对无阻尼情形，$c = 0$，式（3-143）变为

$$\frac{X_1}{x_{st}} = \left| \frac{\delta^2-\gamma^2}{(1-\gamma^2)(\delta^2-\gamma^2)-\mu\gamma^2\delta^2} \right| \qquad (3\text{-}144)$$

当 $\zeta = \infty$ 时，两质量间无相对运动，变成质量为 m_1+m_2、刚度为 k_1 的单自由度系统，式（3-143）变为

$$\frac{X_1}{x_{st}} = \left| \frac{1}{\gamma^2-1+\mu\gamma^2} \right| \qquad (3\text{-}145)$$

由 $\gamma^2-1+\mu\gamma^2 = 0$ 可求得临界频率比

$$\gamma_{cr} = \frac{1}{\sqrt{1+\mu}} \qquad (3\text{-}146)$$

从图 3-17 可看到一个重要特点，对应于不同 ζ 值的全部曲线有两个公共交点 S 和 T，它表示对应于此两点的 γ 值的基本系统质量（主质量）的响应幅值 X_1 与阻尼 ζ 大小无

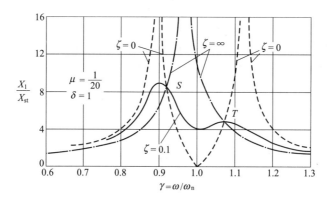

图 3-17 吸振响应图

关，但曲线的极值与 ζ 有关。这样，S 和 T 两点的 γ 值可由任意两个不同阻尼值的响应曲线求得，最方便的就是使式(3-144) 和式(3-145) 相等，得到

$$\gamma^4 - 2\gamma^2 \frac{1+\delta^2+\mu\delta^2}{2+\mu} + \frac{2\delta^2}{2+\mu} = 0 \tag{3-147}$$

由此式可求出对应于 S 和 T 两点的 γ_S 和 γ_T 值（是 μ 和 δ 的函数）。

要求 S 和 T 两点的响应值最简单的就是无阻尼情况，由式(3-143) 得

$$\frac{X_{1S}}{x_{st}} = \frac{1}{1-\gamma_S^2-\mu\gamma_S^2}, \frac{X_{1T}}{x_{st}} = \frac{1}{1-\gamma_T^2-\mu\gamma_T^2} \tag{3-148}$$

对于工程问题，并不要求使基本系统振幅一定为零，只要在允许的范围内就可以了，因此，为了使基本系统能够在相当宽的频率范围内正常工作，我们从下面几个方面设计吸振器，合理选择和确定吸振器参数：

(1) 使 $X_{1S} = X_{1T}$。令式(3-148) 中两式相等得

$$\delta = \frac{1}{1+\mu} \tag{3-149}$$

将上式代入式(3-147) 得

$$\gamma_{S,T}^2 = \frac{1}{1+\mu}\left(1 \mp \sqrt{\frac{\mu}{2+\mu}}\right) \tag{3-150}$$

从而有

$$\frac{X_{1S}}{x_{st}} = \frac{X_{1T}}{x_{st}} = \sqrt{\frac{2+\mu}{\mu}} \quad \text{或} \quad \mu = \frac{2}{(X_1/x_{st})^2 - 1} \tag{3-151}$$

即控制基本系统的振幅 X_1，由式(3-151) 得到 μ，则吸振器质量和弹簧刚度为

$$m_2 = \mu m_1, k_2 = m_2\omega_a^2 = \mu m_1 \frac{k_1}{m_1}\delta^2 = \mu \frac{k_1}{(1+\mu)^2} \tag{3-152}$$

(2) 使曲线在 S 和 T 两点有极大值，确定最佳阻尼。要使曲线在 S 和 T 两点有极大值，将式(3-150)、式(3-143) 代入极值定理 $\dfrac{\mathrm{d}}{\mathrm{d}\gamma}\left(\dfrac{X_1^2}{x_{st}^2}\right) = 0$ 得

$$\zeta_{S,T}^2 = \frac{\mu\left[3 \mp \sqrt{\mu/(\mu+2)}\right]}{8(1+\mu)^3} \tag{3-153}$$

为了兼顾两者，取其平均值得到我们所要的最佳阻尼

$$\zeta = \sqrt{\frac{3\mu}{8(1+\mu)^3}} \, , c = 2m_2\omega_0\zeta = \sqrt{\frac{3m_1k_1}{2}\left(\frac{\mu}{1+\mu}\right)^3} \tag{3-154}$$

这样，我们可以总结出阻尼吸振器的设计步骤为：

1）根据基本系统响应振幅 X_1 的允许值，由式（3-151）确定质量比 μ，由式（3-152）确定吸振器质量 m_2 和弹簧刚度 k_2；

2）由式（3-154）确定吸振器阻尼。

综上所述，吸振器把单自由度系统演变为两自由度系统，即使机器的运转频率与原来系统的固有频率相同也不会引起共振现象。但却另外产生了两个新的两自由度共振频率，一般地，这两个频率不同于机器的运转频率，然而必须注意，当机器从零开始增大运转速度时，要尽快通过第一共振频率，使其最终稳定在正常的工作频率上运转。

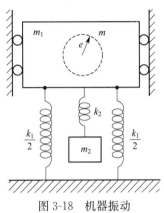
图 3-18　机器振动

【例 3-14】　一机器系统如图 3-18 所示，已知机器质量 $m_1 = 90\text{kg}$，减振器质量 $m_2 = 2.25\text{kg}$，若机器上有一偏心块质量为 0.5kg，偏心距 $e = 1\text{cm}$，机器转速 $n = 1800\text{r/min}$，求：（1）减振器刚度 k_2 多大才能使机器振幅为 0；（2）此时减振器的振幅为多大。

解：振动方程为

$$\begin{bmatrix} m+m_1 & \\ & m_2 \end{bmatrix}\begin{Bmatrix} \ddot{x}_1 \\ \ddot{x}_2 \end{Bmatrix} + \begin{bmatrix} k_1+k_2 & -k_2 \\ -k_2 & k_2 \end{bmatrix}\begin{Bmatrix} x_1 \\ x_2 \end{Bmatrix} = \begin{Bmatrix} F(t) \\ 0 \end{Bmatrix}$$

其中 $F(t) = m\left(\frac{\pi n}{30}\right)^2 e\sin\left(\frac{\pi n}{30}\right)t = 177.65\sin(60\pi t)$。

（1）令式（3-139）的振幅 $X_1 = 0$，求得 $k_2 = 79943.8\text{N/m}$；

（2）令 $\dfrac{k_1}{m_1+m} = \dfrac{k_2}{m_2}$，求得 $k_1 = 3215517.1\text{N/m}$，代入式（3-139）求得减震器振幅 $X_2 = 0.00222\text{m}$。

习　题

[3-1]　图示系统，试用坐标 x_1 与 x_2 写出系统的运动方程，刚性杆 AB 重量忽略不计。

答：$\begin{bmatrix} m & 0 \\ 0 & 2m \end{bmatrix}\begin{Bmatrix} \ddot{x}_1 \\ \ddot{x}_2 \end{Bmatrix} + k\begin{bmatrix} 5 & -4 \\ -4 & 5 \end{bmatrix}\begin{Bmatrix} x_1 \\ x_2 \end{Bmatrix} = \begin{Bmatrix} 0 \\ 0 \end{Bmatrix}$。

[3-2]　图示双摆，各用弹簧 k_1 和 k_2 与质量 m_1 和 m_2 相连，在铅垂位置平衡，取摆的水平位移 x_1 和 x_2 为广义坐标，设摆作微幅振动，求系统的刚度矩阵和质量矩阵。

【提示：（1）摆的连接杆为二力构件；（2）可利用影响系数法或拉格朗日方程等求解。】

答：$[M] = \begin{bmatrix} m_1 & 0 \\ 0 & m_2 \end{bmatrix}$，$[K] = \begin{bmatrix} k_1 + \left(\dfrac{m_1 + m_2}{L_1} + \dfrac{m_2}{L_2} \right) g & -\dfrac{m_2}{L_2} g \\ -\dfrac{m_2}{L_2} g & k_2 + \dfrac{m_2}{L_2} g \end{bmatrix}$。

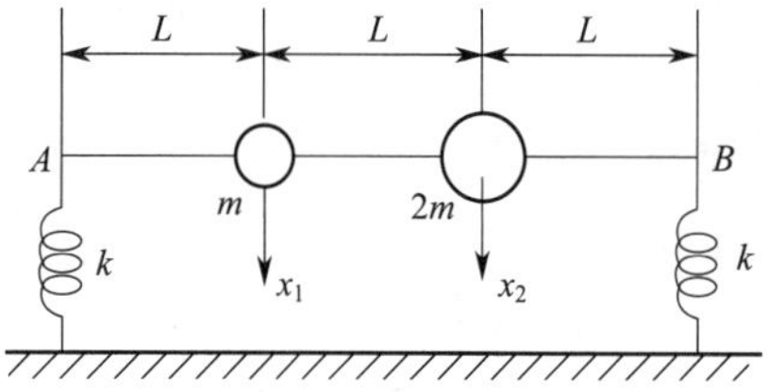

题 3-1 图

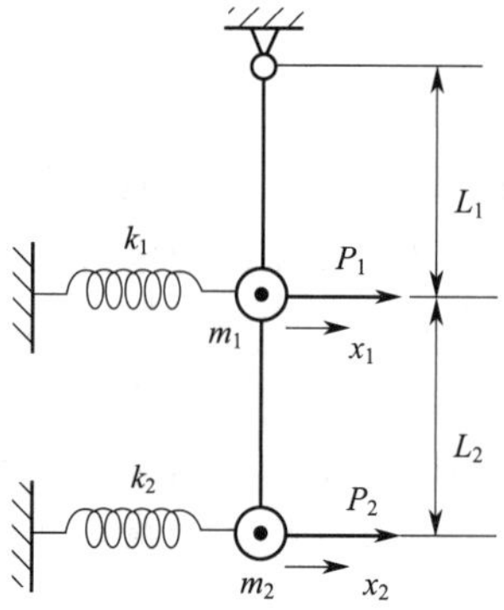

题 3-2 图

[3-3] 双摆用扭转弹簧 k_{r1} 和 k_{r2} 分别穿过铰链与支座和两摆相连，以水平位移 x_1 和 x_2 为广义坐标，设摆作微小振动，试求其刚度矩阵和质量矩阵。

答：$[M] = \begin{bmatrix} m_1 & 0 \\ 0 & m_2 \end{bmatrix}$，

$$[K] = \begin{bmatrix} \left(\dfrac{m_1 + m_2}{L_1} + \dfrac{m_2}{L_2} \right) g + \dfrac{k_{r1} + k_{r2}}{L_1^2} + \dfrac{2k_{r2}}{L_1^3} + \dfrac{k_{r2}}{L_3^2} & -\dfrac{m_2 g}{L_2} - \dfrac{k_{r2}}{L_1 L_3} - \dfrac{k_{r2}}{L_3^2} \\ -\dfrac{m_2 g}{L_2} - \dfrac{k_{r2}}{L_1 L_3} - \dfrac{k_{r2}}{L_3^2} & \dfrac{m_2 g}{L_2} + \dfrac{k_{r2}}{L_3^2} \end{bmatrix}$$。

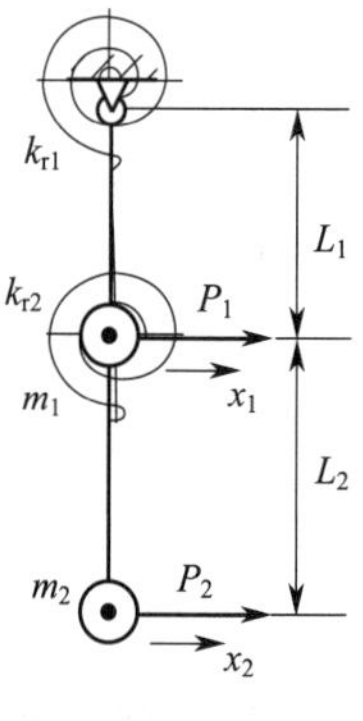

题 3-3 图

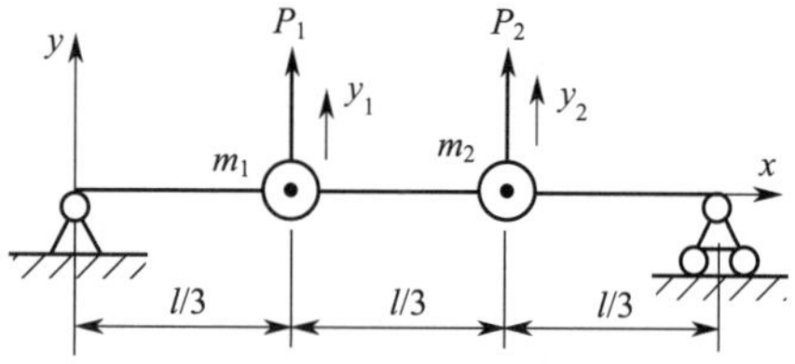

题 3-4 图

[3-4] 简支梁的 $1/3$ 处有 m_1 和 m_2 两个质量，设梁的弯曲刚度为 EI，试用位移 y_1 和 y_2 为广义坐标求出位移形式的振动方程。

答：$\begin{Bmatrix} y_1 \\ y_2 \end{Bmatrix} = \dfrac{l^2}{2 \times 3^5 EI} \begin{bmatrix} 8 & 7 \\ 7 & 8 \end{bmatrix} \left(\begin{Bmatrix} P_1 \\ P_2 \end{Bmatrix} - \begin{bmatrix} m_1 & 0 \\ 0 & m_2 \end{bmatrix} \begin{Bmatrix} \ddot{y}_1 \\ \ddot{y}_2 \end{Bmatrix} \right)$。

[3-5] 外伸梁的有质量 m_1 和 m_2 的物体，位置如图，设弯曲刚度为 EI，试用位移 y_1 和 y_2 为广义坐标求出位移形式的振动方程。

答：$\begin{Bmatrix} y_1 \\ y_2 \end{Bmatrix} = \dfrac{l^3}{6 \times 16 EI} \begin{bmatrix} 2 & -3 \\ -3 & 12 \end{bmatrix} \begin{Bmatrix} P_1 - m_1 \ddot{y}_1 \\ P_2 - m_2 \ddot{y}_2 \end{Bmatrix}$。

[3-6]　求图示系统的振动微分方程。

答：$(k_1 + k_2) x_1 - k_2 x_2 = -c \dot{x}_1$，$m \ddot{x}_2 - k_2 (x_1 - x_2) = 0$。

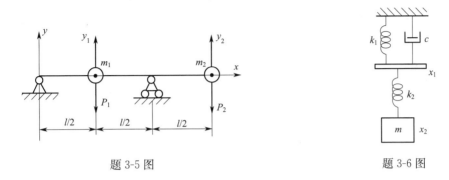

题 3-5 图　　　　　　　　　题 3-6 图

[3-7]　求图示系统的振动微分方程。

答：$m \ddot{x}_1 + c \dot{x}_1 + \dfrac{9}{5} k x_1 - \dfrac{2}{5} k x_2 = 0$，$m \ddot{x}_2 - \dfrac{2}{5} k x_1 + \dfrac{1}{5} k x_2 = 0$。

[3-8]　在风洞实验中把机翼段简化为图示铅垂平面内的刚体，并由刚度为 k 的弹簧和刚度为 k_θ 的钮簧所支撑。已知翼段的质量为 m，绕重心 G 的转动惯量为 J_G，重心与支持点的距离为 e。求系统微振动的运动方程。

答：以支撑点的位移和转角为广义坐标。

$m (\ddot{x} - e \ddot{\theta}) = -kx$，$J_G \ddot{\theta} = -k_\theta \theta - kxe$。

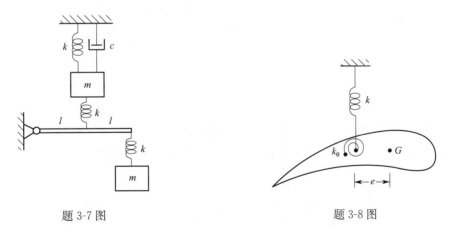

题 3-7 图　　　　　　　　　题 3-8 图

[3-9]　假设图示均匀悬臂梁的截面抗弯刚度为 EI，梁本身质量可略去不计，求系统的刚度矩阵和柔度矩阵。

答：$[R] = \dfrac{l^2}{6EI} \begin{bmatrix} 2 & 5 & 8 \\ 5 & 16 & 28 \\ 8 & 28 & 54 \end{bmatrix}$，$[K] = [R]^{-1} = \dfrac{3EI}{13l^3} \begin{bmatrix} 80 & -46 & 12 \\ -46 & 44 & -16 \\ 12 & -16 & 7 \end{bmatrix}$。

[3-10]　假设图示均匀简支梁的截面抗弯刚度为 EI，梁本身质量可略去不计，求系统的柔度矩阵。

答：$[R] = \dfrac{l^3}{3888EI} \begin{bmatrix} 25 & 39 & 17 \\ 39 & 81 & 39 \\ 17 & 39 & 25 \end{bmatrix}$。

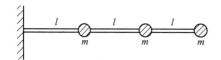

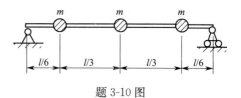

题 3-9 图
题 3-10 图

[3-11]　求图示系统的微振动方程。

答：$[M] = \begin{bmatrix} m_1 & 0 & 0 \\ 0 & m_2 & 0 \\ 0 & 0 & m_3 \end{bmatrix}$，$[K] = \begin{bmatrix} 2k & -k & 0 \\ -k & 6k & -k \\ 0 & -k & 2k \end{bmatrix}$。

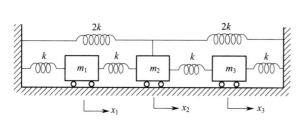

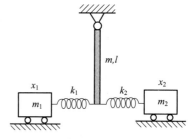

题 3-11 图
题 3-12 图

[3-12]　图示系统，长为 l 的均质杆质量为 m。求微振动方程。

答：设广义坐标 x_1、x_2 向右为正，杆的转角逆时针为正。

$$\begin{cases} m_1\ddot{x}_1 = -k_1(x_1 - \theta l) \\ \dfrac{1}{3}ml^2\ddot{\theta} = k_1(x_1 - \theta l)l + k_2(x_2 - \theta l)l - mg\,\dfrac{l}{2}\sin\theta \\ m_2\ddot{x}_2 = -k_2(x_2 - \theta l) \end{cases}$$

[3-13]　如图所示 n 自由度系统，试证明刚度矩阵为沿对角线的三对角带状矩阵。

【提示：可用牛顿定律写出运动方程或能量法求出动能和势能。】

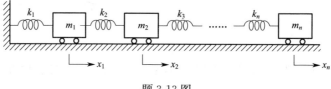

题 3-13 图

[3-14]　不计刚杆的质量，试求图示系统的固有频率。

答：$\omega_1 = \sqrt{\dfrac{9-\sqrt{67}}{8}}\sqrt{\dfrac{k}{m}} = 0.319\sqrt{\dfrac{k}{m}}$，$\omega_2 = \sqrt{\dfrac{9+\sqrt{67}}{8}}\sqrt{\dfrac{k}{m}} = 1.466\sqrt{\dfrac{k}{m}}$。

[3-15]　求图所示系统的固有频率方程。

答：$\omega^4 - \dfrac{kl+g\ (M+m)}{Ml}\omega^2 + \dfrac{kg}{Ml} = 0$。

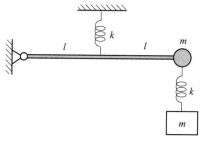

题 3-14 图

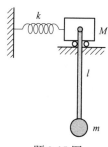

题 3-15 图

[3-16] 质量均为 m 的两个球系于具有很高张力 T 的弦上，两球之间的距离以及到张拉支撑点的距离均为 L，求系统的固有频率。

答：$\omega_1 = \sqrt{\dfrac{T}{mL}}$，$\omega_2 = \sqrt{\dfrac{3T}{mL}}$。

[3-17] 求图示系统的固有频率方程。

答：$\omega^4 - \dfrac{2kl+mg}{ml}\omega^2 + \dfrac{kg}{ml} = 0$。

[3-18] 求图示系统的固有频率。

答：$\omega_1 = \sqrt{\dfrac{k}{3m}}$，$\omega_2 = \sqrt{\dfrac{k}{m}}$。

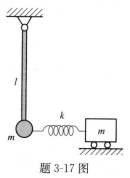

题 3-17 图

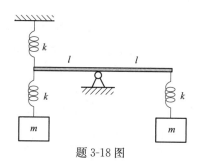

题 3-18 图

[3-19] 图示系统，三个弹簧处于水平和铅垂位置，求固有频率。

答：$\omega_1 = \sqrt{\dfrac{k}{m}}$，$\omega_2 = \sqrt{\dfrac{2k}{m}}$。

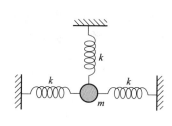

题 3-19 图

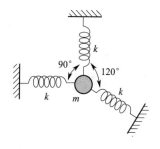

题 3-20 图

[3-20]　图示系统在水平面内自由运动，求固有频率和振型。

答：$\omega_1 = \sqrt{\dfrac{k}{m}}$，$\omega_2 = \sqrt{\dfrac{2k}{m}}$，$\{u^{(1)}\} = \{0 \quad \dfrac{\sqrt{3}}{3}\}^{\mathrm{T}}$，$\{u^{(2)}\} = \{1 \quad -\sqrt{3}\}^{\mathrm{T}}$。

[3-21]　图示振动模型，杆重量 4000kg，绕重心 G 的回转半径为 2 m，$l_1 = 2$m，$l_2 = 3$m，$k_1 = 25$kN/m，$k_2 = 27$kN/m，求系统的固有频率。

答：$\omega_1 = 3.39$rad/s，$\omega_2 = 4.79$rad/s。

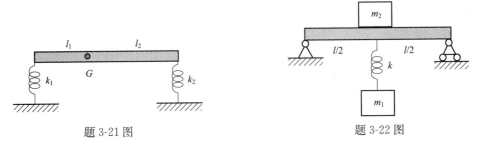

题 3-21 图　　　　　　　　　　　　　　题 3-22 图

[3-22]　图示系统，梁的抗弯刚度为 EI，不计质量。求固有频率方程。

答：$\omega^4 - \left(\dfrac{k_2 + k}{m_2} + \dfrac{k}{m_1}\right)\omega^2 + \dfrac{kk_2}{m_1 m_2} = 0$，其中 $k_2 = \dfrac{48EI}{l^3}$。

[3-23]　图示系统，两个质量均为 m 长度均为 l 的摆，可绕水平轴自由摆动，两摆用一扭转刚度为 k 的橡皮管连接，试列出摆动的微分方程，并求其固有频率。

答：$\omega_1 = \sqrt{\dfrac{g}{l}}$，$\omega_2 = \sqrt{\dfrac{g}{l} + \dfrac{2k}{ml^2}}$。

[3-24]　试求图示两个物体振动的固有频率和振型。设 $m_1 = m$，$k_1 = k$，滑轮、弹簧与软绳的质量以及阻力均忽略不计，设在平衡位置时，左边物体突然受到撞击，有向下的速度 v_0，试求此后的运动方程。

答：方程 $\begin{bmatrix} m & 0 \\ 0 & m \end{bmatrix} \begin{Bmatrix} \ddot{x} \\ \ddot{x}_1 \end{Bmatrix} + \begin{bmatrix} 2k & -k \\ -k & k \end{bmatrix} \begin{Bmatrix} x \\ x_1 \end{Bmatrix} = \begin{Bmatrix} 0 \\ 0 \end{Bmatrix}$；

固有频率 $\omega_1^2 = 0.382\dfrac{k}{m}$，$\omega_2^2 = 2.618\dfrac{k}{m}$，振型 $\{u_1\} = \begin{Bmatrix} 1 \\ 1.618 \end{Bmatrix}$，$\{u_2\} = \begin{Bmatrix} 1 \\ -0.618 \end{Bmatrix}$；

响应 $x = 0.724 v_0 \sqrt{\dfrac{m}{k}} \sin\omega_1 t - 0.276 v_0 \sqrt{\dfrac{m}{k}} \sin\omega_2 t$，

$x_1 = 1.171 v_0 \sqrt{\dfrac{m}{k}} \sin\omega_1 t + 0.171 v_0 \sqrt{\dfrac{m}{k}} \sin\omega_2 t$。

[3-25]　图示系统，质量为 m_2 的物块从高 h 处自由落下，然后与弹簧质量系统一起做自由振动，已知 $m_1 = m_2 = m$，$k_1 = k_2 = k$，$h = 100mg/k$，求系统的振动响应。

答：以静平衡位置为坐标原点。初始条件为：

$x_{01} = -\dfrac{m_2 g}{k_1}$，$x_{02} = -\dfrac{m_2 g}{k_1} - \dfrac{m_2 g}{k_2}$，$\dot{x}_{01} = 0$，$\dot{x}_{02} = \sqrt{2gh}$

$\omega_1 = 0.618\sqrt{\dfrac{k}{m}}$，$\omega_2 = 1.618\sqrt{\dfrac{k}{m}}$

$$\{x\} = \begin{Bmatrix} x_1 \\ x_2 \end{Bmatrix} = \begin{Bmatrix} 1 \\ 1.618 \end{Bmatrix} \frac{mg}{k} \ (-1.171\cos\omega_1 t + 10.233\sin\omega_1 t)$$

$$+ \begin{Bmatrix} 1 \\ -0.618 \end{Bmatrix} \frac{mg}{k} \ (0.171\cos\omega_2 t - 3.908\sin\omega_2 t)$$

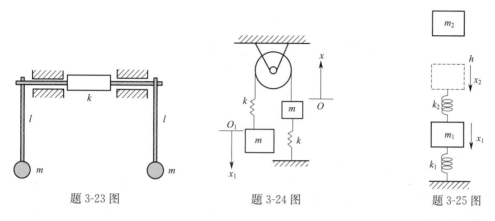

题 3-23 图　　　　　　题 3-24 图　　　　　　题 3-25 图

[3-26]　求图示系统的运动方程 $x_1(t)$ 和 $x_2(t)$。设初始条件为零，m_1 上作用 $5\delta(t)$，其中 $\delta(t)$ 是单位脉冲。

[3-27]　图示系统，质量为 m 的物块处于光滑水平面上，通过刚度为 k 的弹簧与质量为 M、长度为 L 的刚杆连接，杆的质心位置在 G，距 O 的距离为 a。求系统的响应。

答：$\begin{Bmatrix} x \\ \varphi \end{Bmatrix} = \begin{Bmatrix} X \\ \Phi \end{Bmatrix} \sin\omega t = \begin{Bmatrix} \dfrac{F_0(kL^2 + Mga - J\omega^2)}{mJ\omega^4 - (kJ + mkL^2 + mMga)\omega^2 + kMga} \\[4mm] \dfrac{F_0 kL}{mJ\omega^4 - (kJ + mkL^2 + mMga)\omega^2 + kMga} \end{Bmatrix} \sin\omega t$。

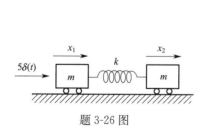

题 3-26 图

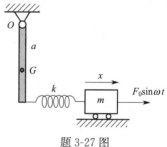

题 3-27 图

[3-28]　题 3-23 图所示系统中，若 $mg = 17\text{N}$，$l = 50\text{cm}$，$k = 22\text{N} \cdot \text{cm/rad}$，初始条件 $\theta_{10} = 0$，$\theta_{20} = \theta_0$，$\dot\theta_{10} = \dot\theta_{20} = 0$，并系统的运动规律和"拍"的周期。

答：55s。

[3-29]　试从矩阵方程 $[K]\{u^{(j)}\} = \omega_j^2 [M]\{u^{(j)}\}$ 出发，左乘 $[K][M]^{-1}$，利用正交关系证明：$\{u^{(i)}\}^{\text{T}} ([K][M]^{-1})^h [K]\{u^{(j)}\} = 0$，$\{u^{(i)}\}^{\text{T}} ([M][K]^{-1})^h [M]\{u^{(j)}\} = 0$（$h = 1, 2, \cdots, n$）。

[3-30]　设 $[u]$、$[u_N]$ 分别为主振型和正则振型矩阵，$[M]$、$[M_i]$ 分别为质量和主质量矩阵，试证明：$[u_N]^{-1} = [u_N]^{\text{T}}[M]$，$[u]^{-1} = [M_i]^{-1}[u]^{\text{T}}[M]$。

[3-31]　图示系统中，激振力 $F_0\sin\omega t$ 加在中间质量上，求稳态响应。

答：$\begin{Bmatrix} x_1 \\ x_2 \\ x_3 \end{Bmatrix} = \dfrac{F_0 k}{m^2 \omega^4 - 4km\omega^2 + 2k^2} \begin{Bmatrix} 1 \\ 0 \\ 1 \end{Bmatrix} \sin\omega t$。

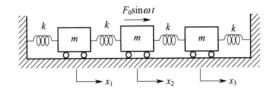

题 3-31 图

[3-32]　图示系统，两根弹簧支撑的刚性均质杆，质量均为 m，在 B 点用铰链连接，若选 B 点的铅垂位移 y 和两杆绕 B 点的转角 θ_1 和 θ_2 为广义坐标，（1）求系统的固有频率和固有振型；（2）若初始条件为 $y_{01} = y_0$，$\theta_{02} = \theta_{03} = 0$，$\dot{y}_{01} = \dot{\theta}_{02} = \dot{\theta}_{03} = 0$，$l = 3\text{m}$，求初始激励的自由振动响应；（3）若最右端弹簧下面支撑点以 $y_g = d\sin\omega t$ 运动，求稳态响应。

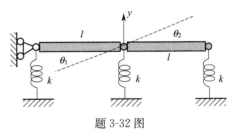

题 3-32 图

答：（1）$\omega_1^2 = (3-\sqrt{3})\dfrac{k}{m}$，$\omega_2^2 = 3\dfrac{k}{m}$，$\omega_3^2 = (3+\sqrt{3})\dfrac{k}{m}$，

$$[u] = \begin{bmatrix} 1 & 0 & 1 \\ \dfrac{3-\sqrt{3}}{2l} & 1 & \dfrac{3+\sqrt{3}}{2l} \\ -\dfrac{3-\sqrt{3}}{2l} & 1 & -\dfrac{3+\sqrt{3}}{2l} \end{bmatrix}$$。

（2）$\begin{Bmatrix} y \\ \theta_1 \\ \theta_2 \end{Bmatrix} = y_0 \begin{Bmatrix} \dfrac{1+\sqrt{3}}{2}\cos\omega_1 t + \dfrac{1-\sqrt{3}}{2}\cos\omega_3 t \\ \dfrac{\sqrt{3}}{2l}\cos\omega_1 t - \dfrac{\sqrt{3}}{2l}\cos\omega_3 t \\ -\dfrac{\sqrt{3}}{2l}\cos\omega_1 t + \dfrac{\sqrt{3}}{2l}\cos\omega_3 t \end{Bmatrix}$。

（3）$\begin{Bmatrix} y \\ \theta_1 \\ \theta_2 \end{Bmatrix} = d \begin{bmatrix} 1 & 0 & 1 \\ \dfrac{3-\sqrt{3}}{2l} & \dfrac{\sqrt{3}}{\sqrt{2}l} & \dfrac{3+\sqrt{3}}{2l} \\ \dfrac{3-\sqrt{3}}{2l} & \dfrac{\sqrt{3}}{\sqrt{2}l} & -\dfrac{3+\sqrt{3}}{2l} \end{bmatrix} \begin{Bmatrix} 0.289 / \left[1 - \left(\dfrac{\omega}{\omega_1}\right)^2\right] \\ 1/\sqrt{6}\left[1 - \left(\dfrac{\omega}{\omega_2}\right)^2\right] \\ -0.289 / \left[1 - \left(\dfrac{\omega}{\omega_3}\right)^2\right] \end{Bmatrix}$。

[3-33]　图示系统中，若初始条件为 $x_{01} = x_{02} = x_{03} = x_0$，$\dot{x}_{01} = \dot{x}_{02} = \dot{x}_{03} = 0$。求初始激励的自由振动响应。

答：$\begin{Bmatrix} \theta_1 \\ \theta_2 \\ \theta_3 \end{Bmatrix} = x_0 \begin{bmatrix} 0.802 & 0.147 & 0.053 \\ 1.036 & 0.051 & -0.087 \\ 1.306 & -0.349 & 0.041 \end{bmatrix} \begin{Bmatrix} \cos\omega_1 t \\ \cos\omega_2 t \\ \cos\omega_3 t \end{Bmatrix}$

[3-34] 一机车简化为图示系统，当在动力不平顺的轨道上行使时产生上下振动，设不平顺度可用 $x_s = a\sin\omega t$ 表示，问当 ω 为基频的 0.707 倍时，车体的振幅为 a 的多少倍。已知 $W_1 = 44100\text{N}$，$W_2 = 441000\text{N}$，$k_1 = 1.683 \times 10^7 \text{N/m}$，$k_2 = 3.136 \times 10^8 \text{N/m}$。

答：车体振幅为 a 的 2.043 倍。

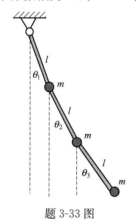

题 3-33 图

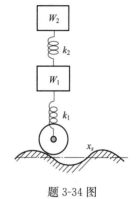

题 3-34 图

第4章 连续系统的振动

本章研究理想连续系统或称理想弹性体的振动问题，以此作为建立连续系统振动理论的前提。所谓理想弹性体是指满足：（1）材料是均匀连续的；（2）在所有情况下应力都不超过弹性极限，并服从**虎克定律**（Hooke's law）；（3）任一点的变形都是微小的并满足连续条件。

▉ 4.1 连续系统与离散系统的关系

连续系统可以看作是离散系统当自由度无限增加时的极限情形，这是两个既有联系而又有区别的振动问题。离散系统包含个别的、分离的、理想化的质量、刚度和阻尼，而连续系统具有分布质量、分布刚度和分布阻尼；离散系统在数学上表达为方程数目与自由度数相等的二阶常微分方程，而连续系统需要用时间和广义位移的函数来描述它的运动状态，因而它的运动方程是偏微分方程；前者的自由度是有限的，与之相对应的固有频率也是有限的，对应每一阶固有频率都有主振型，并由有限元素组成其特征向量，而后者对于任一固有频率也有一个振型，但用广义坐标的函数来表示。上述这些都是形式上的不同，在物理本质上并无区别。若把连续系统的质量分段凝缩到有限个点上，各点之间用弹性元件联结起来便成为离散系统，反之，离散系统的质点趋于无限多的极限情况就是连续系统。它们之间具有相同的动力特性，可以说离散系统是连续系统的近似描述。

为考察连续系统和离散系统的关系，作为例子，我们来研究直杆的纵向振动。

如图 4-1(a) 所示，沿杆轴向建立 x 轴。设杆的弹性模量为 E，横截面积为 $A(x)$，质量密度为 $\rho(x)$，单位长度的轴向干扰力为 $f(x,t)$，截面的轴向位移为 $u(x,t)$。

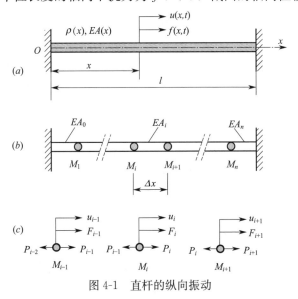

图 4-1　直杆的纵向振动

再考虑图 4-1(b) 所示的离散系统，各集中质量用无质量的等截面弹性杆相连。设相邻的集中质量之间的距离均为 Δx，集中质量 $M_i = \rho(x_i)A(x_i)\Delta x$，作用在 M_i 上的轴向力 $F_i = f(x_i,t)\Delta x$，其中 x_i 为 M_i 的轴向坐标。典型的三个集中质量的分离体受力如图 4-1(c) 所示，M_i 的左、右弹性杆作用在 M_i 上的轴向力分别记作 P_{i-1}、P_i，对质量 M_i，应用牛顿第二定律得到

$$P_i - P_{i-1} + F_i = M_i \frac{\mathrm{d}^2 u_i}{\mathrm{d}t^2} \tag{4-1}$$

其中 u_i 代表 M_i 的轴向位移，它是时间 t 的函数。

根据虎克定律，弹性杆的轴向力可表示为

$$P_i = EA_i \frac{u_{i+1} - u_i}{\Delta x}, P_{i-1} = EA_{i-1} \frac{u_i - u_{i-1}}{\Delta x} \tag{4-2}$$

其中 EA_{i-1}、EA_i 分别是 M_i 的左边与右边弹性杆的轴向刚度。以式(4-2)代入方程(4-1)得到

$$EA_i \frac{u_{i+1} - u_i}{\Delta x} - EA_{i-1} \frac{u_i - u_{i-1}}{\Delta x} + F_i = M_i \frac{\mathrm{d}^2 u_i}{\mathrm{d}t^2} \tag{4-3}$$

经整理后便得到离散系统的运动微分方程

$$\frac{EA_i}{\Delta x} u_{i+1} - \left(\frac{EA_i}{\Delta x} + \frac{EA_{i-1}}{\Delta x}\right) u_i + \frac{EA_{i-1}}{\Delta x} u_{i-1} + F_i = M_i \frac{\mathrm{d}^2 u_i}{\mathrm{d}t^2} \quad (i=1,2,\cdots,n) \tag{4-4}$$

其中 $u_0(t)$、$u_{n+1}(t)$ 需视边界条件而定。对于图 4-1(b) 所示两端固定的情形，有

$$u_0(t) = u_{n+1}(t) = 0 \tag{4-5}$$

如果左端固定，右端自由，则

$$u_0(t) = 0, u_{n+1}(t) = u_n(t) \tag{4-6}$$

其中式(4-6)与 $P_n = 0$ 是等价的。要使常微分方程组 (4-4) 有确定的解答，尚需给出问题的初始条件，即给定当 $t=0$ 时的位移 u_i 与速度 $\frac{\mathrm{d}u_i}{\mathrm{d}t}$ $(i=1,2,\cdots,n)$ 的值。引入记号

$$\Delta u_i = u_{i+1} - u_i \quad (i=1,2,\cdots,n) \tag{4-7}$$

注意到方程(4-3)左边前两项代表从 M_i 的左边到右边轴向力的改变量，并记

$$\Delta\left(EA_i \frac{\Delta u_i}{\Delta x}\right) = EA_i \frac{\Delta u_i}{\Delta x} - EA_{i-1} \frac{\Delta u_{i-1}}{\Delta x} \tag{4-8}$$

则方程(4-3)可改写为

$$\Delta\left(EA_i \frac{\Delta u_i}{\Delta x}\right) + F_i = M_i \frac{\mathrm{d}^2 u_i}{\mathrm{d}t^2} \tag{4-9}$$

以 Δx 除上式的两端得到

$$\frac{\Delta}{\Delta x}\left(EA_i \frac{\Delta u_i}{\Delta x}\right) + f(x_i,t) = \rho(x_i)A_i \frac{\mathrm{d}^2 u_i}{\mathrm{d}t^2} \tag{4-10}$$

当两相邻集中质量之间的距离 Δx 趋于零时，方程(4-10)左端第一项的极限为

$$\lim_{\Delta x \to 0} \frac{\Delta}{\Delta x}\left(EA_i \frac{\Delta u_i}{\Delta x}\right) = \frac{\partial}{\partial x}\left(EA(x)\frac{\partial u}{\partial x}\right)\bigg|_{x=x_i} \tag{4-11}$$

在取极限的过程中，将 EA_i，u_i 视为连续函数 $EA(x)$、$\rho(x,t)$ 在 $x=x_i$ 处的值。当

$\Delta x \rightarrow 0$ 时，方程(4-10) 成为

$$\frac{\partial}{\partial x}\left(EA(x)\frac{\partial u(x,t)}{\partial x}\right)+f(x,t)=\rho(x)A(x)\frac{\partial^2 u(x,t)}{\partial t^2},0<x<l \qquad (4\text{-}12)$$

由于具有集中质量的离散点的数目无限增多时，x_i 可在区间（0，l）内取任意值，方程(4-12) 在 $x=x_i$ 上成立可代之以在区间（0，l）内任意一点成立。偏微分方程(4-12)是离散系统当自由度无限增多时的数学模型。

下一节我们将看到，关于杆的纵向振动，直接以连续系统建立的运动方程与方程(4-12) 完全相同。

从以上讨论我们看到，离散系统与连续系统作为同一物理系统的两种数学模型，二者之间存在着紧密的联系，并且连续系统的数学模型可以从相应的离散系统当自由度无限增多时的极限过程得到。以后我们还将发现，关于多自由度系统线性振动的一些重要性质，在连续系统的线性振动中均可以找到，且后者可以从前者通过极限过程的方法而得到证明。此外，求解多自由度系统线性振动问题的一些方法，还可以推广用来分析连续系统的线性振动。

然而必须指出，有些物理现象，例如弹性波的传播，只能用连续系统的模型才能清晰地描述。

■ 4.2 具有一维波动方程的振动系统

均质杆的纵向振动、圆轴的扭转振动和弦的横向振动等问题，运动形式虽然不同，但它们的振动微分方程却都具有相同的形式——**一维波动方程**（One-dimensional Wave Equation）。

4.2.1 杆的纵向振动

假设杆在振动过程中的横截面保持为平面，并沿杆的轴线作平移运动，忽略轴向应力所引起的横向位移对纵向振动的影响。

如图 4-2 所示，一长为 l 的弹性直杆，取轴向坐标 x，坐标原点在杆的左端，轴向振动位移用 u 表示。设杆的横截面积为 $A(x)$，材料弹性模量为 E，质量密度为 $\rho(x)$，轴向干扰力密度为 $f(x,t)$。

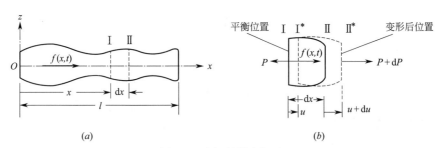

图 4-2 直杆的纵向振动

在 x 处取 $\mathrm{d}x$ 微段，横截面上的轴力为 P，受力如图 4-2(b)，由牛顿定律得

$$P+\frac{\partial P}{\partial x}\mathrm{d}x-P+f\mathrm{d}x=\rho A\mathrm{d}x\frac{\partial^2 u}{\partial t^2}$$

将材料力学中轴向力与轴向变形的关系式

$$P = EA \frac{\partial u}{\partial x} \qquad (4\text{-}13)$$

代入前式便得到杆的纵向强迫振动方程

$$\frac{\partial}{\partial x}\left(EA(x)\frac{\partial u(x,t)}{\partial x}\right) + f(x,t) = \rho(x)A(x)\frac{\partial^2 u(x,t)}{\partial t^2}, 0 < x < l \qquad (4\text{-}14)$$

和上一节用离散系统的极限情形建立的运动微分方程(4-12) 完全相同。

令方程(4-14) 中的 $f(x,t)$ 等于零，便得自由振动方程

$$\frac{\partial}{\partial x}\left(EA(x)\frac{\partial u(x,t)}{\partial x}\right) = \rho(x)A(x)\frac{\partial^2 u(x,t)}{\partial t^2}, 0 < x < l \qquad (4\text{-}15)$$

对于变截面杆或质量分布不均匀的杆，要想获得上述问题封闭形式的精确解是极其困难的。对于等截面均匀杆，自由振动方程(4-15) 简化为

$$\frac{\partial^2 u(x,t)}{\partial x^2} = \frac{1}{a^2}\frac{\partial^2 u(x,t)}{\partial t^2}, 0 < x < l \qquad (4\text{-}16)$$

其中

$$a = \sqrt{\frac{E}{\rho}} \qquad (4\text{-}17)$$

方程(4-16) 为一维波动方程，a 的量纲与速度的量纲相同，是声波以杆的材料为介质的纵向传播速率。

4.2.2 圆轴的扭转振动

假设圆轴扭转振动过程中的横截面保持为平面，以截面的扭转角 θ 作为广义坐标。设 M_t 为横截面上的扭矩，J 为单位长度的圆轴对轴线的转动惯量，G 为材料的剪切弹性模量，J_P 为横截面对扭转中心的极惯性矩，$M(x,t)$ 为单位长度圆轴所受的外力偶矩。在坐标 x 处取 dx 微段，受力如图 4-3(b) 所示。

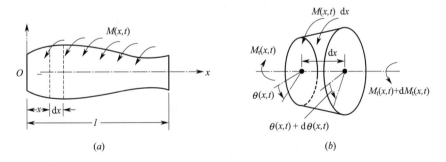

图 4-3　圆轴的扭转振动

根据定轴转动微分方程得

$$J\,dx\,\frac{\partial^2 \theta}{\partial t^2} = M_t + dM_t - M_t + M\,dx = \frac{\partial M_t}{\partial x}dx + M\,dx$$

将材料力学中扭矩 M_t 与扭转角 θ 之间的关系

$$M_t = GJ_P \frac{\partial \theta}{\partial x} \qquad (4\text{-}18)$$

代入前式即得圆轴的扭转振动方程

$$\frac{\partial}{\partial x}\left(GJ_P(x)\frac{\partial\theta(x,t)}{\partial x}\right)+M(x,t)=J(x)\frac{\partial^2\theta(x,t)}{\partial t^2},0<x<l \qquad (4-19)$$

对于等截面轴，GJ_P 与 J 均为常量，方程(4-19) 可写成

$$GJ_P\frac{\partial^2\theta(x,t)}{\partial^2 x}+M(x,t)=J(x)\frac{\partial^2\theta(x,t)}{\partial t^2},0<x<l \qquad (4-20)$$

自由振动时

$$\frac{\partial^2\theta(x,t)}{\partial x^2}=\frac{1}{b^2}\frac{\partial^2\theta(x,t)}{\partial t^2},0<x<l \qquad (4-21)$$

其中

$$b=\sqrt{\frac{GJ_P}{J}}=\sqrt{\frac{G}{\rho}} \qquad (4-22)$$

方程(4-22)与杆的纵向振动方程(4-16) 一样，为一维波动方程，b 是扭转波的传播速率。

4.2.3 弦的横向振动

设弦的长度为 l，质量密度为 ρ，横截面积为 A，张力为 T。以变形前弦的方向为 x 轴，横向振动位移为 $u(x,t)$。对于图 4-4 所示长度为 $\mathrm{d}x$ 的微元体有

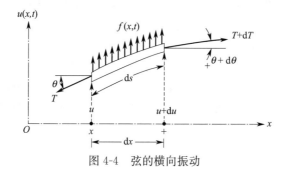

图 4-4　弦的横向振动

$$(T+\mathrm{d}T)\sin(\theta+\mathrm{d}\theta)-T\sin\theta+f\mathrm{d}x=\rho A\mathrm{d}x\frac{\partial^2 u}{\partial t^2}$$

微振动时

$$\mathrm{d}T=\frac{\partial T}{\partial x}\mathrm{d}x,\sin\theta\approx\tan\theta=\frac{\partial u}{\partial x}$$

$$\sin(\theta+\mathrm{d}\theta)\approx\sin\theta+\frac{\partial\theta}{\partial x}\mathrm{d}x\cos\theta=\frac{\partial u}{\partial x}+\frac{\partial^2 u}{\partial x^2}\mathrm{d}x$$

代入前式，忽略高阶微量得

$$\frac{\partial}{\partial x}\left[T\frac{\partial u(x,t)}{\partial x}\right]+f(x,t)=\rho(x)A(x)\frac{\partial^2 u(x,t)}{\partial t^2},0<x<l \qquad (4-23)$$

如果弦是均匀的，且张力 T 为常量，则式(4-23) 可简化为

$$T\frac{\partial^2 u(x,t)}{\partial x^2}+f(x,t)=\rho A\frac{\partial^2 u(x,t)}{\partial t^2},0<x<l \qquad (4-24)$$

如果外干扰力 $f(x,t)$ 为零，则得自由振动方程

$$\frac{\partial^2 u(x,t)}{\partial x^2}=\frac{1}{c^2}\frac{\partial^2 u(x,t)}{\partial t^2},0<x<l \qquad (4-25)$$

其中

$$c=\sqrt{\frac{T}{\rho A}} \tag{4-26}$$

方程(4-25)也和杆的纵向振动方程(4-16)一样，为一维波动方程。

4.2.4 一维波动方程的解

在上章里我们知道，多自由度系统的固有振动，各广义位移均随时间同步变化，同时通过平衡位置，同时达到最大值，振动形态不依赖于时间。离散系统的这一性质，启发我们去寻求自由振动方程(4-15)的**分离变量**（Variable Separation）形式的解。

下面以杆的纵向振动为例讨论一维波动方程的分离变量解。假设

$$u(x,t)=U(x)q(t) \tag{4-27}$$

将上式代入（4-15），可得到

$$\frac{1}{\rho(x)A(x)U(x)}\frac{\mathrm{d}}{\mathrm{d}x}\Big(EA(x)\frac{\mathrm{d}U(x)}{\mathrm{d}x}\Big)=\frac{1}{q(t)}\frac{\mathrm{d}^2q(t)}{\mathrm{d}t^2} \tag{4-28}$$

上式左端只依赖于空间变量，而右端仅依赖于时间。因此，只可能等式两边均等于同一常数，此常数记作$-\omega^2$，于是得到如下两个方程

$$\frac{\mathrm{d}^2q(t)}{\mathrm{d}t^2}+\omega^2q(t)=0 \tag{4-29}$$

$$-\frac{\mathrm{d}}{\mathrm{d}x}\Big(EA(x)\frac{\mathrm{d}U(x)}{\mathrm{d}x}\Big)=\omega^2\rho(x)A(x)U(x) \tag{4-30}$$

这里必须指出，式(4-28)两端只有等于一个负常数时，才能得到具有振动特征的非零解。

从方程(4-29)可以得到

$$q(t)=D_1\cos\omega t+D_2\sin\omega t \tag{4-31}$$

或

$$q(t)=D\sin(\omega t+\varphi) \tag{4-32}$$

式中的常数D_1、D_2、D、φ由初始条件确定。

将式(4-32)代入（4-27），并把任意常数合并到函数$U(x)$中，式(4-27)可写为

$$u(x,t)=U(x)\sin(\omega t+\varphi) \tag{4-33}$$

在形如上式的解中，$U(x)$称为系统的**固有振型或振型函数**（Mode Function），ω称为系统的**固有频率**。而$U(x)$与ω必须满足方程(4-30)及相应的**边界条件**（Boundary Condition），因此称方程(4-30)为**特征方程**（Characteristic Equation），其特征值等于系统固有频率的平方，特征函数就是固有振型。

对于等截面均匀杆的波动方程(4-16)，特征方程(4-30)相应地简化为

$$-\frac{\mathrm{d}^2U(x)}{\mathrm{d}x^2}=\frac{\omega^2}{a^2}U(x),0<x<l \tag{4-34}$$

其通解为

$$U(x)=C_1\cos\frac{\omega}{a}x+C_2\sin\frac{\omega}{a}x \tag{4-35}$$

式中常数C_1与C_2的比值及固有频率ω由边界条件确定。

对于圆轴的扭转振动和弦的横向振动，上面式(4-35)中的a换成式(4-22)和式(4-

26）的 b 和 c 即可。

运动微分方程与相应的边界条件，确定了它们所描述的连续系统的固有频率与固有振型。下面给出前面三种振动系统的简单边界条件，以左端 $x=0$ 为例：

固定边界：位移等于零，边界条件为

$$u(0,t)=0 \text{ 或 } \theta(0,t)=0 \tag{4-36}$$

自由边界（完全自由或只在振动方向自由）：内力（或振动方向内力分量）等于零，利用内力与变形的关系式(4-13)、式(4-18)可得边界条件

$$\left.\frac{\partial u(x,t)}{\partial x}\right|_{x=0}=0 \text{ 或 } \left.\frac{\partial \theta(x,t)}{\partial x}\right|_{x=0}=0 \tag{4-37}$$

至于其他较复杂的边界条件，可利用截面法，研究分离体的动平衡得到，将在后面例题中加以阐述。由于方程(4-34)与边界条件均是齐次的，固有振型 $U(x)$ 有一个常数因子不能确定，这和多自由度系统的情形一样。

如果要计算系统的响应（见后面 4.7 节），还必须给定如下形式的初始条件

$$u(x,0)=u_0(x), \left.\frac{\partial u(x,t)}{\partial t}\right|_{t=0}=\dot{u}_0(x) \tag{4-38}$$

上式右端分别是已知的初始位移与初始速度（对于扭转振动将 u 变为 θ 即可）。

【例 4-1】 求长为 l 的均匀杆两端固定时的纵向振动固有频率与固有振型。

解： 由式(4-33)、式(4-36)知两端固定杆的边界条件为 $U(0)=U(l)=0$，代入式(4-35)得到 $C_1=0$，$C_2\sin\frac{\omega l}{a}=0$，若 $C_2=0$，将得到平凡解，应该舍弃。因此，必须满足

$$\sin\frac{\omega l}{a}=0$$

上式称为**频率方程**。由此可以解得系统无穷多个可数的固有频率

$$\omega_i=\frac{i\pi a}{l}=\frac{i\pi}{l}\sqrt{\frac{E}{\rho}}, (i=1,2,\cdots)$$

以上述结果代入式(4-35)，得到与 ω_i 对应的固有振型

$$U_i(x)=C_i\sin\frac{i\pi x}{l}, (i=1,2,\cdots)$$

前面已经提到，固有振型带有一个不能确定的常数因子，即式中的 C_i，它可以按照某种正规化条件加以确定（见后面 4.6 节）。

最低的固有频率 ω_1 称为系统的**基本频率**（Fundamental Frequency），相应的振型称为**基本振型**（Fundamental Vibration Mode）。

从固有振型的表达式可以看出，在 $x=\frac{jl}{i}$ （$j=1, 2, \cdots, i-1$）的点上 $U_i(x)=0$，系统作固有振动时，这些点是不动的，这样的点称为**节点**（Node）。第 i 阶固有振动具有 $i-1$ 个节点，这是带有普遍性的规律。

【例 4-2】 求长为 l，两端自由的均匀杆纵向振动的固有频率与固有振型。

解： 由式(4-33)、式(4-37)知两端自由杆的边界条件为 $\left.\frac{dU(x)}{dx}\right|_{x=0}=\left.\frac{dU(x)}{dx}\right|_{x=l}=0$，代入式(4-35)得到 $C_2\frac{\omega}{a}=0$，$C_1\frac{\omega}{a}\sin\frac{\omega l}{a}=0$，在 C_1、C_2 不全为零的前提下，上式等价

于 $C_2=0$ 和频率方程 $\sin\dfrac{\omega l}{a}=0$；

与上例的频率方程相同，但两者的解略有不同。固有频率为

$$\omega_i=\frac{i\pi a}{l}=\frac{i\pi}{l}\sqrt{\frac{E}{\rho}} \ ,(i=0,1,2,\cdots)$$

其中 $i=0$ 对应的振型 $U_0(x)=C$，它代表杆沿轴向的刚体平动，称为**刚体振型**（Rigid Body Mode）。当系统的刚体位移不受约束时，其频率方程均包含零根。与 $\omega_i(i=1,2,\cdots)$ 对应的固有振型为

$$U_i(x)=C_i\cos\frac{i\pi x}{l},(i=1,2,\cdots)$$

和【例 4-1】比较可以看到，尽管固有频率相同，固有振型却不同。两端自由杆振动的节点坐标 $x=\dfrac{2j-1}{2i}l$（$j=1$，2，$\cdots$，i），若将刚体振型计算在内，$U_i(x)$ 是第 $i+1$ 阶固有振型，仍符合节点数等于固有振动的阶数减 1。

【例 4-3】 左端固定，右端自由的均匀杆长度为 l，在自由端带有集中质量 M，试求该系统纵向振动的固有频率与固有振型。

解：固定端的边界条件为 $u(0,t)=0$。在自由端取微元体，根据其动平衡关系得到，杆端的轴向力等于质量的惯性力，由此可以导出自由端的边界条件：

$$EA\left.\frac{\partial u(x,t)}{\partial x}\right|_{x=l}=-M\left.\frac{\partial^2 u(x,t)}{\partial t^2}\right|_{x=l}$$

将式(4-27)和式(4-31)代入上面的边界条件，得到关于固有振型 U 的边界条件

$$U(0)=0,EA\left.\frac{\mathrm{d}U(x)}{\mathrm{d}x}\right|_{x=l}=M\omega^2 U(l)$$

代入式(4-35)得到 $C_1=0$ 及频率方程 $\xi\tan\xi=\eta$，其中 $\xi=\omega l\sqrt{\dfrac{\rho}{E}}$，$\eta=\dfrac{\rho Al}{M}$。

上述频率方程是超越方程，它的根必须用数值方法或查表得到。当依次计算出正根 ξ_i（$i=1$，2，$\cdots$）后，即可计算出固有频率和相应的固有振型

$$\omega_i=\frac{\xi_i}{l}\sqrt{\frac{E}{\rho}} \ ,U_i(x)=C_i\sin\frac{\xi_i x}{l} \quad (i=1,2,\cdots)$$

下面讨论两种极端情形。

(1) 当 $M\ll\rho Al$ 时，频率方程成为 $\tan\xi=\infty$，其正根为 $\xi_i=\dfrac{(2i-1)\pi}{2}$，（$i=1$，2，$\cdots$），固有频率与相应的固有振型为

$$\omega_i=\frac{(2i-1)\pi}{2l}\sqrt{\frac{E}{\rho}} \ ,U_i(x)=C_i\sin\frac{(2i-1)\pi x}{2l} \ ,(i=1,2,\cdots)$$

上式表达了左瑞固定右端自由均匀杆的固有频率与固有振型。

(2) 当 $\rho Al\ll M$ 时，η 值很小，频率方程的最小正根 ξ_1 也很小，$\tan\xi_1$ 可用 ξ_1 来代替。于是得到确定基本频率的近似方程 $\xi_1^2\approx\dfrac{\rho Al}{M}$，从而解得基本频率 $\omega_1\approx\sqrt{\dfrac{EA}{Ml}}$。

若不计杆的质量，杆可视为一个无质量的，刚度为 $\dfrac{EA}{l}$ 的弹簧，按单自由度系统计算得到的固有频率，正好和 $\rho Al \ll M$ 时的结果一致。

■ 4.3 梁的横向振动

这里仅限于讨论梁的平面弯曲振动，这种振动只有当梁存在主平面的情形才能发生，梁的纵向对称面，是最常见的主平面。

4.3.1 运动微分方程

在梁的主平面上取坐标如图 4-5(a)，x 轴与梁平衡时的轴线重合。假设梁在振动过程中，轴线上任一点的位移 $w(x,t)$ 均沿 z 轴方向，忽略剪切变形的影响，横截面始终保持为平面，并与运动的轴线保持垂直。这样，梁内任意一点的位移，均可用轴线的位移表达。当梁的跨度比横截面的高度大得多时，这种假设是正确的。

假设梁的长度为 l，横截面对中性轴的惯性矩为 I，材料的弹性模量为 E，质量密度为 ρ，单位长度梁上的横向干扰力为 $f(x,t)$，干扰力偶为 $m(x,t)$。

取长度为 $\mathrm{d}x$ 微段梁的分离体，以 M、Q 分别表示截面上的弯矩与剪力，受力如图 4-5(b)。当忽略微段梁转动惯量的影响时，沿 z 方向以及绕中心点转动的运动方程为

$$Q-(Q+\mathrm{d}Q)+f(x,t)\mathrm{d}x=\rho A(x)\mathrm{d}x\frac{\partial^2 w}{\partial t^2}$$

$$(M+\mathrm{d}M)-M+m(x,t)dx-(Q+Q+\mathrm{d}Q)\frac{\mathrm{d}x}{2}=0$$

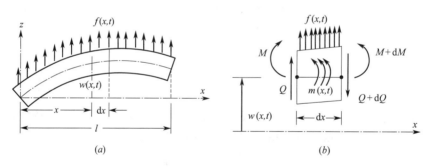

图 4-5 梁的横向振动

利用 $\mathrm{d}Q=\dfrac{\partial Q}{\partial x}\mathrm{d}x$，$\mathrm{d}M=\dfrac{\partial M}{\partial x}\mathrm{d}x$，略去高阶小量得到

$$f(x,t)-\rho A(x)\frac{\partial^2 w}{\partial t^2}=\frac{\partial Q}{\partial x},Q=m(x,t)+\frac{\partial M}{\partial x}$$

将材料力学内力与变形的关系

$$M=EI\frac{\partial^2 w}{\partial x^2} \tag{4-39}$$

代入前式得到梁的横向振动微分方程

$$\frac{\partial^2}{\partial x^2}\left[EI(x)\frac{\partial^2 w(x,t)}{\partial x^2}\right]+\rho(x)A(x)\frac{\partial^2 w(x,t)}{\partial t^2}=f(x,t)-\frac{\partial}{\partial x}m(x,t) \tag{4-40}$$

4.3.2 边界条件和初始条件

方程(4-40)包含对 x 的四阶偏导数，为使方程成为定解问题，梁的每一端必须给出两个边界条件。下面以左端（$x=0$）为例，列出几种典型的边界条件：

（1）固定端：挠度和横截面的转角均等于零

$$w(0,t)=0, \frac{\partial w(x,t)}{\partial x}\bigg|_{x=0}=0 \tag{4-41}$$

（2）简支端：挠度和弯矩均等于零

$$w(0,t)=0, EI(x)\frac{\partial^2 w(x,t)}{\partial x^2}\bigg|_{x=0}=0 \tag{4-42}$$

（3）自由端：弯矩和剪力均等于零

$$EI(x)\frac{\partial^2 w(x,t)}{\partial x^2}\bigg|_{x=0}=0, \frac{\partial}{\partial x}\left[EI(x)\frac{\partial^2 w(x,t)}{\partial x^2}\right]\bigg|_{x=0}=0 \tag{4-43}$$

其他复杂边界的情形，将在后面举例说明。

方程(4-40)除了给出边界条件外，还需要给定初始条件，才能使问题有唯一解。与式(4-38)类似，初始条件可表示为

$$w(x,0)=w_0(x), \frac{\partial w(x)}{\partial t}\bigg|_{t=0}=\dot{w}_0(x) \tag{4-44}$$

式中右端项分别为给定的初挠度与初速度。

4.3.3 自由振动的解

令方程(4-40)右端的干扰力等于零，得到梁的自由振动方程

$$\frac{\partial^2}{\partial x^2}\left[EI(x)\frac{\partial^2 w}{\partial x^2}\right]=-\rho(x)A(x)\frac{\partial^2 w}{\partial t^2}, 0<x<l \tag{4-45}$$

假定有分离变量形式的解存在

$$w(x,t)=W(x)q(t) \tag{4-46}$$

类似 4.2 节的讨论，$q(t)$ 的解为式(4-31)或式(4-32)，于是式(4-46)可表示为

$$w(x,t)=W(x)\sin(\omega t+\varphi) \tag{4-47}$$

上式代入方程(4-45)，便得到特征方程

$$\frac{d^2}{dx^2}\left(EI(x)\frac{d^2 W(x)}{dx^2}\right)=\rho(x)A(x)\omega^2 W(x), 0<x<l \tag{4-48}$$

特征方程(4-48)是变系数微分方程，除了少数特殊情形外，一般不能得到封闭形式的解，只能用近似方法去计算。对于均匀梁的振动，方程(4-45)简化为

$$\frac{\partial^4 w(x,t)}{\partial x^4}=-\frac{1}{a^2}\frac{\partial^2 w(x,t)}{\partial t^2}, 0<x<l \tag{4-49}$$

其中

$$a=\sqrt{\frac{EI}{\rho A}} \tag{4-50}$$

方程(4-48)简化为

$$\frac{d^4 W(x)}{dx^4}=\beta^4 W(x), 0<x<l \tag{4-51}$$

其中

$$\beta^4 = \frac{\omega^2}{a^2} \tag{4-52}$$

式(4-51)是四阶常系数线性常微分方程,设 $W = e^{\lambda x}$ 代入方程(4-51)后得到

$$\lambda^4 = \beta^4 \tag{4-53}$$

作为待定参数 λ 的四次代数方程,它有四个根,对应于方程(4-51)的四个独立特解为 $e^{\beta x}$,$e^{-\beta x}$,$e^{i\beta x}$,$e^{-i\beta x}$,它们构成方程的基础解系。为了应用方便,我们采用另一组等价的基础解系 $\sin\beta x$,$\cos\beta x$,$\sinh\beta x$,$\cosh\beta x$,因此方程(4-51)的通解可表示为

$$W(x) = C_1 \sin\beta x + C_2 \cos\beta x + C_3 \sinh\beta x + C_4 \cosh\beta x \tag{4-54}$$

其中 C_i($i = 1, 2, 3, 4$)为积分常数。由于特征方程与边界条件均是齐次的,特征函数包含一个任意常数因子,用四个边界条件只能确定四个积分常数之间的比值,但能导出频率方程,从而确定系统的固有频率。

【例 4-4】 求简支梁横向振动的固有频率与固有振型。

解: 由式(4-42)得到边界条件

$$W(0) = 0, \left. \frac{d^2 W}{dx^2} \right|_{x=0} = 0, W(l) = 0, \left. \frac{d^2 W}{dx^2} \right|_{x=l} = 0$$

以通解(4-54)代入得到 $C_2 = C_3 = C_4 = 0$,及频率方程 $\sin\beta l = 0$,频率方程的正根为 $\beta_i = \frac{i\pi}{l}$,($i = 1, 2, \cdots$),代入式(4-52)可得固有频率

$$\omega_i = \beta_i^2 a = \frac{i^2 \pi^2}{l^2} \sqrt{\frac{EI}{\rho A}} \quad (i = 1, 2, \cdots) \tag{4-55}$$

固有振型

$$W_i(x) = C_i \sin\frac{i\pi x}{l} \quad (i = 1, 2, \cdots) \tag{4-56}$$

从式(4-56)可以看出,第 i 阶固有振型有 $i-1$ 个节点,节点的坐标为

$$x_k = \frac{k}{i} l \quad (k = 1, 2, \cdots, i-1) \tag{4-57}$$

从式(4-57)易知,两相邻节点间的距离(半波长)等于 l/i,随着阶数的增高,半波长越来越小。因此,对于高阶固有振动,固有频率的表达式(4-55)必须用更精确的理论加以修正。

【例 4-5】 求两端固定的均匀梁横向振动的固有频率与固有振型。

解: 由式(4-41)得到两端固定梁的边界条件

$$W(0) = 0, \left. \frac{dW}{dx} \right|_{x=0} = 0, W(l) = 0, \left. \frac{dW}{dx} \right|_{x=l} = 0$$

以通解(4-54)代入边界条件得到频率方程

$\sin^2\beta l - \sinh^2\beta l + (\cos\beta l - \cosh\beta l)^2 = 0$,化简后得到 $\cos\beta l \cosh\beta l = 1$,用数值方法求得频率方程最小的5个正根为 $\beta l = 4.730, 7.853, 10.996, 14.137, 17.279$,固有频率和振型可表示为

$$\omega_i = \beta_i^2 a = \beta_i^2 \sqrt{\frac{EI}{\rho A}}$$

$$W_i(x)=C\left[\sin\beta_i x-\sinh\beta_i x-\frac{\sin\beta_i l-\sinh\beta_i l}{\cos\beta_i l-\cosh\beta_i l}(\cos\beta_i x-\cosh\beta_i x)\right]$$

【例 4-6】 求左端固定、右端用刚度为 k 的弹簧支承的均匀梁横向振动的频率方程。

解： 固定端的边界条件为 $W(0)=0$，$\left.\dfrac{dW}{dx}\right|_{x=0}=0$，弹性支承端的边界条件为弯矩为零以及弹性力等于截面剪力，即 $\left.\dfrac{d^2W}{dx^2}\right|_{x=l}=0$，$\left.EI\dfrac{d^3W}{dx^3}\right|_{x=l}=kW(l)$，用通解（4-54）代入边界条件，简化后得

$$c_1(\sin\beta l+\sinh\beta l)+C_2(\cos\beta l+\cosh\beta l)=0$$

$$C_1\left[(\beta l)^3(\cos\beta l+\cosh\beta l)+\frac{kl^3}{EI}(\sin\beta l-\sinh\beta l)\right]+$$

$$C_2\left[(\beta l)^3(\sinh\beta l-\sin\beta l)+\frac{kl^3}{EI}(\cos\beta l-\cosh\beta l)\right]=0$$

令以上两式的系数行列式等于零，整理后得到频率方程

$$\frac{kl^3}{EI}=-(\beta l)^3\frac{\cosh\beta l\cos\beta l+1}{\cosh\beta l\sin\beta l-\cos\beta l\sinh\beta l}$$

用数值方法求得其正根 $\beta_i(i=1,2,\cdots)$ 后，由式(4-52)计算固有频率。

考虑两种极端情形：

当 $k=0$ 时，频率方程简化为 $\cosh\beta l\cos\beta l+1=0$，为悬臂梁的频率方程。

当 $k\to\infty$ 时，频率方程为 $\cosh\beta l\sin\beta l-\cos\beta l\sinh\beta l=0$ 或 $\tan\beta l=\tanh\beta l$，为左端固定，右端简支梁的频率方程。

表 4-1 和表 4-2 列出了几种边界条件下梁的频率方程、振型函数和振型曲线。需要说明的是，振型函数可以是不同的表达形式。

几种不同边界条件下梁横向振动的频率方程 表 4-1

序号	结构形式	边界条件	频率方程	$\beta_n l$ 值
1	两端自由	$W''(0)=W'''(0)=0$ $W''(l)=W'''(l)=0$	$\cos\beta l\cosh\beta l=1$	$\beta_1 l=4.7300$ $\beta_2 l=7.8532$ $\beta_3 l=10.9956$ $\beta_4 l=14.1372$
2	两端固定	$W(0)=W'(0)=0$ $W(l)=W'(l)=0$	$\cos\beta l\cosh\beta l=1$	$\beta_1 l=4.7300$ $\beta_2 l=7.8532$ $\beta_3 l=10.9956$ $\beta_4 l=14.1372$
3	两端简支	$W(0)=W''(0)=0$ $W(l)=W''(l)=0$	$\sin\beta l=0$	$\beta_n l=n\pi$
4	左端固定 右端自由	$W(0)=W'(0)=0$ $W''(l)=W'''(l)=0$	$1+\cos\beta l\cosh\beta l=0$	$\beta_1 l=1.8751$ $\beta_2 l=4.6941$ $\beta_3 l=7.8548$ $\beta_4 l=10.9955$
5	左端固定 右端简支	$W(0)=W'(0)=0$ $W(l)=W''(l)=0$	$\tan\beta l-\tanh\beta l=0$	$\beta_1 l=3.9266$ $\beta_2 l=7.0686$ $\beta_3 l=10.2102$ $\beta_4 l=13.3518$

续表

序号	结构形式	边界条件	频率方程	$\beta_n l$ 值
6	左端自由 右端简支	$W''(0)=W'''(0)=0$ $W(l)=W''(l)=0$	$\tan\beta l - \tanh\beta l = 0$	$\beta_1 l = 3.9266$ $\beta_2 l = 7.0686$ $\beta_3 l = 10.2102$ $\beta_4 l = 13.3518$

几种不同边界条件下梁横向振动的振型函数和主振型　　　　表 4-2

序号	结构形式	振型函数 $(\beta=\beta_i)$	主振型 $(i=1,2,3)$
1	两端自由	$\cosh\beta x + \cos\beta x - \dfrac{(\sinh\beta x + \sin\beta x)(\cosh\beta l - \cos\beta l)}{\sinh\beta l - \sin\beta l}$	
2	两端固定	$\cosh\beta x - \cos\beta x - \dfrac{(\sinh\beta x - \sin\beta x)(\cosh\beta l - \cos\beta l)}{\sinh\beta l - \sin\beta l}$	
3	两端简支	$\sin\beta x$	
4	左端固定 右端自由	$\cosh\beta x - \cos\beta x - \dfrac{(\sinh\beta x - \sin\beta x)(\cosh\beta l + \cos\beta l)}{\sinh\beta l + \sin\beta l}$	
5	左端固定 右端简支	$\cosh\beta x - \cos\beta x - (\sinh\beta x - \sin\beta x)\dfrac{\cosh\beta l}{\sinh\beta l}$	
6	左端自由 右端简支	$\cosh\beta x + \cos\beta x - (\sinh\beta x + \sin\beta x)\dfrac{\cosh\beta l}{\sinh\beta l}$	

4.3.4　剪切变形和转动惯量对梁振动的影响

前面所讨论的梁的振动问题是以简单梁为基础的，所得到的频率和振型函数随着解次的增高其准确性将下降。因此，当分析跨度短而截面高的梁，或者分析细长梁的高阶振型时，就必须考虑**剪切变形**（Shear Deformation）与**转动惯量**（Rotary Inertia）的影响。

在梁上取微元 $\mathrm{d}x$，如图 4-6 所示。该微元的变形考虑了弯矩和剪力的影响，忽略弯矩与剪力之间的相互影响。设弯矩 M 引起的转角为 θ，剪力 Q 引起的转角为 γ，由于剪力的影响，矩形微元变成了平行四边形，但横截面没有发生转动。则微元在弯矩与剪力共同作用下的转角 $\dfrac{\partial w}{\partial x}$、弯矩、剪力与 θ 之间的关系可以表示为

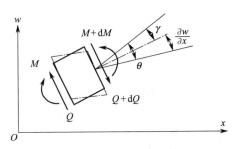

图 4-6　剪切和转动惯量的影响

$$\frac{\partial w}{\partial x} = \theta - \gamma = \theta - \frac{Q}{kAG} \tag{4-58}$$

$$EI\,\frac{\partial \theta}{\partial x} = M \tag{4-59}$$

式中 A 是横截面积，G 是**剪切弹性模量**（Shear Modulus），k 称为**铁摩辛剪切系数**（Timoshenko's Shear Coefficient），其值取决于横截面的形状，对于矩形截面 $k=5/6$，圆形截面 $k=9/10$。

微元 $\mathrm{d}x$ 的运动方程包括平动和转动两个方程。设梁的单位长的转动惯量为 J，由动力学定律可得

$$\rho A \mathrm{d}x \frac{\partial^2 w}{\partial t^2} = -\frac{\partial Q}{\partial x}\mathrm{d}x \tag{4-60}$$

$$J \mathrm{d}x \frac{\partial^2 \theta}{\partial t^2} = \frac{\partial M}{\partial x}\mathrm{d}x - Q\mathrm{d}x \tag{4-61}$$

将式(4-58)、式(4-59) 代入式(4-60) 和式(4-61) 得到

$$\rho A \frac{\partial^2 w}{\partial t^2} + \frac{\partial}{\partial x}\left[kAG(\theta - \frac{\partial w}{\partial x})\right] = 0 \tag{4-62}$$

$$J \frac{\partial^2 \theta}{\partial t^2} + kAG(\theta - \frac{\partial w}{\partial x}) - \frac{\partial}{\partial x}(EI \frac{\partial \theta}{\partial x}) = 0 \tag{4-63}$$

对于均质等截面梁，从方程(4-62) 和方程(4-63) 中消去 θ 得到

$$EI \frac{\partial^4 w}{\partial x^4} + \rho A \frac{\partial^2 w}{\partial t^2} - \left(J + \frac{EI\rho A}{kAG}\right)\frac{\partial^4 w}{\partial x^2 \partial t^2} + \frac{\rho AJ}{kAG}\frac{\partial^4 w}{\partial t^4} = 0 \tag{4-64}$$

这就是均质等截面梁考虑剪切变形与转动惯量影响时的自由振动方程。

4.3.5 轴向载荷对梁振动的影响

横向振动的梁，如果受到**轴向载荷**（Axial Force）作用，则梁微元 $\mathrm{d}x$ 上的力除了弯矩 M 和剪力 Q 外，还有轴力 P，如图4-7所示。当梁有微小振动时假定 P 是常数，并且这里不考虑剪切变形和转动惯量的影响。微元的运动微分方程为

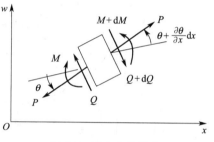

图 4-7　轴向力的影响

$$\rho A \frac{\partial^2 w}{\partial t^2}\mathrm{d}x = -\left(Q + \frac{\partial Q}{\partial x}\mathrm{d}x\right) + Q + P\left(\theta + \frac{\partial \theta}{\partial x}\mathrm{d}x\right) - P\theta$$

将 $\theta = \frac{\partial w}{\partial x}$，$Q = \frac{\partial M}{\partial x}$，$M = EI \frac{\partial^2 w}{\partial x^2}$ 等关系式代入上式，化简后即得到轴向力作用下梁自由振动的微分方程

$$\rho A \frac{\partial^2 w}{\partial t^2} = -\frac{\partial^2}{\partial x^2}\left(EI \frac{\partial^2 y}{\partial x^2}\right) + P \frac{\partial^2 y}{\partial x^2} \tag{4-65}$$

下面以等截面均匀简支梁为例，讨论轴向力对梁横向振动固有频率的影响。

对于简支梁可假设第 i 阶主振动为

$$w_i(x,t) = \sin \frac{i\pi}{l}x \sin(\omega_i t + \varphi_i) \tag{4-66}$$

代入式(4-65) 可得系统的频率方程为

$$\rho A\omega_i^2 - EI \left(\frac{i\pi}{l}\right)^4 - P \left(\frac{i\pi}{l}\right)^2 = 0 \tag{4-67}$$

求得固有频率

$$\omega_i = (\frac{i\pi}{l})^2 \sqrt{\frac{EI}{\rho A}} \left[1 + \frac{Pl^2}{(i\pi)^2 EI}\right] \tag{4-68}$$

与【例 4-4】讨论的简支梁固有频率式(4-55)相比，轴向拉力的作用使得系统固有频率有所提高，而且随着频率阶次的提高，这种影响将减小。这是由于轴向力的作用将使梁的挠度减小，相当于增加了梁的刚度。

■ 4.4 薄膜的振动

薄膜（Membrane）是一种受拉伸同时可忽略弯曲阻力的板。考虑图 4-8 所示在 xy 平面内边界曲线为 S 的薄膜。设 $f(x,y,z)$ 表示沿 z 方向作用的压力，P 表示在某点处张力的密度，等于拉压力与薄膜厚度的乘积，通常为常量。若考虑单元面积 $\mathrm{d}x\mathrm{d}y$，则作用在该单元与 y 轴和 z 轴平行的边上的力分别为 $P\mathrm{d}x$ 和 $P\mathrm{d}y$，如图 4-8 所示。

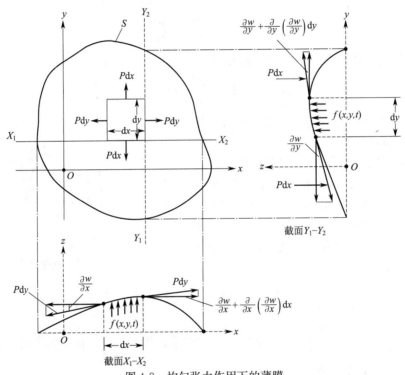

图 4-8 均匀张力作用下的薄膜

由于这些力的作用而引起的沿 z 方向的力分别为 $P\dfrac{\partial^2 w}{\partial y^2}\mathrm{d}x\mathrm{d}y$ 和 $P\dfrac{\partial^2 w}{\partial x^2}\mathrm{d}x\mathrm{d}y$，沿 z 方向的压力为 $f(x,y,z)\mathrm{d}x\mathrm{d}y$，惯性力为 $\rho(x,y)\dfrac{\partial^2 w}{\partial t^2}\mathrm{d}x\mathrm{d}y$，这里 $\rho(x,y)$ 为单位面积的质量。故薄膜横向强迫振动的运动微分方程为

$$P\left(\frac{\partial^2 w}{\partial x^2} + \frac{\partial^2 w}{\partial y^2}\right) + f = \rho\frac{\partial^2 w}{\partial t^2} \quad \text{或} \quad P\,\nabla^2 w + f = \rho\frac{\partial^2 w}{\partial t^2} \tag{4-69}$$

若外力为 0，即得自由振动方程

$$c^2\left(\frac{\partial^2 w}{\partial x^2} + \frac{\partial^2 w}{\partial y^2}\right) = \frac{\partial^2 w}{\partial t^2} \quad \text{或} \quad c^2\,\nabla^2 w = \frac{\partial^2 w}{\partial t^2} \tag{4-70}$$

其中

$$c = \sqrt{\frac{P}{\rho}} \tag{4-71}$$

$$\nabla^2 = \frac{\partial^2 w}{\partial x^2} + \frac{\partial^2 w}{\partial y^2} \tag{4-72}$$

式(4-72)为拉普拉斯算子。

由于运动方程(4-69)或方程(4-70)涉及关于t，x与y的二阶偏微分，所以需要确定两个初始条件与四个边界条件以得到方程的唯一解。通常薄膜的初始条件表示为

$$w(x,y,0) = w_0(x,y), \frac{\partial w}{\partial t}(x,y,0) = \dot{w}_0(x,y) \tag{4-73}$$

边界条件一般为如下形式：

（1）若薄膜在边界上的任一点（x_1，y_1）处固定，有

$$w(x_1, y_1, t) = 0, \quad t \geqslant 0 \tag{4-74}$$

（2）若薄膜在边界上的任一点（x_2，y_2）处沿z方向的横向变形是自由的，则沿z方向的力为零。于是有

$$P\frac{\partial w}{\partial n}(x_2, y_2, t) = 0, \quad t \geqslant 0 \tag{4-75}$$

这里n为点（x_2，y_2）处与边界垂直的方向。

求薄膜振动微分方程的解可参考有关文献。

【例4-7】 求沿x与y轴方向边长分别为a和b的矩形薄膜的自由振动解。

解： 采用分离变量法，假定w可表示为

$$w(x,y,t) = W(x,y)q(t)$$

代入式(4-70)可得

$$\frac{\mathrm{d}^2 X(x)}{\mathrm{d}x^2} + \alpha^2 X(x) = 0, \frac{\mathrm{d}^2 Y(x)}{\mathrm{d}y^2} + \beta^2 Y(y) = 0, \frac{\mathrm{d}^2 q(t)}{\mathrm{d}t^2} + \omega^2 q(t) = 0$$

其解为

$$X(x) = C_1\cos\alpha x + C_2\sin\alpha x, Y(y) = C_3\cos\beta y + C_4\sin\beta y$$

$$q(t) = A\cos\omega t + B\sin\omega t$$

其中α和β为常量，且$\beta^2 = \frac{\omega^2}{c^2} - \alpha^2$；常数$C_1 \sim C_4$、$A$和$B$可根据边界条件和初始条件确定。

4.5 薄板的振动

弹性薄板（Sheet）是指厚度比平面尺寸小得多的弹性体，与上节薄膜不同的是它可提供抗弯刚度。在板中，与两表面等距离的平面称为中面。为了描述板的振动，建立一直角坐标系，其（x，y）平面与中面重合，z轴垂直于板面。对板横向振动的分析基于下述基尔霍夫（Kirchhoff）假设：

（1）微振动时，板的挠度远小于厚度，从而中面挠曲为中性面，中面内无应变；

（2）垂直于平面的法线在板弯曲变形后仍为直线，且垂直于挠曲后的中面；该假设等价于忽略横向剪切变形，即$\gamma_{yz} = \gamma_{xz} = 0$；

（3）板弯曲变形时，板的厚度变化可忽略不计，即$\varepsilon_z = 0$；

（4）板的惯性主要由平动的质量提供，忽略由于弯曲而产生的转动惯量。

设板的厚度为 h，材料密度为 ρ，弹性模量为 E，泊松比为 μ，中面上的各点只作沿 z 轴方向的微幅振动，运动位移为 w。下面根据虚功原理导出薄板振动微分方程。

薄板上任意点 $a(x,y,z)$ 的位移为

$$u_a = -z\frac{\partial w}{\partial x}, v_a = -z\frac{\partial w}{\partial y}, w_a = w + O(2) \tag{4-76}$$

$$\begin{cases} \varepsilon_x = \dfrac{\partial u_a}{\partial x} = -z\dfrac{\partial^2 w}{\partial x^2}, \quad \varepsilon_y = \dfrac{\partial v_a}{\partial y} = -z\dfrac{\partial^2 w}{\partial y^2} \\ \gamma_{xy} = \dfrac{\partial u_a}{\partial y} + \dfrac{\partial v_a}{\partial x} = -2z\dfrac{\partial^2 w}{\partial x \partial y} \end{cases} \tag{4-77}$$

根据虎克（Hook）定律，沿 x，y 方向的法向应力和在板面内的剪切应力为

$$\begin{cases} \sigma_x = \dfrac{E}{1-\mu^2}(\varepsilon_x + \mu\varepsilon_y) = -\dfrac{Ez}{1-\mu^2}\left(\dfrac{\partial^2 w}{\partial x^2} + \mu\dfrac{\partial^2 w}{\partial y^2}\right) \\ \sigma_y = \dfrac{E}{1-\mu^2}(\varepsilon_y + \mu\varepsilon_x) = -\dfrac{Ez}{1-\mu^2}\left(\dfrac{\partial^2 w}{\partial y^2} + \mu\dfrac{\partial^2 w}{\partial x^2}\right) \\ \tau_{xy} = G\gamma_{xy} = -\dfrac{Ez}{1+\mu}\dfrac{\partial^2 w}{\partial x \partial y} \end{cases} \tag{4-78}$$

于是得到板的势能表达式

$$V = \frac{1}{2}\iint\int_{-h/2}^{h/2}(\sigma_x\varepsilon_x + \sigma_y\varepsilon_y + \tau_{xy}\gamma_{xy})\,\mathrm{d}z\mathrm{d}x\mathrm{d}y =$$
$$\frac{1}{2}\iint D\left\{(\nabla^2 w)^2 - 2(1-\mu)\left[\frac{\partial^2 w}{\partial x^2}\frac{\partial^2 w}{\partial y^2} - \left(\frac{\partial^2 w}{\partial x \partial y}\right)^2\right]\right\}\mathrm{d}x\mathrm{d}y \tag{4-79}$$

式中 $D = \dfrac{Eh^3}{12(1-\mu^2)}$ 为板的抗弯刚度。板的动能为

$$T = \frac{1}{2}\iint\int_{-h/2}^{h/2}\rho\dot{w}^2\,\mathrm{d}z\mathrm{d}x\mathrm{d}y = \frac{1}{2}\iint\rho h\dot{w}^2\,\mathrm{d}x\mathrm{d}y \tag{4-80}$$

考虑作用于板上的载荷和边界力，对于作用于板上的分布载荷 $q(x,y,z)$，其虚功可表示为

$$\delta W_1 = \iint q\delta w\,\mathrm{d}x\mathrm{d}y \tag{4-81}$$

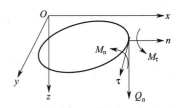

图 4-9　边界载荷

对于边界力，设板的边界曲线为 $x=x(s)$，$y=y(s)$，这里 s 为弧长。边界上点的外法线单位向量和切向单位向量记为 n 和 τ，在边界上各点作用有弯矩 M_n、横向力 Q_n 和扭矩 M_τ，如图 4-9 所示。这些边界力的虚功为

$$\delta W_2 = -\oint\left(M_n\delta\frac{\partial w}{\partial n} - Q_n\delta w - M_\tau\delta\frac{\partial w}{\partial s}\right)\mathrm{d}s \tag{4-82}$$

根据变分方程

$$\delta\int_{t_1}^{t_2}(T-V)\,\mathrm{d}t + \int_{t_1}^{t_2}(\delta W_1 + \delta W_2)\,\mathrm{d}t = 0 \tag{4-83}$$

并利用格林（Green）公式

$$\iint\left(\frac{\partial Y}{\partial x} - \frac{\partial X}{\partial y}\right)\mathrm{d}x\mathrm{d}y = \oint(X\mathrm{d}x + Y\mathrm{d}y)$$

可得

$$\int_{t_1}^{t_2}\iint\{(D\,\nabla^4 w+\rho h\ddot{w}-q)\delta w\,\mathrm{d}x\,\mathrm{d}y+\oint\Big[D\Big(\Big(\frac{\partial^2 w}{\partial x^2}+\mu\,\frac{\partial^2 w}{\partial y^2}\Big)\cos^2\theta+$$

$$+\Big(\frac{\partial^2 w}{\partial y^2}+\mu\,\frac{\partial^2 w}{\partial x^2}\Big)\sin^2\theta+2(1-\mu)\,\frac{\partial^2 w}{\partial x\partial y}\sin\theta\cos\theta\Big)+M_n\Big]\delta\,\frac{\partial w}{\partial n}\mathrm{d}s-$$

$$\oint\Big[D\Big(\Big(\frac{\partial^3 w}{\partial x^3}+\frac{\partial^3 w}{\partial x\partial y^2}\Big)\cos\theta+\Big(\frac{\partial^3 w}{\partial y^3}+\mu\,\frac{\partial^3 w}{\partial x^2\partial y}\Big)\sin\theta\Big)+$$

$$\frac{D}{2}\Big(\frac{\partial}{\partial s}\Big(\frac{\partial^2 w}{\partial y^2}+\mu\,\frac{\partial^2 w}{\partial x^2}\Big)\sin 2\theta-\Big(\frac{\partial^2 w}{\partial x^2}+\mu\,\frac{\partial^2 w}{\partial y^2}\Big)\sin 2\theta+$$

$$(1-\mu)\,\frac{\partial^2 w}{\partial x\partial y}\cos 2\theta\Big)+Q_n-\frac{\partial M_\tau}{\partial s}\Big]\delta w\,\mathrm{d}s\Big\}\mathrm{d}t=0 \qquad (4\text{-}84)$$

式中 $\nabla^4=\dfrac{\partial^4}{\partial x^4}+2\dfrac{\partial^4 w}{\partial x^2\partial y^2}+\dfrac{\partial^4}{\partial y^4}$ 为直角坐标系中的二重拉普拉斯算子，θ 为边界线的

外法线和 x 轴之间的夹角。因 δw 任意，$\delta\Big(\dfrac{\partial w}{\partial n}\Big)$ 和 δw 相互独立，因此可得到板的振动微

分方程

$$\rho h\ddot{w}+D\,\nabla^4 w(x,y,t)=0 \qquad (4\text{-}85)$$

对于简支-自由边以及自由边情形，还可由式（4-84）得到相应的动力边界条件，不再
赘述。

对于长为 a，宽为 b 的矩形薄板，可采用分离变量法求解。设

$$w(x,y,t)=W(x,y)q(t) \qquad (4\text{-}86)$$

代入方程（4-85），可得出

$$\frac{\ddot{q}(t)}{q(t)}=-\frac{D}{\rho h}\frac{\nabla^4 W(x,y)}{W(x,y)}=-\omega^2 \qquad (4\text{-}87)$$

分离为

$$\nabla^4 W(x,y)-\beta^4 W(x,y)=0 \qquad (4\text{-}88)$$

$$\ddot{q}(t)+\omega^2 q(t)=0 \qquad (4\text{-}89)$$

式中

$$\beta^4=\frac{\rho h}{D}\omega^2 \qquad (4\text{-}90)$$

如果板的四边均为简支，可设满足边界条件的试探解

$$W(x,y)=W_0\sin\frac{m\pi x}{a}\sin\frac{n\pi y}{b} \qquad (4\text{-}91)$$

代入方程（4-88），得到板的固有频率方程

$$\beta_{mn}{}^4=\pi^4\left[\Big(\frac{m}{a}\Big)^2+\Big(\frac{n}{b}\Big)^2\right]^2\,(m,n=1,2,3,\cdots) \qquad (4\text{-}92)$$

代入式（4-90），得到固有频率

$$\omega_{mn}=\pi^2\sqrt{\frac{D}{\rho h}}\Big(\frac{m^2}{a^2}+\frac{n^2}{b^2}\Big)\quad(m,n=1,2,3,\cdots) \qquad (4\text{-}93)$$

相应的固有振型函数为

$$W_{mn}(x,y)=\sin\frac{m\pi x}{a}\sin\frac{n\pi y}{b}\quad(m,n=1,2,3,\cdots)\tag{4-94}$$

当 a/b 为有理数时，矩形板的固有频率会出现重频；对应重频的固有振型，其形态不是唯一的。若令 $m=n=1$，则在 $x=0$，a 和 $y=0$，b 四条边上的点没有振动位移；若令 $m=2$，$n=1$，则除了板的四条边界线外，在 $x=a/2$ 时也有 $z=0$，故在 $x=a/2$ 上的点没有振动位移。通常将 $x=a/2$ 这条线称为节线。若取 $m=1$，$n=2$，则 $y=b/2$ 成为节线。对于矩形板而言，节线总和四边平行。

至于其他边界条件的矩形板或其他形状的板，目前尚未得到显式的解析解。关于各种近似求解方法的内容看参考专著或文献。

■ 4.6　固有振型的正交性

离散系统固有振型的正交性质可以推广到连续系统中去。从前面的讨论可以看到，对于连续系统，由于振动形式不同，对应的特征值方程的形式也不同，不像离散系统那样，特征值方程有一个统一的形式，即广义特征值问题。为避免做重复的工作，我们不对每个具体的系统讨论固有振型的正交性，而是采用算子的记号来证明连续系统的这个普遍性质。

4.6.1　特征方程的算子表示

对于一维连续系统，特征方程(4-30)、方程(4-48)均可用算子的记号写为

$$\boldsymbol{K}u(x)=\omega^2\boldsymbol{M}u(x),u(x)\in D\tag{4-95}$$

其中 $\boldsymbol{K}$、$\boldsymbol{M}$ 为线性算子，$u(x)$ 为广义振型函数，对于不同的系统，它们的定义不同，如表4-3。

算子 $\boldsymbol{K}$、$\boldsymbol{M}$ 的定义域 D，是满足相应边界条件并且 $\boldsymbol{K}u$ 连续的一切函数的集合。对于 D 中的任意两个函数 u、v，算子 $\boldsymbol{K}$、$\boldsymbol{M}$ 满足如下关系式：

$$\int_0^l u\boldsymbol{K}v\mathrm{d}x=\int_0^l v\boldsymbol{K}u\mathrm{d}x,\int_0^l u\boldsymbol{M}v\mathrm{d}x=\int_0^l v\boldsymbol{M}u\mathrm{d}x\tag{4-96}$$

以梁的横向振动为例，经过两次分部积分得到

$$\int_0^l u\boldsymbol{K}v\mathrm{d}x=\int_0^l u\frac{\mathrm{d}^2}{\mathrm{d}x^2}\left(EI\frac{\mathrm{d}^2v}{\mathrm{d}x^2}\right)\mathrm{d}x=\int_0^l EI\frac{\mathrm{d}^2u}{\mathrm{d}x^2}\frac{\mathrm{d}^2v}{\mathrm{d}x^2}\mathrm{d}x+u\frac{\mathrm{d}}{\mathrm{d}x}\left(EI\frac{\mathrm{d}^2v}{\mathrm{d}x^2}\right)\Bigg|_0^l-\frac{\mathrm{d}u}{\mathrm{d}x}EI\frac{\mathrm{d}^2v}{\mathrm{d}x^2}\Bigg|_0^l$$

无论边界是固定、简支或自由，上式右端最后两项均等于零，于是得到

$$\int_0^l u\boldsymbol{K}v\mathrm{d}x=\int_0^l EI\frac{\mathrm{d}^2u}{\mathrm{d}x^2}\frac{\mathrm{d}^2v}{\mathrm{d}x^2}\mathrm{d}x$$

由于上式右端的对称性，则式(4-96)中第一式成立。从上式尚可得到，对于任一非零的 u，有不等式 $\int_0^l u\boldsymbol{K}u\mathrm{d}x\geqslant0$，等号只有当 u 是线性函数（代表刚体位移）时成立。因此 $\boldsymbol{K}$ 是非负的算子，当刚体位移被限制时，$\boldsymbol{K}$ 是正算子。另一方面，注意到 $\boldsymbol{M}$ 的定义，很容易得知式(4-96)中第二式成立。同样 $\int_0^l u\boldsymbol{M}u\mathrm{d}x\geqslant0$，由于 $\rho(x)>0$，则对任一非零的 u，$\boldsymbol{K}$ 为正算子。

至于 $\boldsymbol{K}$、$\boldsymbol{M}$ 为一维波动方程振动的情形，读者自行证明关系式(4-96)成立。

振动系统	$\mathbf{K}u(x)$	$\mathbf{M}u(x)$
杆的纵向振动	$\mathbf{K}u = -\dfrac{\mathrm{d}}{\mathrm{d}x}\left(EA\,\dfrac{\mathrm{d}U}{\mathrm{d}x}\right)$	$\mathbf{M}u = \rho AU$
弦的横向振动	$\mathbf{K}u = -\dfrac{\mathrm{d}}{\mathrm{d}x}\left(T\,\dfrac{\mathrm{d}U}{\mathrm{d}x}\right)$	$\mathbf{M}u = \rho AU$
圆轴的扭转振动	$\mathbf{K}u = -\dfrac{\mathrm{d}}{\mathrm{d}x}\left(GJ_P\,\dfrac{\mathrm{d}\Theta}{\mathrm{d}x}\right)$	$\mathbf{M}u = \rho J_p \Theta$
梁的横向振动	$\mathbf{K}u = \dfrac{\mathrm{d}^2}{\mathrm{d}x^2}\left(EI\,\dfrac{\mathrm{d}^2 W}{\mathrm{d}x^2}\right)$	$\mathbf{M}u = \rho AW$

4.6.2 固有振型的正交性

下面分析过程中所有的下标 i 和 j 满足 $(i,j=1,2,\cdots)$，不再重复说明。

设 ω_i、ω_j 是连续系统两个不同的固有频率，$u_i(x)$、$u_j(x)$ 为对应的固有振型，它们分别满足

$$\mathbf{K}u_i = \omega_i^2 \mathbf{M}u_i, \mathbf{K}u_j = \omega_j^2 \mathbf{M}u_j \tag{4-97}$$

以 u_j 和 u_i 分别左乘式(4-97)的两端，对 x 从 0 到 l 积分，并利用算子的对称性(4-96)，再将两式相减，最后得到 $(\omega_i^2 - \omega_j^2)\displaystyle\int_0^l u_i \mathbf{M} u_j \,\mathrm{d}x = 0$，当特征值方程(4-95)没有重根时

$$\int_0^l u_i \mathbf{M} u_j \,\mathrm{d}x = 0 \ , i \neq j \tag{4-98}$$

上式表达了固有振型的正交性。

如果 $\omega_i^2(=\omega_{i+1}^2=\cdots\omega_{i+m-1}^2)$ 是特征值方程(4-95)的 m 重根，可以证明对应的特征函数的集合中存在 m 个互相正交的特征函数 u_i、u_{i+1}、$\cdots$、u_{i+m-1}。我们将这些正交的特征函数当作固有振型，则固有振型的正交条件 (4-98) 始终成立。

固有振型带有一任意的常数因子，可以通过下式固有振型的正规化条件确定

$$\int_0^l u_i \mathbf{M} u_i \,\mathrm{d}x = 1 \tag{4-99}$$

式(4-98)与式(4-99)一起可写成

$$\int_0^l u_i \mathbf{M} u_j \,\mathrm{d}x = \delta_{ij} \tag{4-100}$$

其中 δ_{ij} 为 Kronecker 符号

$$\delta_{ij} = \begin{cases} 1 & i=j \\ 0 & i \neq j \end{cases} \tag{4-101}$$

式(4-100)称为固有振型的**正交归一化条件** (Orthogonal Normalization Condition)，简称**正规化条件**，或称为**标准化条件** (Standardized Condition)。将其代入式(4-97)，可以得到正交归一化条件的另一形式

$$\int_0^l u_i \mathbf{K} u_j \,\mathrm{d}x = \omega_i^2 \delta_{ij} \tag{4-102}$$

对于带有集中质量和弹簧支承的情形，算子 $\mathbf{K}$、$\mathbf{M}$ 需作相应的修改。设在 $x = x_\mathrm{m}$ $(0 < x_\mathrm{m} < l)$ 处有集中质量（或集中转动质量）m_0，在 $x = x_\mathrm{k}$ $(0 < x_\mathrm{k} < l)$ 处有刚度为 k_0 的弹簧支承，在建立动力方程时，需要考虑集中质量的惯性力与弹簧的恢复力，不追究数学上的严格性，特征值方程(4-95)可用广义函数表示为

$$Ku(x)+k_0\delta(x-x_k)u(x)=\omega^2 Mu(x)+\omega^2 m_0\delta(x-x_m)u(x)$$

仍写成与式(4-95)相似的形式

$$\bar{K}u(x)=\omega^2 \bar{M}u(x),u(x)\in D \tag{4-103}$$

其中算子 $\bar{K}$、$\bar{M}$ 的定义为

$$\bar{K}u=Ku+k_0\delta(x-x_k)u,\bar{M}u=Mu+m_0\delta(x-x_m)u \tag{4-104}$$

容易证明算子 $\bar{K}$、$\bar{M}$ 仍保留对称的性质，因此固有振型的正交条件依然成立。设 ω_i^2、u_i，ω_j^2、u_j 是特征值方程(4-103)的两个特征对，正交归一化条件为

$$\int_0^l u_i Mu_j\,dx+m_0u_i(x_m)u_j(x_m)=\delta_{ij} \tag{4-105}$$

$$\int_0^l u_i Ku_j\,dx+k_0u_i(x_k)u_j(x_k)=\omega_j^2\delta_{ij} \tag{4-106}$$

需要说明的是，上述讨论纯粹是为了便于证明固有振型的正交性，在具体求系统的固有频率与固有振型时，仍然需要把端点的集中质量或弹性支座当作边界条件来处理，因为特征值方程(4-95)要比方程(4-103)容易求解得多。

4.6.3　展开定理

对于我们所考虑的问题，M 为正算子，K 为非负的算子，特征值问题（4-95）的特征值的平方根就是系统的固有频率，相应的特征函数是固有振型。无穷多个固有频率可以按从小到大约顺序依次记作 ω_1、$\omega_2\cdots$，相应的归一化固有振型记作 $u_1(x)$、$u_2(x)\cdots$，固有振型的全体构成正交完备的函数序列。

与离散系统相似，连续系统也存在展开定理：任意一个位移 $u(x)$，可以展开成固有振型的绝对、一致收敛级数

$$u(x)=\sum_{i=1}^{\infty}c_iu_i(x),\quad 0\leqslant x\leqslant l \tag{4-107}$$

其中 $u_i(x)$ 为正交的固有振型，而常系数 c_i 由下式确定：

$$c_i=\int_0^l u(x)Mu_i(x)\,dx\quad(i=1,2,\cdots) \tag{4-108}$$

■ 4.7　连续系统的响应分析

4.7.1　振型叠加法

和离散系统一样，连续系统也用振型叠加法来分析系统的响应，它的基础是展开定理。响应 $u(x,t)$ 在每一时刻均满足问题的边界条件，由展开定理将其写为固有振型 $u_i(x)$ 的绝对、一致收敛级数

$$u(x,t)=\sum_{i=1}^{\infty}q_i(t)u_i(x) \tag{4-109}$$

$q_i(t)$ 称为系统的**主坐标**或**标准坐标**。

连续系统的强迫振动方程可以统一表示为

$$Ku+K\frac{\partial^2 u}{\partial t^2}=f(x,t)-\frac{\partial}{\partial x}m(x,t),\quad 0<x<l \tag{4-110}$$

其中算子 K、M 和 u 依赖于前述的各种振动形式，$f(x,t)$ 为广义分布干扰力，而分布干

扰力偶 $m(x,t)$ 只适用于梁的横向振动。

以式(4-109)代入方程(4-110)，以 $u_j(x)$ 乘上式两端，并对变量 x 在区间 $[0,l]$ 上积分，利用正交关系式(4-100)和式(4-102)，便得到关于主坐标的强迫振动方程

$$\ddot{q}_i(t)+\omega_i^2 q_i(t)=f_i(t) \quad (i=1,2,\cdots) \tag{4-111}$$

其中广义干扰力

$$
\begin{aligned}
f_i(t) &=\int_0^l \left[f(x,t)-\frac{\partial}{\partial x}m(x,t)\right]u_i(x)\mathrm{d}x \\
&=\int_0^l \left[f(x,t)u_i(x)+m(x,t)u_i'(x)\right]\mathrm{d}x
\end{aligned}
\tag{4-112}
$$

式(4-111)是无穷多个不耦合的常微分方程，利用单自由度系统的理论可得到主坐标下的响应 $q_i(t)$，代入式(4-109)即得到广义坐标响应。需要说明的是，式(4-109)中的振型 $u_i(x)$ 必须是标准化振型，即满足式(4-99)。

下面分别讨论初始条件和外激励引起的主坐标响应。

4.7.2 初始条件的响应

设初始条件为

$$u\big|_{t=0}=u_0(x),\ \frac{\partial u}{\partial t}\bigg|_{t=0}=\dot{u}_0(x) \tag{4-113}$$

将其按照式(4-109)展开

$$u(x,0)=u_0(x)=\sum_{i=1}^{\infty}q_i(0)u_i(x),\ \dot{u}(x,0)=\dot{u}_0(x)=\sum_{i=1}^{\infty}\dot{q}_i(0)u_i(x)$$

用 $\boldsymbol{M}u_j(x)$ 乘上两式，并对变量 x 在区间 $[0,l]$ 上积分，利用正交关系(4-100)得到主坐标下的初始条件

$$
\begin{cases}
q_i(0)=q_{i0}=\displaystyle\int_0^l u_0(x)\boldsymbol{M}u_i(x)\mathrm{d}x \\
\dot{q}_i(0)=\dot{q}_{i0}=\displaystyle\int_0^l \dot{u}_0(x)\boldsymbol{M}u_i(x)\mathrm{d}x
\end{cases}
\quad (i=1,2,\cdots) \tag{4-114}
$$

对于圆轴的扭转振动，上式变为

$$
\begin{cases}
q_i(0)=q_{i0}=\displaystyle\int_0^l J\theta_0(x)\theta_i(x)\mathrm{d}x \\
\dot{q}_i(0)=\dot{q}_{i0}=\displaystyle\int_0^l J\dot{\theta}_0(x)\theta_i(x)\mathrm{d}x
\end{cases}
\quad (i=1,2,\cdots) \tag{4-115}
$$

对于杆的轴向振动、弦的横向振动和梁的横向振动系统

$$
\begin{cases}
q_i(0)=q_{i0}=\displaystyle\int_0^l \rho A u_0(x)u_i(x)\mathrm{d}x \\
\dot{q}_i(0)=\dot{q}_{i0}=\displaystyle\int_0^l \rho A \dot{u}_0(x)u_i(x)\mathrm{d}x
\end{cases}
\quad (i=1,2,\cdots) \tag{4-116}
$$

由单自由度振动系统的方法和概念可得到主坐标下的初始激励响应

$$q_i(t)=q_{i0}\cos\omega_i t+\frac{\dot{q}_{i0}}{\omega_i}\sin\omega_i t \quad (i=1,2,\cdots) \tag{4-117}$$

代入式(4-109)就得到物理坐标下的响应。

4.7.3 外激励的响应

由方程(4-111)知，对分布干扰力 $f(x,t)$，直接通过杜哈美积分即可

$$q_i(t) = \frac{1}{\omega_i} \int_0^t f_i(\tau) \sin\omega_i(t-\tau) \mathrm{d}\tau \quad (i=1,2,\cdots) \tag{4-118}$$

下面给出几种特殊激励的主坐标响应。

1. 简谐激励

设简谐激励为

$$f(x,t) = F(x)\cos\omega t \tag{4-119}$$

这时,方程(4-111)成为

$$\ddot{q}_i(t) + \omega_i^2 q_i(t) = F_i \cos\omega t \quad (i=1,2,\cdots) \tag{4-120}$$

其中

$$F_i = \int_0^l F(x) u_i(x) \mathrm{d}x \quad (i=1,2,\cdots) \tag{4-121}$$

应用式(4-118),得到简谐激励的主坐标响应

$$q_i(t) = \frac{F_i}{\omega_i} \int_0^t \cos\omega\tau \sin\omega_i(t-\tau) \mathrm{d}\tau$$

$$= \frac{F_i}{\omega_i^2 - \omega^2} (\cos\omega t - \cos\omega_i t) \quad (i=1,2,\cdots) \tag{4-122}$$

以上式代入式(4-109)就得到强迫振动的零初值响应

$$u(x,t) = \sum_{i=1}^\infty u_i(x) \frac{F_i}{\omega_i^2 - \omega^2} (\cos\omega t - \cos\omega_i t) \tag{4-123}$$

上式右端分两部分,一部分是与干扰力的频率 ω 相同的**强迫振动**,另一部分是与固有振动的频率 ω_i 相同的振动,这部分是由干扰力引起的自由振动。当有阻尼时,自由振动部分将逐渐衰减,而强迫振动是不会衰减的。强迫振动可表示为

$$u(x,t) = U(x)\cos\omega t = \sum_{i=1}^\infty \frac{F_i u_i(x)}{\omega_i^2 - \omega^2} \cos\omega t \tag{4-124}$$

其中 $U(x)$ 为振幅函数。

从式(4-124)可以看出,当干扰力的频率 ω 接近系统某一固有频率时,强迫振动的振幅将很大,但当 ω 等于系统某一固有频率时,式(4-124)将没有意义,为此必须考察零初值响应(4-123)。当 ω 趋于 ω_i 时右端起决定作用的项为 $u(x,t) = F_i u_i(x) \dfrac{\cos\omega t - \cos\omega_i t}{\omega_i^2 - \omega^2}$,应用数学的洛必达法则(L'Hôpital'srule)得到

$$u(x,t) = \frac{F_i}{2\omega_i} u_i(x) t \sin\omega_i t \tag{4-125}$$

由此可见,当干扰力的频率与系统某一固有频率重合时,强迫振动的振幅将随时间的增加而不断增大,这与在离散系统中讨论过的共振情形相同。这里必须指出,系统发生共振时,振幅趋于无穷这个线性理论的结论,并没有为真实的物理现象所证实,一方面是因为任何系统都不可避免地存在阻尼,另一方面,当振幅很大时,微振动的假设已经不成立,忽略掉的高阶项将起很大作用,这时,微振动理论必须用更精确的理论来代替,这是非线性振动研究的内容。

对于正弦激振力,只需要将式(4-122)变成式(2-55)的形式,即

$$q_i(t) = \frac{F_i}{\omega_i^2 - \omega^2}(\sin\omega t - \frac{\omega}{\omega_i}\sin\omega_i t) \quad (i=1,2,\cdots) \tag{4-126}$$

2. 集中力

设在 $x=x_1$ 处受集中力 $F(t)$ 作用，这时可以用 δ 函数表示为分布形式 $F(x,t)\mathrm{d}x\delta(x-x_1)$，式(4-112)变为

$$f_i(t) = \int_0^l F(x,t)\delta(x-x_1)u_i(x)\mathrm{d}x = u_i(x_1)F(t)$$

则由式(4-118)得主坐标响应

$$q_i(t) = \frac{1}{\omega_i}\int_0^t u_i(x_1)F(\tau)\sin\omega_i(t-\tau)\mathrm{d}\tau \quad (i=1,2,\cdots) \tag{4-127}$$

对于圆轴的扭转，上述集中力变为集中外扭矩。

3. 集中力偶（针对梁的横向振动）

设在 $x=x_1$ 处受集中力偶 $M(t)$ 作用，这时可以用 δ 函数表示为分布形式 $M(x,t)\mathrm{d}x\delta(x-x_1)$，式(4-112)变为

$$f_i(t) = \int_0^l M(x,t)\delta(x-x_1)u_i'(x)\mathrm{d}x = u_i'(x_1)M(t)$$

则主坐标响应

$$q_i(t) = \frac{1}{\omega_i}\int_0^t u_i'(x_1)M(\tau)\sin\omega_i(t-\tau)\mathrm{d}\tau \quad (i=1,2,\cdots) \tag{4-128}$$

4. 基础运动

设基础（以左端为例）有位移 $u_s(t)$，则绝对位移为

$$u(x,t) = u_s(t) + u_r(x,t)$$

这里 $u_r(x,t)$ 为相对基础的响应。利用方程(4-110)得到

$$\boldsymbol{K}u_r + \boldsymbol{M}\frac{\partial^2 u_r}{\partial t^2} = f(x,t) - \frac{\partial}{\partial x}m(x,t) - \boldsymbol{K}u_s - \boldsymbol{M}\frac{\partial^2 u_s}{\partial t^2} = f(x,t) - \frac{\partial}{\partial x}m(x,t) - \boldsymbol{M}\frac{\mathrm{d}^2 u_s}{\mathrm{d}t^2}$$

利用式(4-111)、式(4-112)和式(4-118)即可得到相对基础的主坐标响应

$$q_{ir}(t) = \frac{1}{\omega_i}\int_0^t\int_0^l u_i(x)\Big[f(x,\tau) - \frac{\partial}{\partial x}m(x,t) - \boldsymbol{M}\ddot{u}_s\Big]\sin\omega_i(t-\tau)\mathrm{d}x\,\mathrm{d}\tau \quad (i=1,2,\cdots)$$

$$\tag{4-129}$$

代入式(4-109)求出物理坐标下的相对响应 $u_r(x,t)$，最后得到绝对响应 $u(x,t) = u_s(t) + u_r(x,t)$。

注意：首先按照没有基础位移时的边界条件计算振型函数 $u_i(x)$ 和固有频率 w_i，再利用式(4-129)和(4-109)计算 $u_r(x,t)$，最后得到 $u(x,t)$。

也直接利用分离变量解式(4-33)、式(4-35)或式(4-47)、式(4-54)，将基础位移作为边界条件处理，这样得出的封闭解在形式上和振型叠加的级数解不同，但将其进行级数展开以后就是振型叠加解。两种解法见后面的【例4-8】。

若同时考虑初始条件和外激励的响应，只需将式(4-117)和式(4-118)同时代入式(4-109)即可

$$u(x,t) = \sum_{i=1}^{\infty}\Big[\frac{1}{\omega_i}\int_0^t f_i(\tau)\sin\omega_i(t-\tau)\mathrm{d}\tau + q_{i0}\cos\omega_i t + \frac{\dot{q}_{i0}}{\omega_i}\sin\omega_i t\Big]u_i(x) \tag{4-130}$$

连续系统的响应求解可总结为以下几个步骤：

（1）针对不同的振动系统，根据边界条件求解固有频率和固有振型；

（2）利用正规化条件（4-100）确定振型中的常数因子；

（3）利用式（4-116）将初始条件变换到标准坐标；

（4）利用式（4-117）求主坐标下初始条件引起的响应；

（5）求主坐标下不同外激励的响应；

（6）利用式（4-130）求物理坐标下的响应。

【例 4-8】 左端固定，右端自由的均匀杆，求响应。（1）在自由端作用一轴向拉力 P，在时间 $t=0$ 时，突然将 P 力卸除；（2）突然受到强度为 F_0 的纵向均布荷载作用；（3）在自由端受到大小为 F_0 的集中荷载作用；（4）支撑有简谐运动 $u_s(t)=d\sin\omega t$。

解： 一端固定一端自由杆相当于例 4-3 中集中质量 $M=0$ 的情形，从【例 4-3】得到固有频率与相应的固有振型为

$$\omega_i=\frac{(2i-1)\pi}{2l}\sqrt{\frac{E}{\rho}}\ ,U_i(x)=C_i\sin\frac{(2i-1)\pi x}{2l}\ ,(i=1,2,\cdots)$$

利用正规化条件（4-100）有 $\int_0^l C_i\sin\frac{(2i-1)\pi x}{2l}\cdot\rho A\cdot C_i\sin\frac{(2i-1)\pi x}{2l}\mathrm{d}x=1$，求得系数 $C_i=\sqrt{\frac{2}{\rho Al}}$，则标准化振型 $U_i(x)=\sqrt{\frac{2}{\rho Al}}\sin\frac{(2i-1)\pi x}{2l}$。

（1）按题意，$t=0$ 时的位移为杆在轴向力 P 作用下产生的静位移，初始速度为零，因此初始条件为 $u(x,0)=\frac{Px}{EA},\frac{\partial u}{\partial x}\Big|_{t=0}=0$，利用式（4-116）将初始条件变换到标准坐标

$$q_{i0}=\int_0^l\rho A\frac{Px}{EA}U_i(x)\mathrm{d}x=(-1)^{i+1}\sqrt{\frac{2}{\rho Al}}\frac{P}{\omega_i^2},\dot{q}_{i0}=0$$

由式（4-130）得初始激励的响应

$$u(x,t)=\sum_{i=1}^\infty U_i(x)\left(q_{i0}\cos\omega_i t+\frac{\dot{q}_{i0}}{\omega_i}\sin\omega_i t\right)$$

$$=\frac{2P}{ml}\sum_{i=1}^\infty(-1)^{i+1}\frac{1}{\omega_i^2}\cos\omega_i t\sin\frac{(2i-1)\pi x}{2l}$$

从上式可以看到，级数的系数包含因子 $1/\omega_i^2$，这表明固有振动的阶数愈高，对响应的贡献愈小。

（2）由式（4-112）和式（4-118）计算标准坐标响应

$$q_i=\frac{1}{\omega_i}\int_0^l U_i(x)\int_0^t f(x,\tau)\sin[\omega_i(t-\tau)]\mathrm{d}\tau\mathrm{d}x$$

$$=\frac{1}{\omega_i}\int_0^l\sqrt{\frac{2}{\rho Al}}\sin\frac{(2i-1)\pi x}{2l}\int_0^t F_0\sin[\omega_i(t-\tau)]\mathrm{d}\tau\mathrm{d}x$$

$$=\frac{8\rho F_0 l^3}{(2i-1)^3\pi^3 E}\sqrt{\frac{2}{\rho Al}}(1-\cos\omega_i t)$$

由式（4-130）得响应

$$u(x,t)=\sum_{i=1}^{\infty}U_i(x)q_i(t)=\frac{16F_0l^2}{A\pi^3E}\sum_{i=1}^{\infty}\frac{1}{(2i-1)^3}\sin\frac{(2i-1)\pi x}{2l}\left[1-\cos\sqrt{\frac{E}{\rho}}\frac{(2i-1)\pi t}{2l}\right]$$

(3) 由式(4-127)计算标准坐标响应

$$q_i(t)=\frac{U_i(x_1)}{\omega_i}\int_0^t F(\tau)\sin\omega_i(t-\tau)\mathrm{d}\tau$$

$$=\frac{1}{\omega_i}\left(\sqrt{\frac{2}{\rho Al}}\sin\frac{(2i-1)\pi l}{2l}\right)\int_0^t F_0\sin[\omega_i(t-\tau)]\mathrm{d}\tau$$

由式(4-130)得响应

$$u(x,t)=\sum_{i=1}^{\infty}U_i(x)q_i(t)=\frac{8F_0l}{A\pi^2E}\sum_{i=1}^{\infty}\frac{(-1)^{i+1}}{(2i-1)^2}\sin\frac{(2i-1)\pi x}{2l}\left[1-\cos\sqrt{\frac{E}{\rho}}\frac{(2i-1)\pi t}{2l}\right]$$

(4) 方法 1，支撑运动作为边界条件处理。利用式(4-33)和(4-35)有

$$u(x,t)=U(x)q(t)=(C_1\cos\frac{\omega x}{a}+C_2\sin\frac{\omega x}{a})\sin\omega t$$

边界条件：$u(0,t)=u_s(t)$，$\left.\dfrac{\partial}{\partial x}u(x,t)\right|_{x=l}=0$，代入上述分离变量解得 $C_2=d\tan\dfrac{\omega l}{a}$，$C_1=d$，则稳态响应为

$$u(x,t)=d(\tan\frac{\omega l}{a}\sin\frac{\omega x}{a}+\cos\frac{\omega x}{a})\sin\omega t$$

方法 2，用相对坐标建立的微分方程求解。

令 $u=u_r+u_s=u_r+d\sin\omega t$，代入式(4.2.4)得

$$a^2\frac{\partial^2 u_r}{\partial x^2}=\frac{\partial^2 u_r}{\partial t^2}-d\omega^2\sin\omega t$$

令 $u_r(x,t)=U_r(x)\sin\omega t$，代入上式可得到

$$U_r(x)=C_1\cos\frac{\omega x}{a}+C_2\sin\frac{\omega x}{a}-d$$

根据边界条件 $U_r(0)=0$，$U_r'(l)=0$ 求得 $C_1=d$，$C_2=d\tan\dfrac{\omega l}{a}$，则

$$u(x,t)=u_r+u_s=d(\tan\frac{\omega l}{a}\sin\frac{\omega x}{a}+\cos\frac{\omega x}{a}-1)\sin\omega t+u_s$$

$$=d(\tan\frac{\omega l}{a}\sin\frac{\omega x}{a}+\cos\frac{\omega x}{a})\sin\omega t$$

方法 3，用振型叠加法。由式(4-129)得相对基础的主坐标响应

$$q_{ir}(t)=\frac{1}{\omega_i}\int_0^t\int_0^l(-\rho A\frac{\mathrm{d}^2 u_s}{\mathrm{d}t^2})U_i\sin[\omega_i(t-\tau)]\mathrm{d}x\mathrm{d}\tau$$

$$=\frac{1}{\omega_i}\int_0^t\int_0^l\rho Ad\omega^2\sin\omega\tau U_i\sin[\omega_i(t-\tau)]\mathrm{d}x\mathrm{d}\tau$$

$$=\frac{\rho A}{(\omega_i^2-\omega^2)a}\frac{2l}{i\pi}d\omega^2\sin\omega t$$

由式(4-130)计算相对基础的物理坐标响应

$$u_r(x,t)=\sum_{i=1}^{\infty}q_{ir}(t)U_i(x)=\frac{4d\omega^2}{\pi}\sum_{i=1,3,5\cdots}^{\infty}\frac{1}{i(\omega_i^2-\omega^2)}\sin\frac{i\pi x}{2l}\sin\omega t$$

绝对响应

$$u(x,t)=u_s+u_r(x,t)=d\left[1+\frac{4d\omega^2}{\pi}\sum_{i=1,3,5\cdots}^{\infty}\frac{1}{i(\omega_i^2-\omega^2)}\sin\frac{i\pi x}{2l}\right]\sin\omega t$$

【例 4-9】 一均匀轴以角速度 ω 绕其轴线匀速转动，突然施加一约束，使左端 $x=0$ 处停止不动，试确定自由扭转振动的响应。设轴的扭转刚度为 GJ_P，长度为 l，单位长的轴对轴线的转动惯量为 J。

解： 依题意，轴在 $x=0$ 处为固定端，$x=l$ 处为自由端，用 GJ_P、J 分别代替上例中的 EA、ρA，可得到和上例类似的一端固定一端自由轴扭转振动的固有频率与固有振型。

初始条件为 $\theta(x,0)=0$，$\dfrac{\partial\theta}{\partial t}\Big|_{t=0}=\omega$，$q_{i0}=0$，$\dot{q}_{i0}=\int_0^l\omega J\Theta_i(x)dx=\sqrt{\dfrac{2J}{l}}\dfrac{\omega GJ_P}{J\omega_i}$，系统对初始条件的响应为

$$\theta(x,t)=\frac{2\omega GJ_P}{Jl}\sum_{i=1}^{\infty}\frac{1}{\omega_i^2}\cos\omega_i t\sin\frac{(2i-1)\pi x}{2l}$$

【例 4-10】 均匀简支梁长度为 l，求响应。(1) 初始静止，设在 $x=x_1$ 处的微段 δ 上有初始速度 v；(2) 在 $x=a$ 处作用有外激励 $F\sin\omega t$。

解：【例 4-4】 已求出均匀简支梁的固有频率和振型函数

$$\omega_i=\frac{i^2\pi^2}{l^2}\sqrt{\frac{EI}{\rho A}},W_i(x)=C_i\sin\frac{i\pi x}{l},(i=1,2,\cdots)$$

利用正规化条件（4-100）有 $\int_0^l C_i\sin\dfrac{i\pi x}{l}\cdot\rho A\cdot C_i\sin\dfrac{i\pi x}{l}dx=1$，求得系数 $C_i=\sqrt{\dfrac{2}{\rho Al}}$，则标准化振型 $W_i(x)=\sqrt{\dfrac{2}{\rho Al}}\sin\dfrac{i\pi x}{l}$。

(1) 初始条件 $w(x,0)=0$，$\dfrac{\partial w}{\partial t}\Big|_{t=0}=\begin{cases}v & x_1-\dfrac{\delta}{2}\leqslant x\leqslant x_1+\dfrac{\delta}{2}\\0 & \cdots\end{cases}$，利用式(4-116)将初始条件变换到标准坐标

$$q_{i0}=0,$$

$$q_{i0}=\int_0^l\rho AW_i(x)\dot{w}_0(x)dx=\rho A\int_{x_1-\frac{\delta}{2}}^{x_1+\frac{\delta}{2}}v\sqrt{\frac{2}{\rho Al}}\sin\frac{i\pi x}{l}dx\approx v\delta\sqrt{\frac{2\rho A}{l}}\sin\frac{i\pi x_1}{l}$$

由式(4-130)得初始激励的响应

$$w(x,t)=\sum_{i=1}^{\infty}W_i(x)\left(q_{i0}\cos\omega_i t+\frac{\dot{q}_{i0}}{\omega_i}\sin\omega_i t\right)=\frac{2\delta v}{l}\sum_{i=1}^{\infty}\frac{1}{\omega_i}\sin\frac{i\pi x}{l}\sin\frac{i\pi x_1}{l}\sin\omega_i t$$

(2) 由式(4-127)计算标准坐标响应

$$q_i(t)=\frac{W_i(x_1)}{\omega_i}\int_0^t F(\tau)\sin\omega_i(t-\tau)d\tau$$

$$=\frac{1}{\omega_i}\left(\sqrt{\frac{2}{\rho Al}}\sin\frac{i\pi a}{l}\right)\int_0^t F\sin\omega\tau\sin[\omega_i(t-\tau)]d\tau$$

由式(4-130)得响应

$$w(x,t)=\sum_{i=1}^{\infty}W_i(x)q_i(t)=\frac{2F}{\rho Al}\sum_{i=1}^{\infty}\sin\frac{i\pi x}{l}\sin\frac{i\pi x_1}{l}\left(\sin\omega t-\frac{\omega}{\omega_i}\sin\omega_i t\right)\left(\frac{1}{\omega_i^2-\omega^2}\right)$$

【例 4-11】 火车在很长的桥梁上通过的情形，可以简化为一均匀简支梁受到以等速率 v 向右运动的荷重 P 的作用。现假设在初始时刻（$t=0$）荷重位于梁的左端，可以忽略荷重的惯性，试求强迫振动的响应。

解： 由上例已知固有频率和标准化振型

$$\omega_i = \frac{i^2\pi^2}{l^2}\sqrt{\frac{EI}{\rho A}}, W_i(x) = \sqrt{\frac{2}{\rho Al}}\sin\frac{i\pi x}{l}$$

干扰力密度可表为 $f(x,t) = -P\delta(x-vt)$，其中 $\delta(x)$ 为单位脉冲函数。由式(4-112)和式(4-118)或直接用式(4-127)计算主坐标响应（记 $a=\sqrt{\dfrac{EI}{\rho A}}$）

$$q_i = \frac{1}{\omega_i}\int_0^t\int_0^l W_i(x)f(x,\tau)\sin[\omega_i(t-\tau)]\mathrm{d}x\mathrm{d}\tau$$

$$= \frac{1}{\omega_i}\int_0^t -P\sqrt{\frac{2}{\rho Al}}\sin\frac{i\pi v\tau}{l}\sin[\omega_i(t-\tau)]\mathrm{d}\tau$$

$$= \frac{Pl^4}{i^2\pi^2(v^2l^2-i^2\pi^2 a^2)}\sqrt{\frac{2}{\rho Al}}\left[\sin\frac{i\pi vt}{l}-\frac{vl}{i\pi a}\sin\omega_i t\right]$$

由式(4-130)得响应

$$w(x,t) = \sum_{i=1}^{\infty}W_i(x)q_i(t) = \frac{2Pl^3}{\rho A\pi^2}\sum_{i=1}^{\infty}\frac{1}{i^2(v^2l^2-i^2\pi^2 a^2)}\sin\frac{i\pi x}{l}\left[\sin\frac{i\pi vt}{l}-\frac{vl}{i\pi a}\sin\omega_i t\right]$$

其中 $0\leqslant t\leqslant\dfrac{l}{v}$。上述解答的第一项代表强迫振动，第二项是伴生的自由振动。

从解答中可以看出，以速度 v 移动的数值不变的荷载，各广义荷载分量 $f_i(t)(i=1,2,\cdots)$ 均是简谐变化的，圆频率为 $\dfrac{i\pi v}{l}$ $(i=1,2,\cdots)$。因此，当 $\dfrac{i\pi v}{l}$ 与固有频率 ω_i 重合时，发生共振。共振条件可表为 $v=\dfrac{i\pi a}{l}$ $(i=1,2,\cdots)$。

需要说明的是，由于荷载作用的时间是有限的，因此，共振时在没有阻尼的情形下位移仍为有限值。

■ 4.8 阻尼系统的振动

和离散系统一样，真实连续系统的振动总要受到阻尼的影响，如何表述阻尼的机理是问题的关键所在。这里仅以杆和梁为例，介绍考虑黏性阻尼和材料内阻尼以后如何对弹性体进行振动分析。

4.8.1 杆的纵向振动

设分布黏性阻尼系数为 $c(x)$，则分布的阻尼力为

$$F_{c1}(x,t) = c(x)\frac{\partial u(x,t)}{\partial t} \tag{4-131}$$

材料的阻尼应力与应变速度成比例，以 c_s 表示材料的内阻尼系数，则阻尼应力和分布的阻尼力为

$$\sigma_c(x,t) = c_s\frac{\partial\varepsilon(x,t)}{\partial t} \tag{4-132}$$

$$F_{c2}(x,t)=\sigma_c(x,t)A(x)=c_sA(x)\frac{\partial u^2(x,t)}{\partial x\partial t} \qquad (4\text{-}133)$$

根据式(4-14)，记入阻尼以后杆的纵向振动方程为

$$\frac{\partial}{\partial x}\left(EA\frac{\partial u}{\partial x}\right)+f(x,t)-c(x)\frac{\partial u}{\partial t}-c_sA\frac{\partial u^2}{\partial x\partial t}=\rho A\frac{\partial^2 u}{\partial t^2},0<x<l \qquad (4\text{-}134)$$

对于均质杆，类似 4.7.1 节的分析，利用振型叠加法将式(4-109)代入式(4-134)得到主坐标描述的强迫振动方程

$$\ddot{q}_i(t)+C_i\dot{q}_i(t)+\omega_i^2 q_i(t)=f_i(t) \quad (i=1,2,\cdots) \qquad (4\text{-}135)$$

其中广义干扰力

$$f_i(t)=\int_0^l f(x,t)U_i(x)\mathrm{d}x \qquad (4\text{-}136)$$

等效阻尼系数

$$C_i=\int_0^l\left[cU_i^2(x)+c_sAU_i'(x)U_i(x)\right]\mathrm{d}x \qquad (4\text{-}137)$$

这样，利用单自由度振动系统的理论可得到主坐标下的响应 $q_i(t)$，包括初始条件的响应和外激励的响应，然后代入式(4-109)即得到广义坐标响应。

4.8.2 梁的横向振动

首先分析材料的内阻尼力对梁中性轴的矩

$$M_c=\int_A\sigma_c z\mathrm{d}A=\int_A c_s\frac{\partial\varepsilon}{\partial t}z\mathrm{d}A$$

根据材料力学概念 $\varepsilon=z\dfrac{\partial^2 w}{\partial x^2}$，则

$$M_c=\int_A c_s\frac{\partial^3 w}{\partial t\partial x^2}z^2\mathrm{d}A=c_sI(x)\frac{\partial^3 w}{\partial t\partial x^2} \qquad (4\text{-}138)$$

所以截面上的总弯矩为

$$M=EI(x)\frac{\partial^2 w}{\partial x^2}+c_sI(x)\frac{\partial^3 w}{\partial t\partial x^2} \qquad (4\text{-}139)$$

考虑分布阻尼力(4-131)以后，图 4-5 微段梁的运动方程为

$$Q-(Q+\mathrm{d}Q)+f(x,t)\mathrm{d}x-c(x)\frac{\partial w}{\partial t}\mathrm{d}x=\rho A(x)\mathrm{d}x\frac{\partial^2 w}{\partial t^2}$$

即

$$\frac{\mathrm{d}Q}{\mathrm{d}t}=f(x,t)-c(x)\frac{\partial w}{\partial t}-\rho A(x)\frac{\partial^2 w}{\partial t^2}$$

将式(4-139)利用 $Q=\dfrac{\partial M}{\partial x}$ 代入上式即得到运动方程

$$\frac{\partial^2}{\partial x^2}\left[EI(x)\frac{\partial^2 w}{\partial x^2}+c_sI(x)\frac{\partial^3 w}{\partial t\partial x^2}\right]=f(x,t)-\rho A(x)\frac{\partial^2 w}{\partial t^2}-c(x)\frac{\partial w}{\partial t} \qquad (4\text{-}140)$$

对于均质等截面梁，有

$$EI\frac{\partial^4 w}{\partial x^4}+c_sI\frac{\partial^5 w}{\partial t\partial x^4}+\rho A\frac{\partial^2 w}{\partial t^2}+c\frac{\partial w}{\partial t}=f(x,t) \qquad (4\text{-}141)$$

类似 4.7.1 节的分析，将振型叠加式(4-109)代入式(4-141)得

$$\ddot{q}_i(t) + C_i(x,t) + \omega_i^2 q_i(t) = f_i(t) \tag{4-142}$$

其中广义干扰力

$$f_i(t) = \int_0^l f(x,t) W_i(x) \mathrm{d}x \tag{4-143}$$

而

$$C_i(x,t) = \sum_{i=1}^{\infty} \dot{q}_i(t) \int_0^l W_j(x) \left[c W_i(x) + c_s I \frac{\mathrm{d}^4 W_i(x)}{\mathrm{d}x^4} \right] \mathrm{d}x \tag{4-144}$$

由于式(4-144)不满足正交条件，因此式(4-142)并非解耦的方程，这和多自由度系统考虑阻尼时的情况一样。为此假设

$$c = a\rho A, c_s = bE \tag{4-145}$$

式中，a，b 为比例常数。并令

$$\zeta_i = \frac{a}{2\omega_i} + \frac{b\omega_i}{2} \tag{4-146}$$

这样就可以利用振型函数的正交性将方程(4-142)简化为与有阻尼单自由度振动系统完全一样的形式

$$\ddot{q}_i(t) + 2\zeta_i \omega_i \dot{q}_i(t) + \omega_i^2 q_i(t) = f_i(t) \tag{4-147}$$

利用单自由度振动系统的理论可得到主坐标下的响应 $q_i(t)$，包括初始条件的响应和外激励的响应，然后代入式(4-109)即得到广义坐标响应。

习　题

【说明】：以下习题中，若没有特别说明，各均质杆、弦或梁的部分参数都相同，长度为 l，横截面积为 A，弹性模量为 E，截面惯性矩为 I，质量密度为 ρ。习题答案中，对于均匀杆 $a = \sqrt{\dfrac{E}{\rho}}$】

[4-1]　设弦振动的振型为 $U_i(x) = C_i \sin \dfrac{i\pi x}{l}$ 中，用正规化方法证明待定常数 $C_i = \sqrt{\dfrac{2}{\rho Al}}$。

[4-2]　一根理想的柔性钢丝，其质量密度为 ρ，长为 l，由上端自由悬挂如图所示。

(1) 设其在铅垂平面内振动，试导出运动方程。

(2) 用分离变量法 $u(x,t) = U(x)q(t)$，将方程分离成两个常微分方程。

答：(1) $\dfrac{\partial^2 u}{\partial t^2} = gx \dfrac{\partial^2 u}{\partial x^2} + g \dfrac{\partial u}{\partial x}$；

(2) $xU''(x) + U'(x) - \lambda U(x) = 0$，$\ddot{q}(t) + g\lambda q(t) = 0$。

其中 λ 为一常数，g 为引力常数。

[4-3]　左端固定的杆，右端连接一刚度为 k 的弹簧。(1) 试导出其纵向振动的频率方程；(2) 导出杆纵向振动的主振型 $U(x)$ 相对于刚度的正交条件 $EA \displaystyle\int_0^l U_i'(x) U_j'(x) \mathrm{d}x + k U_i(l) U_j(l) = 0$。

答：频率方程 $\xi\cot\xi=\eta$，其中 $\xi=\omega l\sqrt{\dfrac{\rho}{EA}}$，$\eta=-\dfrac{kl}{EA}$，

固有振型 $U^{(i)}(x)=C_i\sin\dfrac{\xi_i x}{l}$，$(i=1,2,\cdots)$。

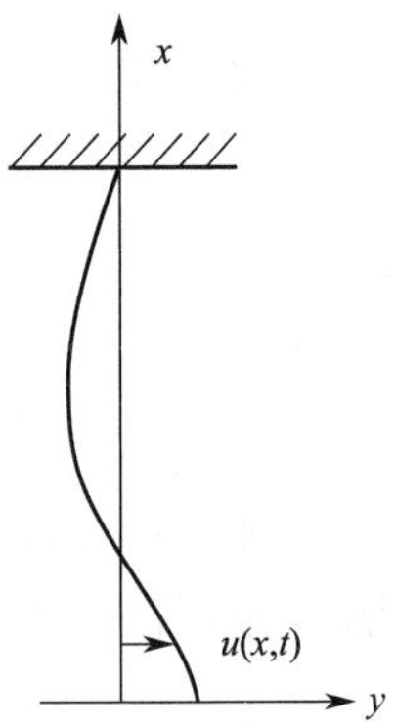

[4-4]　一杆右端固定，左端附有一集中质量 M，在 M 上有受到弹性系数为 k 的弹簧和阻尼系数为 c 的黏性阻尼约束，试写出杆纵向振动的边界条件。

答：$x=0$：$MU(0)\ddot{q}(t)+cU(0)\dot{q}(t)+kU(0)q(t)-EAU'(0)q(t)=0$，

$x=l$：$U(l)=0$。

题 4-2 图

[4-5]　左端固定右端自由的均匀杆，右端受有 $F\sin\omega t$ 的轴向力，求纵向振动响应。

答：$q_i(t)=(-1)^{i+1}\sqrt{\dfrac{2}{\rho A l}}\dfrac{F}{\omega_i^2-\omega^2}\sin\omega t$，

$$u(x,t)=\sum_{i=1}^{\infty}(-1)^{i+1}\dfrac{2}{\rho A l}\dfrac{F}{\omega_i^2-\omega^2}\sin\dfrac{(2i-1)\pi x}{2l}\sin\omega t \, 。$$

[4-6]　左端固定右端自由的均匀杆，已知左端支承相对于地面有纵向运动为 $u_s=u_0(t/t_0)^2$，在初瞬时杆静止。试确定支承运动引起杆纵向振动的响应。

答：振型叠加法 $u(x,t)=\dfrac{u_0}{t_0^2}\left[t^3-\dfrac{32l^2}{\pi^3 a^2 t_0^2}\sum_{i=1,3,5\cdots}^{\infty}\dfrac{1}{i^3}\sin\dfrac{i\pi x}{2l}\left(1-\cos\dfrac{ia\pi t}{2l}\right)\right]$，

支撑运动作为边界条件处理

$$u(x,t)=u_s(\tan\dfrac{\omega l}{a}\sin\dfrac{\omega x}{a}+\cos\dfrac{\omega x}{a})=u_0\left(\dfrac{t}{t_0}\right)^2(\tan\dfrac{\omega l}{a}\sin\dfrac{\omega x}{a}+\cos\dfrac{\omega x}{a}) \, 。$$

[4-7]　一杆左端自由，右端固定，在中点突然施加常数轴向力，试求纵向振动的响应。

答：$u=\dfrac{8Pl}{\pi^3 a^2\rho A}\sum_{i=1,3,5\cdots}^{\infty}\dfrac{1}{i^2}\cos\dfrac{i\pi}{4}\cos\dfrac{i\pi x}{2l}\left(1-\cos\dfrac{i\pi at}{2l}\right) \, 。$

[4-8]　左端固定右端自由的均匀杆，轴向受有均布荷载 $q=\dfrac{F_0}{l}$，试求突然去掉此荷载后杆纵向振动的响应。

答：$u=\dfrac{16F_0 l}{\pi^3 EA}\sum_{i=1,3,5\cdots}^{\infty}\dfrac{1}{i^3}\sin\dfrac{i\pi x}{2l}\cos\dfrac{i\pi at}{2l} \, 。$

[4-9]　左端固定右端自由的均匀杆，假设杆的右半部分在 $t=0$ 时具有沿轴向的初速度 v_0，试求杆纵向振动的响应。

答：$u=\dfrac{8v_0 l}{\pi^2 a}\sum_{i=1,3,5\cdots}^{\infty}\dfrac{1}{i^2}\sin\dfrac{i\pi}{4}\sin\dfrac{i\pi x}{2l}\sin\dfrac{i\pi at}{2l} \, 。$

[4-10]　两端自由的杆，在 $x=0$ 端受一轴向斜坡力时 $F=\dfrac{F_0 t}{t_0}$ 作用，试求杆纵向振动的零初值响应。

答：$u = \dfrac{F_0 t^3}{\rho A \,(a\pi)^2 t_0} + \dfrac{2l F_0}{6\rho A l t_0} \sum\limits_{i=1}^{\infty} \dfrac{1}{i^2} \cos\dfrac{i\pi x}{l}\left(t - \dfrac{l}{ia\pi}\sin\dfrac{i\pi at}{l}\right)$。

[4-11]　两端自由的杆，在中点受一轴向力 $F = F_0\left(\dfrac{t}{t_0}\right)^2$ 作用，试求杆纵向振动的零初值响应。

答：$u = \dfrac{F_0 t^4}{12\rho A t_0^2} + \dfrac{2l F_0}{\rho A\,(a\pi t_0)^2}\sum\limits_{i=2,4,6\cdots}^{\infty}(-1)^{i/2}\dfrac{1}{i^2}\cos\dfrac{i\pi x}{l}\left(t^2 - \dfrac{2l^2}{(ia\pi)^2}\left(1 - \cos\dfrac{i\pi at}{l}\right)\right)$。

[4-12]　图示悬臂梁端部放一刚度系数为 k_0 的扭转弹簧和一刚度系数为 k 的螺旋弹簧，试确定在 $x=l$ 处的边界条件。

答：$EI\dfrac{\partial^2 w(x,t)}{\partial x^2}\Big|_{x=l} = -k_0\dfrac{\partial w(x,t)}{\partial x}\Big|_{x=l}$，$EI\dfrac{\partial^3 w(x,t)}{\partial x^3}\Big|_{x=l} = kw(l,t)$。

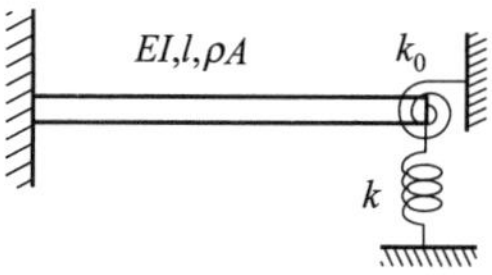

题 4-12 图 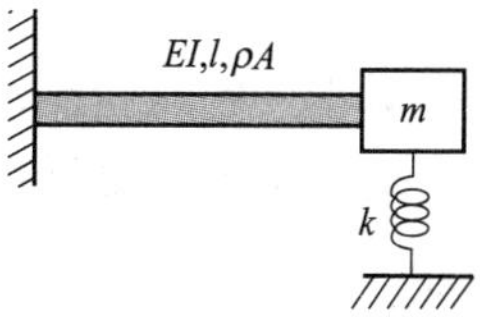　　　　　　　　　　题 4-13 图

[4-13]　求图示梁横向振动的频率方程。

答：$(k - m\omega^2)(\sinh\beta l\cos\beta l - \sin\beta l\cosh\beta l) + EI\beta^3(1 + \cos\beta l\cosh\beta l) = 0$，其中 $\beta^4 = \dfrac{\rho A\omega^2}{EI}$。

[4-14]　在题 4-13 图中，若在集中质量的下方再加上阻尼系数为 c 的黏性阻尼器，试确定梁横向振动的边界条件。

答：$x=0$：$w(0,t)=0$，$w'(0,t)=0$，

$x=l$：$w''(l,t)=0$，$EIw'''(l,t) = kw(l,t) + m\ddot{w}(l,t)$。

[4-15]　简支梁中部受到集中力矩 $M\sin\omega t$ 作用，试求横向振动的稳态响应。

答：$w = \dfrac{H_0}{\omega_i^2 - \omega^2}\sin\omega t$，式中 $H_0 = 2\dfrac{Mi\pi}{\rho A l^2}\sin\dfrac{i\pi x}{l}$。

[4-16]　一恒力 P 突然加于简支梁的中点，试求横向振动的响应。

答：$w(x,t) = \sum\limits_{i=1,3,5\cdots}^{\infty}\dfrac{1}{i^4}\dfrac{2Pl^3}{\pi^4 EI}(-1)^{\frac{i-1}{2}}\sin\dfrac{i\pi x}{l}(1 - \cos\omega_i t)$。

[4-17]　两端固定的梁，在 $l/4$ 处受一恒力 P 作用，求突然移去该力而引起的横向振动。

答：$w(x,t) = \dfrac{Pl^3}{EI}\sum\limits_{i=1}^{\infty}\dfrac{W_i(W_i)\,|_{x=l/4}}{(k_i l)^4}\cos\omega_i t$，$\omega_i \approx \left[\dfrac{(2i+1)\pi}{2l}\right]^2\sqrt{\dfrac{EI}{\rho A}}$。

[4-18]　悬臂梁自由端受一横向载荷 P 而弯曲，求突然移去该力而引起梁的横向自由振动。

答：$w(x,t) = \dfrac{2Pl^3}{EI}\sum\limits_{i=1}^{\infty}\dfrac{W_i}{(k_i l)^4}\coth k_i l\sin k_i l\cos\omega_i t$，$\omega_i \approx \left[\dfrac{(2i+1)\pi}{2l}\right]^2\sqrt{\dfrac{EI}{\rho A}}$。

[4-19]　设悬臂梁自由端承受一横向力 $F = F_0\sin\omega t$ 作用，求梁的稳态横向振动响应。

答：$w(x,t)=\dfrac{F_0 l^3 \sin\omega t}{EI}\sum\limits_{i=1}^{\infty}\dfrac{\beta_i W_i (W_i)\mid_{x=l}}{(k_i l)^4}$，$\beta_i=\dfrac{1}{1-(\omega/\omega_i)^2}$ $(i=1,2,\cdots)$。

[4-20]　一简支梁在中间受荷载作用下挠曲 10 mm，若简谐激振力加在同一位置且 $\omega/\omega_1=1/2$，其中 ω_1 为梁的基频，求其稳态响应。

答：$q_i(t)=\sqrt{\dfrac{2}{\rho l}}\dfrac{F}{\omega_i^2-\omega^2}\sin\dfrac{i\pi}{2}\sin\omega t$，

$u(x,t)=\sum\limits_{i=1}^{\infty}\dfrac{2}{\rho l}\dfrac{F}{\omega_i^2-\omega^2}\sin\dfrac{i\pi}{2}\sin\dfrac{i\pi x}{l}\sin\omega t$。

[4-21]　均质简支梁受突加分布载荷 $f(x,t)=\dfrac{cx}{l}$ 作用，求响应。

答：$w(x,t)=\dfrac{2}{\rho l}\sum\limits_{i=1}^{\infty}\dfrac{1}{\omega_i}\sin\dfrac{i\pi x}{l}\int_0^l\sin\dfrac{i\pi x}{l}\int_0^t\dfrac{cx}{l}\sin[\omega_i(t-\tau)]\mathrm{d}\tau\mathrm{d}x=\cdots$

[4-22]　对于杆的纵向振动，证明式(4-96)的成立。

[4-23]　求图示连续梁横向振动的频率方程。

答：$\cot\beta l_1+\cot\beta l_2-\coth\beta l_1-\coth\beta l_2=0$，其中 $\beta^4=\dfrac{\rho\omega^2}{EI}$。

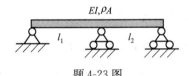

题 4-23 图

[4-24]　两端固定的均匀梁中间增加一个活动支撑，求横向振动的频率方程（参考题 4-23 图）。

答：$(1-\cos\beta l_1\cosh\beta l_1)(\sin\beta l_2\cosh\beta l_2-\cos\beta l_2\sinh\beta l_2)$

$+(1-\cos\beta l_2\cosh\beta l_2)(\sin\beta l_1\cosh\beta l_1-\cos\beta l_1\sinh\beta l_1)=0$

当 $l_1=l_2=l$ 时，简化为 $(1-\cos\beta l\cosh\beta l)(\sin\beta l\cosh\beta l-\cos\beta l\sinh\beta l)=0$，对应两个频率方程：$\cos\beta l\cosh\beta l=1$ 和 $\tan\beta l=\tanh\beta l$。

[4-25]　简支梁放在弹性地基上，基础刚度系数为 k，试求横向振动的固有频率。

答：$\omega_i=\sqrt{\left(\dfrac{i\pi}{l}\right)^4\dfrac{EI}{\rho}+\dfrac{k}{\rho}}$。

第5章 振动分析的近似方法

前面第3、4章介绍的分析方法只适合于自由度数较低的多自由度系统和最简单的规则弹性体，对自由度数较高的多自由度系统和较复杂的弹性体，一般只能通过近似方法和数值方法来分析其振动特性和动响应。近似方法的理论基础是能量原理，对于复杂的连续系统，处理问题的思路是将连续系统近似为离散系统，使自由度由无限缩减到有限。

从前面的理论分析可知，要确定系统的固有频率和固有振型，首先要展开特征方程的 n 阶行列式，而当 n 比较大时，这是很困难的事情。本节介绍一些解决工程实际问题十分有效的数值近似方法。

本章中的某些结论或方法未给出严格或详细证明推导，读者可参阅其他相关文献。

■ 5.1 多自由度系统固有频率的极值性质

由多自由度无阻尼系统的振动方程(3-18)及其解(3-19)知，各个广义位移同时通过平衡位置、同时达到最大值，利用式(3-8)和式(3-9)有

$$T_{\max}=\frac{1}{2}\omega^2\{u\}^T[M]\{u\}, V_{\max}=\frac{1}{2}\{u\}^T[K]\{u\} \tag{5-1}$$

由于机械能守恒，则

$$\omega^2=\frac{\{u\}^T[K]\{u\}}{\{u\}^T[M]\{u\}} \tag{5-2}$$

式中 $\{u\}$ 为振幅向量，若 $\{u\}$ 为第 i 阶固有振型，则利用式(5-2)即可精确求出第 i 阶固有频率。

对于任意的非零向量 $\{u\}$，定义**瑞利函数**（Rayleigh function）或**瑞利商**（Rayleigh quotient）为

$$R(\{u\})=\frac{\{u\}^T[K]\{u\}}{\{u\}^T[M]\{u\}} \tag{5-3}$$

固有频率具有以下极值性质：

（1）系统第一阶固有频率的平方是瑞利商的最小值，而最高阶固有频率的平方是瑞利商的最大值，即

$$\omega_1^2=R_{\min}\leqslant R\leqslant R_{\max}=\omega_n^2 \tag{5-4}$$

（2）瑞利商在固有频率和主振型处取极值。

（3）若 $\{X\}$ 与第 r 阶振型相差一个小量，则瑞利商与第 r 阶固有频率的平方相差二阶小量，即

$$R(\{X\})\approx\omega_r^2+\sum_{i=1}^{n}(\omega_i^2-\omega_r^2)\varepsilon_r^2 \quad (\varepsilon\ll 1) \tag{5-5}$$

（4）固有频率的最大最小性质

$$\omega_1^2 = \min R(\{X\}) \tag{5-6}$$

$$\omega_k^2 = \max_{\begin{bmatrix} L_1=0 \\ L_2=0 \\ \cdots\cdots \\ L_{k-1}=0 \end{bmatrix}} \min R(\{X\}) (k=2,3,\cdots,n) \tag{5-7}$$

说明：对系统施加若干个约束 $L_1=0$，$L_2=0$，$\cdots$，$L_{k-1}=0$ 时，瑞利商对不同的约束情况取不同的最小值，第 k 个固有频率的平方等于所有这些最小值中的最大者。

（5）固有频率的最小最大性质

$$\omega_n^2 = \max R(\{X\}) \tag{5-8}$$

$$\omega_{n-k}^2 = \min_{\begin{bmatrix} L_1=0 \\ L_2=0 \\ \cdots\cdots \\ L_{k-1}=0 \end{bmatrix}} \max R(\{X\}) (k=2,3,\cdots,n-1) \tag{5-9}$$

说明：对系统施加若干个约束 $L_1=0$，$L_2=0$，$\cdots$，$L_{k-1}=0$ 时，瑞利商对不同的约束情况取不同的最大值，第 $n-k$ 个固有频率的平方等于所有这些最大值中的最小者。

（6）当增大系统的刚性或减小系统的惯性时，固有频率增大。

（7）当系统施加 k 个独立的约束时，前 $n-k$ 个固有频率都增大（至少不低于原来系统固有频率中序号相同的那一个），但不超过原系统固有频率中序号比它大 k 的那一个，写为

$$\omega_i \leqslant \omega_i' \leqslant \omega_{i+k} (i=1,2,\cdots,n-k) \tag{5-10}$$

■ 5.2 多自由度系统固有振动特性的近似计算方法

5.2.1 瑞利法

瑞利法的基本思想：根据瑞利商的性质，假设一个振型，把式(5-3)计算的瑞利商作为基本频率平方的近似值。这样假设的"振型"与系统真实振型越接近，计算的近似值就越接近精确值。瑞利建议，取系统的静位移作为基本振型的近似值，以此算出的瑞利商就作为基本固有频率平方的近似值。

由于基本固有频率平方的精确值是瑞利商的最小值，因此瑞利法算出的基本固有频率总是大于精确解。

瑞利法的特点：

（1）只能求解最低阶固有频率的近似值；

（2）求出的近似值总是大于精确解。

【例 5-1】 图 5-1 所示系统，设 $m_1=m_2=m_3=m$，$k_1=k_2=k_3=k$，用瑞利法求基本固有频率。

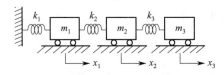

图 5-1 无阻尼系统

解：系统的质量矩阵和刚度矩阵为

$$[M] = m\begin{bmatrix} 1 & 0 & 0 \\ 0 & 1 & 0 \\ 0 & 0 & 1 \end{bmatrix}, \quad [K] = k\begin{bmatrix} 2 & -1 & 0 \\ -1 & 2 & -1 \\ 0 & -1 & 1 \end{bmatrix}$$

利用刚度矩阵求出柔度矩阵为

$$[R] = [K]^{-1} = \frac{1}{k}\begin{bmatrix} 1 & 1 & 1 \\ 1 & 2 & 2 \\ 1 & 2 & 3 \end{bmatrix}$$

根据柔度矩阵的定义，它的第 i 列表示在质量 m_i 上作用单位力时系统平衡时的广义位移，因此，取瑞利商中的近似振型为

$$\{u^{(1)}\} = \frac{1}{k}\{1 \quad 1 \quad 1\}^T, \{u^{(2)}\} = \frac{1}{k}\{1 \quad 2 \quad 2\}^T, \{u^{(3)}\} = \frac{1}{k}\{1 \quad 2 \quad 3\}^T$$

将它们代入式(5-3)求出瑞利商为

$$R(\{u^{(1)}\}) = \frac{k}{3m}, R(\{u^{(2)}\}) = \frac{2k}{9m}, R(\{u^{(3)}\}) = \frac{3k}{14m}$$

三者比较，取最小值有

$$\omega_1^2 \approx R(\{u^{(3)}\}) = \frac{3k}{14m} = 0.214\frac{k}{m}$$

而精确解为 $\omega_1^2 = 0.198\dfrac{k}{m}$，比较知，近似解比精确解偏高约 4%。

5.2.2 李兹法

李兹（Ritz）法是一种缩减自由度求固有频率和振型的近似方法，其基本思想为：假设 k（$k<n$）个线性无关的试探向量组成主振型，利用瑞利商在系统的真实主振型处取驻值的特点进行求解。通常，若要求前 s 阶固有频率及其主振型，缩减后的自由度数（即假设振型个数）应大于等于 $2s$。

李兹法的基本步骤：

(1) 选取 k 个试探向量 $\{\bar{u}^{(i)}\}$（$i=1,2,\cdots,k$）构成矩阵

$$[\bar{u}] = [\{\bar{u}^{(1)}\}\{\bar{u}^{(2)}\}\cdots\{\bar{u}^{(k)}\}] \tag{5-11}$$

(2) 利用式(5-11)对原系统降阶，形成 k 个广义特征值方程

$$([\bar{K}] - R[\bar{M}])\{c\} = \{0\} \tag{5-12}$$

其中 $R_i = \omega_i^2$（$i=1,2,\cdots,k$）为方程(5-12)也是原系统的固有频率，$\{c\}_{k\times 1}$ 为方程(5-12)的特征向量：

$$[\bar{K}] = [\bar{u}]^T[K][\bar{u}], [\bar{M}] = [\bar{u}]^T[M][\bar{u}] \tag{5-13}$$

(3) 求原系统的特征向量

$$\{u^{(i)}\} = [\bar{u}]\{c^{(i)}\} (i=1,2,\cdots,k) \tag{5-14}$$

李兹法的特点：

(1) 求出的基频更接近精确值；

(2) 可以求解较低的前几阶固有频率及相应的振型；

（3）求出的固有频率近似值总是大于精确解；

（4）求解的精度取决于假设振型与真实振型的符合程度。振型误差较大，有时完全是错的，当方程的自由度数越多，求出的低阶振型误差越小。

【例 5-2】 用李兹法求图 5-2 系统的基本固有频率和振型。

解： 选取试探向量矩阵 $[\overline{u}] = \begin{bmatrix} 1 & 1 \\ 2 & 0 \\ 3 & -1 \end{bmatrix}$，利用式（5-13）和【例 5-1】中的质量和刚度矩阵得

$$[\overline{M}] = m\begin{bmatrix} 14 & -2 \\ -2 & 2 \end{bmatrix}, [\overline{K}] = k\begin{bmatrix} 3 & -1 \\ -1 & 3 \end{bmatrix}$$

代入式（5-12）求出其第一特征值和振型为

$$\omega_1^2 \approx 0.2047\frac{k}{m}, \{c^{(1)}\} = \{1 \quad 4.385\}^T$$

代入式（5-14）得原系统的振型为

$$\{u^{(1)}\} = [\overline{u}]\{c^{(1)}\} = 5.385\{1 \quad 0.358 \quad -0.257\}^T$$

而固有频率和振型的精确值为

$$\omega_1^2 = 0.198\frac{k}{m}, \{u^{(1)}\} = [\overline{u}]\{c^{(1)}\} = \{1 \quad 1.802 \quad 2.247\}^T$$

显然固有频率比瑞利法的精度要高，但振型却是错的。原因是本例只有三个自由度，缩减为两个，实际振型的近似计算结果大部分来源于假设振型，当假设的振型与实际振型不符时，最终结果就无法使用。

【例 5-3】 用李兹法求 6 自由度标准 m-k 系统的前两阶固有频率和振型。已知

$$[M] = m\begin{bmatrix} 1 & 0 & 0 & 0 & 0 & 0 \\ 0 & 1 & 0 & 0 & 0 & 0 \\ 0 & 0 & 1 & 0 & 0 & 0 \\ 0 & 0 & 0 & 1 & 0 & 0 \\ 0 & 0 & 0 & 0 & 1 & 0 \\ 0 & 0 & 0 & 0 & 0 & 1 \end{bmatrix}, [K] = k\begin{bmatrix} 2 & -1 & 0 & 0 & 0 & 0 \\ -1 & 2 & -1 & 0 & 0 & 0 \\ 0 & -1 & 2 & -1 & 0 & 0 \\ 0 & 0 & -1 & 2 & -1 & 0 \\ 0 & 0 & 0 & -1 & 2 & -1 \\ 0 & 0 & 0 & 0 & -1 & 2 \end{bmatrix}$$

解： 本问题的精确解为

$$\omega_1 = 0.445\sqrt{\frac{k}{m}}, \omega_2 = 0.868\sqrt{\frac{k}{m}}$$

$$\{u^{(1)}\} = \{0.445 \quad 0.802 \quad 1.000 \quad 1.000 \quad 0.802 \quad 0.445\}^T$$

$$\{u^{(2)}\} = \{0.802 \quad 1.000 \quad 0.445 \quad -0.445 \quad -1.000 \quad -0.802\}^T$$

下面分别按照缩减为 2 个和 3 个自由度进行计算。

（1）缩减为 2 个自由度

根据此振动系统第 1 振型为对称振型，且中间位移大两边位移小，第 2 振型为反对称振型的特征，假设试探向量矩阵 $[\overline{u}] = \begin{bmatrix} 0.1 & 0.2 & 0.3 & 0.3 & 0.2 & 0.1 \\ 0.3 & 0.2 & 0.1 & -0.1 & -0.2 & -0.3 \end{bmatrix}^T$，利用式（5-13）得

$$[\bar{M}] = m \begin{bmatrix} 0.28 & 0 \\ 0 & 0.28 \end{bmatrix}, [\bar{K}] = k \begin{bmatrix} 0.06 & 0 \\ 0 & 0.06 \end{bmatrix}$$

代入式(5-12)求出固有频率和振型

$$\omega_1 \approx 0.4629 \sqrt{\frac{k}{m}}, \omega_2 \approx 0.9636 \sqrt{\frac{k}{m}}, \{c^{(1)}\} = \begin{Bmatrix} 1 \\ 0 \end{Bmatrix}, \{c^{(2)}\} = \begin{Bmatrix} 0 \\ 1 \end{Bmatrix}$$

代入式(5-14)得原系统的振型为

$$\{u^{(1)}\} = [\bar{u}]\{c^{(1)}\} = \frac{1}{0.3}\{0.333 \quad 0.667 \quad 1.000 \quad 1.000 \quad 0.667 \quad 0.333\}^T$$

$$\{u^{(2)}\} = [\bar{u}]\{c^{(2)}\} = \frac{1}{0.3}\{1.000 \quad 0.667 \quad 0.333 \quad -0.333 \quad -0.667 \quad -1.000\}^T$$

（2）缩减为 3 个自由度

第 3 振型有两个节点，假设在第 2 和第 4 质量处，因此假设试探向量矩阵

$$[\bar{u}] = \begin{bmatrix} 0.1 & 0.2 & 0.3 & 0.3 & 0.2 & 0.1 \\ 0.3 & 0.2 & 0.1 & -0.1 & -0.2 & -0.3 \\ 0.1 & 0.0 & -0.1 & 0.0 & 0.1 & 0.05 \end{bmatrix}^T, \text{利用式(5-13)得}$$

$$[\bar{M}] = m \begin{bmatrix} 0.280 & 0.000 & 0.005 \\ 0.000 & 0.700 & -0.015 \\ 0.005 & -0.015 & 0.033 \end{bmatrix}, [\bar{K}] = k \begin{bmatrix} 0.060 & 0.000 & -0.010 \\ 0.000 & 0.700 & 0.035 \\ -0.010 & 0.035 & 0.055 \end{bmatrix}$$

代入式(5-12)求出固有频率和振型

$$\omega_1 \approx 0.4525 \sqrt{\frac{k}{m}}, \omega_2 \approx 0.9378 \sqrt{\frac{k}{m}}, \{c^{(1)}\} = \begin{Bmatrix} 1.000 \\ -0.017 \\ 0.241 \end{Bmatrix}, \{c^{(2)}\} = \begin{Bmatrix} 0.077 \\ 0.571 \\ 1.000 \end{Bmatrix}$$

代入式(5-14)得原系统的振型为

$$\{u^{(1)}\} = [\bar{u}]\{c^{(1)}\} = \frac{1}{0.302}\{0.384 \quad 0.647 \quad 0.909 \quad 1.000 \quad 0.759 \quad 0.399\}^T$$

$$\{u^{(2)}\} = [\bar{u}]\{c^{(2)}\} = \frac{1}{0.328}\{0.590 \quad 0.570 \quad 0.550 \quad -0.104 \quad -0.781 \quad -1.000\}^T$$

由本例可见，缩减的自由度数越多，精度越高。

对比【例 5-2】和【例 5-3】可知，只有当自由度数目较大时，求解的前几阶固有频率才是有效的，而振型误差较大，基本无法使用。

5.2.3 邓柯莱法

邓柯莱（Dunkerley）法的基本思想：将用动力矩阵表示的特征方程（3-29）写为下面的形式

$$\left(\frac{1}{\omega^2} - \frac{1}{\omega_1^2}\right)\left(\frac{1}{\omega^2} - \frac{1}{\omega_2^2}\right)\cdots\left(\frac{1}{\omega^2} - \frac{1}{\omega_n^2}\right) = 0 \tag{5-15}$$

设 $[M]$ 为对角阵，比较式(3-29)和式(5-15)展开式的 ω^2 的系数得（一般以 2 个自由度为例进行证明）

$$\sum_{i=1}^{n}\frac{1}{\omega_i^2} = \sum_{i=1}^{n}a_{ii}m_i \tag{5-16}$$

因为一般 $\omega_i \geqslant \omega_1$（$i>1$），因此 $\dfrac{1}{\omega_1^2} \approx \sum\limits_{i=1}^{n} a_{ii}m_i$，而 $\dfrac{1}{\omega_{ii}^2} = a_{ii}m_i$，$\omega_{ii}$ 是系统在 m_i 单独作用下（其他质量为零）系统的固有频率，则得到邓柯莱公式

$$\frac{1}{\omega_1^2} \approx \sum_{i=1}^{n} a_{ii}m_i = \sum_{i=1}^{n}\left(\frac{1}{\omega_{ii}^2}\right) \tag{5-17}$$

邓柯莱法的特点：

（1）只能求解基频，所求基频的近似值总是小于精确解；

（2）只适用于质量矩阵为对角阵；

（3）误差较大，一般只能作为估算。

【例 5-4】 用邓柯莱法求图 5-1 系统的基本固有频率。

解： 由图 5-1 可以看出，$\omega_{11}^2 \dfrac{k}{m}$，$\omega_{22}^2 \dfrac{k}{2m}$，$\omega_{33}^2 \dfrac{k}{3m}$，则

$$\frac{1}{\omega_1^2} = \sum_{i=1}^{n}\left(\frac{1}{\omega_{ii}^2}\right) = \frac{m}{k}(1+2+3) = 6\frac{m}{k}, \omega_1^2 = 0.167\frac{k}{m}$$

5.2.4 矩阵迭代法

矩阵迭代法（Matrix Iteration Method）的特点：

（1）可以求解前几阶固有频率与振型；

（2）适用于质量矩阵为对角阵，刚度矩阵为正定或半正定的系统；

（3）适用于具有重特征值的系统；

（4）计算误差很小，迭代结果与初始迭代向量的选择无关；

（5）迭代工作量大，迭代次数取决于选择的初始迭代向量，因此此方法非常适合用计算机求解。

矩阵迭代法的基本思想：对于用式(3-28)给出的动力矩阵表示的标准特征值问题

$$[D]\{u^{(i)}\} = \lambda_i\{u^{(i)}\} \tag{5-18}$$

设初始迭代向量 $\{X^{(1)}\} = a_1 u^{(1)} + a_2 u^{(2)} + \cdots + a_n u^{(n)}$，利用迭代公式反复迭代得

$$\{X^{(r)}\} = [D]\{X^{(r-1)}\} = \lambda_{r-1}\{X^{(r-1)}\}$$

$$= \sum_{i=1}^{n} a_i\{u^{(i)}\}\lambda_i^{r-1} = \lambda_1^{r-1}\sum_{i=1}^{n} a_i\left(\frac{\lambda_i}{\lambda_1}\right)^{r-1}\{u^{(i)}\} \tag{5-19}$$

当 r 足够大时

$$\{X^{(r)}\} = \lambda_1^{r-1} a_1\{u^{(1)}\} \tag{5-20}$$

利用上式再迭代一次得

$$\{X^{(r+1)}\} = [D]\{X^{(r)}\} = \lambda_1^r a_1\{u^{(1)}\} = \lambda_1 \lambda_1^{r-1} a_1\{u^{(1)}\} = \lambda_1\{X^{(r)}\} \tag{5-21}$$

则

$$\lambda_1 = \frac{\{X_k^{(r+1)}\}}{\{X_k^{(r)}\}} \quad (k \text{ 表示第 } k \text{ 个元素，可以为 } 1,2,\cdots,n) \tag{5-22}$$

第一阶固有频率与主振型的计算步骤：

（1）选初始迭代向量 $\{X^{(1)}\}$，使 $\{X_1^{(1)}\} = 1$；

（2）迭代

$$\{Y^{(r)}\} = [D]\{X^{(r)}\}, \{X^{(r+1)}\} = \frac{\{Y^{(r)}\}}{\{Y_1^{(r)}\}} \text{（归一化）}$$

$$(r=1,2,\cdots) \tag{5-23}$$

（3）在误差允许的范围内 $\{X^{(r+1)}\}=\{X^{(r)}\}$，则特征值和振型为

$$\lambda_1=\{Y_1^{(r)}\}, \{u^{(1)}\}=\{X^{(r+1)}\}=\{X^{(r)}\} \tag{5-24}$$

高阶固有频率与主振型的计算：

若要求第 k 阶特征值和特征向量，应从系统特征值方程（5-18）中消去前 $k-1$ 阶固有模态的影响。由主坐标变换 $\{x\}=[u]\{q\}$ 可得约束方程为

$$q_i=n_{i1}x_1+n_{i2}x_2+\cdots+n_{in}x_n=0 \quad (i=1,2,\cdots,k-1) \tag{5-25}$$

令
$$[n_A]=\begin{bmatrix} n_{11} & n_{12} & \cdots & n_{1n} \\ n_{21} & n_{22} & \cdots & n_{2n} \\ \vdots & \vdots & \cdots & \vdots \\ n_{k-1,1} & n_{k-1,2} & \cdots & n_{k-1,n} \\ [0]_{(n-k+1)\times(k-1)} & & & [E]_{(n-k+1)\times(n-k+1)} \end{bmatrix} \tag{5-26}$$

$$[n_B]=\begin{bmatrix} [0]_{(k-1)\times n} \\ [0]_{(n-k+1)\times(k-1)}\ [E]_{(n-k+1)\times(n-k+1)} \end{bmatrix} \tag{5-27}$$

则式（5-25）可表示为

$$[n_A]\{q\}=[n_B]\{q\} \tag{5-28}$$

变换为

$$\{q\}=[n]_i\{q\} \tag{5-29}$$

这里

$$[n]_i=[n_A]^{-1}[n_B] \tag{5-30}$$

上面各式中 n_{ij} 为 $[u]^{-1}$ 的系数。令

$$[D]_i=[D]_{i-1}[n]_i\,(i=1,2,\cdots,k-1) \tag{5-31}$$

用 $[D]_i$ 迭代即可得到第 $i+1$ 阶特征值和特征向量。

现在确定 n_{ij}，利用特征向量的正交性有

$$[m_{ii}]^{-1}[u]^T[M][u]=[E]或[m_{ii}]^{-1}[u]^T[M]=[u]^{-1} \tag{5-32}$$

所以

$$[n_{i1}n_{i2}\cdots n_{in}]=\{u^{(i)}\}^T[M]\times常数 \quad (i=1,2,\cdots,k-1) \tag{5-33}$$

带移频的逆迭代法：

对半正定系统，$[K]$ 奇异，$[D]$ 不存在，采用下面的移频方法。设

$$[\overline{K}]=[K]+\alpha[M](a\ 为小正数),[\overline{D}]=[\overline{K}]^{-1}[M] \tag{5-34}$$

使 $[\overline{K}]$ 正定，用 $[\overline{D}]$ 迭代得出 $\overline{\lambda}$，最后求出

$$\omega^2=\frac{1}{\overline{\lambda}}-\alpha \tag{5-35}$$

逆迭代法过程收敛的主振型是绝对值最小的特征值对应的主振型，利用移频的方法，设 a 接近某一固有频率 $\alpha\approx\omega_k^2$，则 $\dfrac{1}{\omega_k^2-\alpha}=\min\lambda_i$，这样迭代过程收敛于 $\{u^{(k)}\}$。由此可知，当已知某阶固有频率时，可利用逆迭代法求其对应的主振型。

【例 5-5】 用矩阵迭代法求图 5-1 系统的固有频率和振型。

解：系统的动力矩阵为

$$[D]=[K]^{-1}[M]=\frac{1}{k}\begin{bmatrix}1&1&1\\1&2&2\\1&2&3\end{bmatrix}m[E]=\frac{m}{k}\begin{bmatrix}1&1&1\\1&2&2\\1&2&3\end{bmatrix}$$

(1) 求第一阶固有频率和特征向量

设 $\{X^{(1)}\}=\{1\quad1\quad1\}^T$，先去掉 $[D]$ 中的 m/k。一阶特征向量为 $\{u^{(1)}\}=\{0.445$ $0.802\quad1\}^T$，特征值为 $\lambda_1=5.049\dfrac{m}{k}$，$\omega_1^2=\dfrac{1}{\lambda_1}=\dfrac{1}{5.049m/k}=0.198\dfrac{k}{m}$。迭代结果列于表 5-1 中。

(2) 求第二阶固有频率和特征向量

由式(5-33)得

$$[n_{11}\ n_{12}\quad n_{13}]=\{u^{(1)}\}^T[M]=\{0.445\quad0.802\quad1\}m[E]=m\{0.445\quad0.802\quad1\}$$

由式(5-26)、式(5-27)和式(5-30)得

$$[n]_1=m\begin{bmatrix}0.445&0.802&1\\0&1&0\\0&0&1\end{bmatrix}^{-1}\begin{bmatrix}0&0&0\\0&1&0\\0&0&1\end{bmatrix}=m\begin{bmatrix}0&-1.802&-2.247\\0&1&0\\0&0&1\end{bmatrix}$$

去掉公因子 m 后

$$[D]_1=[D][n]_1=\frac{m}{k}\begin{bmatrix}0&-0.802&-1.247\\0&0.198&-0.247\\0&0.198&0.753\end{bmatrix}$$

设 $\{X^{(1)}\}=\{1\quad1\quad-1\}^T$，用 $[D]_1$ 迭代，先去掉 $[D]_1$ 中的 m/k。

二阶特征向量为 $\{u^{(2)}\}=\{-1.249\quad-0.555\quad1\}^T$，特征值为 $\lambda_2=0.643\dfrac{m}{k}$，$\omega_2^2=\dfrac{1}{\lambda_2}=\dfrac{1}{0.643m/k}=1.555\dfrac{k}{m}$。迭代结果列于表 5-1 中。

(3) 求第三阶固有频率和特征向量

由式(5-33)得

$$[n_{21}\ n_{22}\quad n_{23}]=\{u\}_2^T[M]=\{-1.249\quad-0.555\quad1\}m[E]$$
$$=m\{-1.249\quad-0.555\quad1\}$$

由式(5-26)、式(5-27)和式(5-30)得

$$[n]_2=m\begin{bmatrix}0.445&0.802&1\\-1.249&-0.555&1\\0&0&1\end{bmatrix}^{-1}\begin{bmatrix}0&0&0\\0&0&0\\0&0&1\end{bmatrix}=m\begin{bmatrix}0&0&1.821\\0&0&-2.244\\0&0&1\end{bmatrix}$$

去掉公因子 m 后

$$[D]_2=[D]_1[n]_2=\frac{m}{k}\begin{bmatrix}0&0&0.553\\0&0&-0.691\\0&0&0.309\end{bmatrix}$$

设 $\{X^{(1)}\} = \{1\ -1\ 1\}^T$，用 $[D]_2$ 迭代，先去掉 $[D]_2$ 中的 m/k。

$\{Y^{(1)}\} = [D]_2\{X^{(1)}\} = \{0.553\ \ -0.691\ \ 0.309\}^T$，$\{X^{(2)}\} = \{1.790\ \ -2.236\ \ 1\}^T$

$\{Y^{(2)}\} = [D]_2\{X^{(2)}\} = \{0.553\ \ -0.691\ \ 0.309\}^T$，$\{X^{(3)}\} = \{1.790\ -2.236\ \ \ 1\}^T$

所以，三阶特征向量为 $\{u^{(3)}\} = \{1.790\ -2.236\ 1\}^T$，特征值为 $\lambda_3 = 0.309\dfrac{m}{k}$，

$\omega_3^2 = \dfrac{1}{\lambda_3} = \dfrac{1}{0.309m/k} = 3.236\dfrac{k}{m}$，而精确解为 $\{u^{(3)}\} = \{1.802\ \ -2.247\ \ 1\}^T$，$\omega_3^2 = 3.247\dfrac{k}{m}$。

第 1，2 阶特征值和特征向量迭代过程   表 5-1

迭代次数	1 阶 $\{X^{(i)}\}$	1 阶 λ_i	2 阶 $\{X^{(i)}\}$	2 阶 λ_i
1	$\{1\ 1\ 1\}^T$	—	$\{1\ 1\ -1\}^T$	—
2	$\{0.5\ 0.833\ 1\}^T$	6.000	$\{-0.802\ -0.802\ 1\}^T$	-0.555
3	$\{0.452\ 0.806\ 1\}^T$	5.065	$\{-1.018\ -0.333\ 1\}^T$	0.594
4	$\{0.446\ 0.803\ 1\}^T$	5.051	$\{-1.018\ -0.333\ 1\}^T$	0.687
5	$\{0.445\ 0.802\ 1\}^T$	5.049	...	...
6	$\{0.445\ 0.802\ 1\}^T$	5.049	...	...
10	—	—	$\{-1.249\ -0.555\ 1\}^T$	0.643

上述结果表明，矩阵迭代法得到的结果和精确解几乎没有误差。

5.2.5 子空间迭代法

子空间迭代法（Subspace Iteration Method）是求解大型特征值问题低阶特征对的有效方法。它实质上是李兹法和矩阵迭代法的组合，一方面采用李兹法来缩减自由度数，并确定相应的固有频率和振型，另一方面使用矩阵迭代法进行迭代，以获得足够准确的振型。

子空间迭代法的特点：

(1) 可求解大型特征值问题；

(2) 求解前若干阶特征对；

(3) 固有频率和振型计算迭代效率高、速度快、精度高。

由于大型特征值问题真正需要求解的低阶特征对数量不多，这里给出便于理解的李兹法缩减自由度、矩阵迭代和特征值问题求解相结合的方法，而不是纯粹李兹法和矩阵迭代法的组合。下面介绍这种子空间迭代的基本步骤。

如果计算 s 个特征对，则选取 k（$k > s$）个初始迭代向量，它们构成 $n \times k$ 阶矩阵

$$[\bar{u}]_0 = [\{\bar{u}^{(1)}\}\{\bar{u}^{(2)}\}\cdots\{\bar{u}^{(k)}\}] \qquad (5\text{-}36)$$

进行初次迭代

$$[\bar{u}]_1 = [D][\bar{u}]_0 \qquad (5\text{-}37)$$

如果继续迭代，各阶振型都将趋近于第一阶真实振型，为避免出现这一状况，要利用式(3-38)和式(3-44)对 $[\bar{u}]_1$ 进行标准化处理，然后再用 $[\bar{u}]_1$ 作为假设振型进行李兹法求解。为此，按照式(5-13)对原系统降阶

$$[\overline{K}]_1 = [\overline{u}]_1^T [K] [\overline{u}]_1, [\overline{M}]_1 = [\overline{u}]_1^T [M] [\overline{u}]_1 \tag{5-38}$$

形成 k 个广义特征值方程

$$([\overline{K}]_1 - \omega^2 [\overline{M}]_1)\{c\} = \{0\} \tag{5-39}$$

求解方程(5-39)得到前 k 个特征对的第一次迭代结果 ω_k^2 和 $\{c^{(i)}\}$ ($i=1$，2，$\cdots$，k)，再通过变换式(5-14)得到前 k 阶振型的第一次迭代结果

$$[u^{(i)}]_1 = [\overline{u}]_1 \{c^{(i)}\}_1 (i=1,2,\cdots,k) \tag{5-40}$$

继续上述迭代和特征方程求解

$$[\overline{u}]_r = [D][\overline{u}]_{r-1} \tag{5-41}$$

$$[\overline{K}]_r = [\overline{u}]_r^T [K] [\overline{u}]_r, [\overline{M}]_1 = [\overline{u}]_1^T [M] [\overline{u}]_1 \tag{5-42}$$

$$([\overline{K}]_r - \omega^2 [\overline{M}]_r)\{c\} = \{0\} \tag{5-43}$$

$$[u^{(i)}]_r = [\overline{u}]_r \{c^{(i)}\}_r (i=1,2,\cdots,k) \tag{5-44}$$

直到前后两次迭代足够接近（达到进度要求）为止。在上述迭代过程中所有振型向量 $[\overline{u}]_r$ 均作标准化处理。

【例 5-6】 用子空间迭代法求【例 5-3】系统的前两阶固有频率和振型。

解： 假设前两阶振型即初始迭代矩阵为

$$[\overline{u}]_0 = \begin{bmatrix} 1 & 1 & 1 & 1 & 1 & 1 \\ 1 & 1 & 1 & -1 & -1 & -1 \end{bmatrix}^T$$

进行初次迭代

$$[\overline{u}]_1 = [D][\overline{u}]_0 = [K]^{-1}[M][\overline{u}]_0$$

$$= \frac{m}{k} \begin{bmatrix} 3.000 & 5.000 & 6.000 & 6.000 & 5.000 & 3.000 \\ 1.287 & 1.571 & 0.857 & -0.857 & -1.571 & -1.287 \end{bmatrix}^T$$

标准化后

$$[\overline{u}]_1 = \frac{1}{\sqrt{m}} \begin{bmatrix} 0.254 & 0.423 & 0.507 & 0.507 & 0.423 & 0.254 \\ 0.413 & 0.504 & 0.275 & -0.275 & -0.504 & -0.412 \end{bmatrix}^T$$

形成子空间的广义刚度和质量矩阵

$$[\overline{K}]_1 = [\overline{u}]_1^T [K] [\overline{u}]_1 = \frac{k}{m} \begin{bmatrix} 0.200 & 0.000 \\ 0.000 & 0.765 \end{bmatrix}, [\overline{M}]_1 = [\overline{u}]_1^T [M] [\overline{u}]_1 = \begin{bmatrix} 1.000 & 0.000 \\ 0.000 & 1.000 \end{bmatrix}$$

求出特征方程 $([\overline{K}]_1 - \omega^2 [\overline{M}]_1)\{c\} = \{0\}$ 的解

$$\omega_1 \approx 0.447 \sqrt{\frac{k}{m}}, \omega_2 \approx 0.874 \sqrt{\frac{k}{m}}, \{c^{(1)}\}_1 = \begin{Bmatrix} 1 \\ 0 \end{Bmatrix}, \{c^{(2)}\}_1 = \begin{Bmatrix} 0 \\ 1 \end{Bmatrix}$$

原系统的振型为

$$[u]_1 = [\overline{u}]_1 [c]_1 = \frac{1}{\sqrt{m}} \begin{bmatrix} 0.254 & 0.423 & 0.507 & 0.507 & 0.423 & 0.254 \\ 0.413 & 0.504 & 0.275 & -0.275 & -0.504 & -0.412 \end{bmatrix}^T$$

二次迭代

$$[\bar{u}]_2 = [D][\bar{u}]_1 = \frac{\sqrt{m}}{k}\begin{bmatrix} 4.667 & 8.333 & 10.333 & 10.333 & 8.333 & 4.667 \\ 1.333 & 1.667 & 0.778 & -0.778 & -1.667 & -1.333 \end{bmatrix}^T$$

标准化后

$$[\bar{u}]_2 = \frac{k}{m}\begin{bmatrix} 0.235 & 0.419 & 0.519 & 0.519 & 0.419 & 0.235 \\ 0.415 & 0.519 & 0.242 & -0.242 & -0.519 & -0.415 \end{bmatrix}^T$$

$$[\bar{K}]_2 = [\bar{u}]_2{}^T[K][\bar{u}]_2 = \frac{k^3}{m^2}\begin{bmatrix} 0.198 & 0.000 \\ 0.000 & 0.754 \end{bmatrix}$$

$$[\bar{M}]_2 = [\bar{u}]_2{}^T[M][\bar{u}]_2 = \frac{k^2}{m}\begin{bmatrix} 1.000 & 0.000 \\ 0.000 & 1.000 \end{bmatrix}$$

$$\omega_1 \approx 0.446\sqrt{\frac{k}{m}},\omega_2 \approx 0.868\sqrt{\frac{k}{m}},\{c^{(1)}\}_2 = \begin{Bmatrix} 1 \\ 0 \end{Bmatrix},\{c^{(2)}\}_2 = \begin{Bmatrix} 0 \\ 1 \end{Bmatrix}$$

$$[u]_2 = [\bar{u}]_2[c]_2 = \frac{k}{m}\begin{bmatrix} 0.235 & 0.419 & 0.519 & 0.519 & 0.419 & 0.235 \\ 0.415 & 0.519 & 0.242 & -0.242 & -0.519 & -0.415 \end{bmatrix}^T$$

将两次振型写为下面统一的形式

$$[u]_1 = \begin{bmatrix} 1.000 & 1.667 & 2.000 & 2.000 & 1.667 & 1.000 \\ 1.000 & 1.222 & 0.667 & -0.667 & -1.222 & -1.000 \end{bmatrix}^T$$

$$[u]_2 = \begin{bmatrix} 1.000 & 1.786 & 2.214 & 2.214 & 1.786 & 1.000 \\ 1.000 & 1.250 & 0.583 & -0.583 & -1.250 & -1.000 \end{bmatrix}^T$$

经过两次迭代，结果已经很接近，如果要提高精度，可进一步迭代。

特征值问题的近似计算方法还有很多，比如行列式搜索法（Determinant Search Method）、雅可比（Jacobi）法、兰索斯（Lanczos）方法、传递矩阵法（Transfer Matrix Method）等等。雅可比法只能用于求解全部特征对，因此，适合求解小型特征值问题；行列式搜索法适合用于刚度、质量矩阵为小带宽的前若干个特征对求解；对于大型特征值问题，多采用子空间迭代法、兰索斯方法等；而传递矩阵法适用于链状结构，如多圆盘扭转、传动轴、连续梁等。

在选择计算方法时，首先要考虑问题的特点，如刚度、质量矩阵的带宽、正定性，要求解特征对的数目等。再根据各种解法的有效性和特点综合加以选择。对于大型特征值问题，一般是几种方法的组合，不直接采用单一方法。

这里只介绍了几种基本的方法，其他方法，有兴趣的读者可参阅相关书籍。

5.3 连续系统固有振动特性的近似计算方法

5.3.1 瑞利商 固有频率的结构特性

1. 连续系统的动能和势能

设系统的一维固有振动为

$$u(x,t) = u(x)\sin(\omega t + \varphi) \tag{5-45}$$

视振动形式的不同，$u(x,t)$ 可以代表纵向位移、扭转角或横向位移，而 $u(x)$ 为广义振型函数。从式(5-45)可得速度（或角速度）的振幅为 $\omega u(x)$，系统的最大动能可一般地表示为

$$T_{\max} = \omega^2 T_0 \tag{5-46}$$

其中

$$T_0 = \frac{1}{2} \int_0^l u(x) \boldsymbol{M} u(x) \mathrm{d}x \tag{5-47}$$

T_0 称为系统的动能系数，$\boldsymbol{M}$ 为式(4-95)定义的算子。

另一方面，振幅函数 $u(x)$ 可以看作是在分布荷载 $\boldsymbol{K}u(x)$ 作用下的静位移。由于位移 $u(x)$ 引起的应变能等于荷载缓慢增加时在位移 $u(x)$ 上所作的功，因此系统的最大势能可表示为

$$V_{\max} = \frac{1}{2} \int_0^l u(x) \boldsymbol{K} u(x) \mathrm{d}x \tag{5-48}$$

其中 $\boldsymbol{K}$ 为式(4-95)定义的算子。

表 5-2 给出了不同振动系统动、势能的计算公式。

几种一维振动系统的动能和势能　　　　　　　　表 5-2

振动系统	T_0	$V_{\max}$
杆的纵向振动	$\frac{1}{2} \int_0^l \rho A U^2 \mathrm{d}x$	$\frac{1}{2} \int_0^l EA \left(\frac{\mathrm{d}U}{\mathrm{d}x}\right)^2 \mathrm{d}x$
弦的横向振动	$\frac{1}{2} \int_0^l \rho A U^2 \mathrm{d}x$	$\frac{1}{2} \int_0^l T \left(\frac{\mathrm{d}U}{\mathrm{d}x}\right)^2 \mathrm{d}x$
圆轴的扭转振动	$\frac{1}{2} \int_0^l \rho J_p \Theta^2 \mathrm{d}x$	$\frac{1}{2} \int_0^l GJ_p \left(\frac{\mathrm{d}\Theta}{\mathrm{d}x}\right)^2 \mathrm{d}x$
梁的横向振动	$\frac{1}{2} \int_0^l \rho A W^2 \mathrm{d}x$	$\frac{1}{2} \int_0^l EI \left(\frac{\mathrm{d}^2 W}{\mathrm{d}x^2}\right)^2 \mathrm{d}x$

2. 瑞利商

式(4-95)给出了用算子表示的一维连续系统的特征值方程，式中 $u(x)$ 必须满足问题的全部边界条件。以 $u(x)$ 乘方程（4-95）的两端，并对变量 x 在区间 $[0, l]$ 上积分，得到

$$\omega^2 = \int_0^l u(x) \boldsymbol{K} u(x) \mathrm{d}x \Big/ \int_0^l u(x) \boldsymbol{M} u(x) \mathrm{d}x \tag{5-49}$$

由于系统的第 i 阶固有频率 ω_i 与相应的固有振型 $u^{(i)}(x)$ 满足特征值方程（4-95），因此当式（5-49）右端的 $u(x)$ 用 $u^{(i)}(x)$ 代替后，经微分、积分运算得到 ω_i^2。

定义连续系统的瑞利商

$$R[u] = \int_0^l u \boldsymbol{K} u \mathrm{d}x \Big/ \int_0^l u \boldsymbol{M} u \mathrm{d}x \tag{5-50}$$

当 u 取振型 $u^{(i)}(x)$ 时，瑞利商等于 ω_i^2。

注意到瑞利商的表达式(5-50)，$R[u(x)]$ 的分子等于 $2V_{\max}$，分母等于 $2T_0$，这与离散系统瑞利商的物理意义相同。

3. 固有频率的变分式

在无限邻近的函数 $u(x)$ 中，固有振型使泛函 $R[u]$ 取驻值，并等于对应的固有频率的平方，变分式可表示为

$$\omega^2 = \mathrm{st}\left[\int_0^l u \boldsymbol{K} u \mathrm{d}x \Big/ \int_0^l u \boldsymbol{M} u \mathrm{d}x\right] \tag{5-51}$$

其中 st 表示取驻值。式(5-51)的证明可参阅其他文献。

应用展开定理可以证明瑞利商的最小值等于基本频率的平方。设系统的固有频率和振型为 ω_i、$u^{(i)}(x)$（$i=1$，2，…）。对于任一可能位移 u，可按固有振型展开为 $u = \sum_{i=1}^{\infty} c_i u^{(i)}(x)$，将其代入瑞利商的表达式(5-50)，应用正交关系式(4-100)、式(4-102)得到

$$R[u] = \frac{\sum_{i=1}^{\infty} c_i^2 \omega_i^2}{\sum_{i=1}^{\infty} c_i^2} = \omega_1^2 + \frac{\sum_{i=1}^{\infty} c_i^2 (\omega_i^2 - \omega_1^2)}{\sum_{i=1}^{\infty} c_i^2} \geqslant \omega_1^2 \tag{5-52}$$

只有当 u 为基本振型时，上述不等式才取等号。因此，瑞利商提供了基本频率平方的上限，即

$$\omega_1^2 = \min R[u] \tag{5-53}$$

固有频率的变分式（5-51）要求自变函数 $u(x)$ 满足问题的全部边界条件，由于对自变函数的限制太强，基于变分式（5-51）的直接解法的实用意义受到了影响。

4. 固有频率的结构特性

5.1 节给出的多自由度系统瑞利商及固有频率的一些性质对连续体也适用。利用这些性质，可给出系统参数的变化与增加约束对固有频率的影响（证明可参阅其他书籍）：增大刚度、增加约束、减小质量，固有频率提高；在某阶固有振型取值最大的地方增大质量，能最有效地降低该阶固有频率；在某阶振型曲线曲率最大的地方增大刚度，能最有效地提高该阶固有频率。

下面介绍几种常用的连续系统特征值问题的近似计算方法。

5.3.2 瑞利法

对于保守系统，以式(5-46)代入机械能守恒式 $T_{\max} = V_{\max}$ 得到

$$\omega^2 \frac{V_{\max}}{T_0} \tag{5-54}$$

上式右端即为瑞利商，其最小函数为基本振型，最小值为基本频率的平方。

瑞利法的基本思想：假设满足位移边界条件的试函数 $u(x)$，由式(5-54)求出固有频率。

瑞利法的特点：只能求解基本固有频率，且为精确解的上限；计算精度取决于假设试函数 $u(x)$ 的好坏。

在结构设计的过程中，当需要快速估计各种结构设计方案的基本频率时，可采用瑞利法。

【例 5-7】 考察一锥形杆的纵向振动，杆在 $x=0$ 的一端固定，$x=l$ 的一端自由，杆的截面分布为 $A(x) = A_0 \left[1 - \frac{1}{2} \left(\frac{x}{l} \right)^2 \right]$，试计算该系统的基本频率。

解： 取均匀杆在相同边界条件下的基本振型（满足本例边界条件）为试探函数 $U(x) = \sin\frac{\pi x}{2l}$，由表 5-2 得到

$$V_{\max} = \frac{1}{2} \int_0^l EA \left(\frac{\mathrm{d}U}{\mathrm{d}x} \right)^2 \mathrm{d}x = \frac{\pi^2 EA_0}{8l^2} \int_0^l \left(1 - \frac{1}{2} \left(\frac{x}{l} \right)^2 \right) \cos^2 \frac{\pi x}{2l} \mathrm{d}x = \frac{EA_0}{96l} (5\pi^2 + 6)$$

$$T_0 = \frac{1}{2} \int_0^l \rho A U^2 \, dx = \frac{\rho A_0}{2} \int_0^l \left(1 - \frac{1}{2} \left(\frac{x}{l} \right)^2 \right) \sin^2 \frac{\pi x}{2l} \, dx = \frac{\rho A_0 l}{24\pi^2} (5\pi^2 - 6)$$

$$\omega^2 = \frac{V_{max}}{T_0} = \frac{E A_0 \pi^2 (5\pi^2 + 6)}{4 \rho A_0 l^2 (5\pi^2 - 6)} = 3.150 \frac{E}{\rho l^2}$$

【例 5-8】 单位厚度的楔形悬臂梁如图 5-2 所示，求梁在 xz 平面内弯曲振动的基本频率。

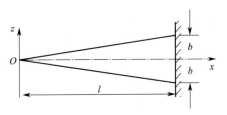

图 5-2 悬臂梁弯曲振动

解： 设材料密度为 ρ，由图可知，则梁的截面 $A(x) = \frac{2bx}{l}$，截面惯性矩为 $I(x) = \frac{2b^3 x^3}{3l^3}$。

取试探函数 $W(x) = \left(1 - \frac{x}{l} \right)^3$，满足位移边界条件。由表 5-2 得到

$$V_{max} = \frac{1}{2} \int_0^l EI \left(\frac{d^2 W}{dx^2} \right)^2 dx = \frac{E b^3}{3l^3}, \quad T_0 = \frac{1}{2} \int_0^l \rho A W^2 \, dx = \frac{b\rho l}{30}$$

$$\omega^2 = \frac{V_{max}}{T_0} = 10 \frac{E b^2}{\rho l^4}, \quad \omega = \frac{5.477b}{l^2} \sqrt{\frac{E}{3\rho}}$$

此问题基本频率的精确值为 $\omega = \frac{5.315b}{l^2} \sqrt{\frac{E}{3\rho}}$，近似值较精确值高 3.1%。

5.3.3 李兹法

由式(5-51)知，对于任意保守系统，固有频率的变分式可表为

$$\omega^2 = st \frac{V_{max}}{T_0} \tag{5-55}$$

其中 V_{max} 和 T_0 均依赖于广义位移的振幅函数，对于不同的系统，有不同的表达式。

李兹法（也称瑞利-李兹法）的特点：可求解前几阶固有频率与振型；所求固有频率为精确解的上限。

李兹法的基本思想和步骤：

(1) 取 n 个线性无关的位移函数 $\varphi_i(x)$ $(i = 1, 2, \cdots, n)$，它们均满足位移边界条件，令

$$u(x) = \varphi_1 a_1 + \varphi_2 a_2 + \cdots + \varphi_n a_n = \{\varphi\}^T \{a\} \tag{5-56}$$

其中 $\{a\}$ 为任意的 n 维常矢量。

李兹法的基本思想是在集合(5-56)中求瑞利商的驻值，以代替在全体可能位移 $\varphi_i(x)$ $(i = 1, 2, \cdots, n)$ 中求驻值。

（2）计算式(5-55)的分子和分母，即式(5-48)和式(5-47)，并写为

$$V_{\max} = \frac{1}{2}\int_0^l u(x)\pmb{K}u(x)\mathrm{d}x = \{a\}^T[\bar{K}]\{a\} \tag{5-57}$$

$$T_0 = \frac{1}{2}\int_0^l u(x)\pmb{M}u(x)\mathrm{d}x = \{a\}^T[\bar{M}]\{a\} \tag{5-58}$$

其中 $[\bar{K}]$ 和 $[\bar{M}]$ 为 $n\times n$ 对称、正定矩阵，它们的元素列于表5-3。

几种一维振动系统的动能和势能矩阵元素　　　　　　　　　表5-3

振动系统	m_{ij}	k_{ij}
杆的纵向振动	$\int_0^l \rho A\varphi_i\varphi_j\mathrm{d}x$	$\int_0^l EA\dfrac{\mathrm{d}\varphi_i}{\mathrm{d}x}\dfrac{\mathrm{d}\varphi_j}{\mathrm{d}x}\mathrm{d}x$
弦的横向振动	$\int_0^l \rho A\varphi_i\varphi_j\mathrm{d}x$	$\int_0^l T\dfrac{\mathrm{d}\varphi_i}{\mathrm{d}x}\dfrac{\mathrm{d}\varphi_j}{\mathrm{d}x}\mathrm{d}x$
圆轴的扭转振动	$\int_0^l \rho J_p\varphi_i\varphi_j\mathrm{d}x$	$\int_0^l GJ_p\dfrac{\mathrm{d}\varphi_i}{\mathrm{d}x}\dfrac{\mathrm{d}\varphi_j}{\mathrm{d}x}\mathrm{d}x$
梁的横向振动	$\int_0^l \rho A\varphi_i\varphi_j\mathrm{d}x$	$\int_0^l EI\dfrac{\mathrm{d}^2\varphi_i}{\mathrm{d}x^2}\dfrac{\mathrm{d}^2\varphi_j}{\mathrm{d}x^2}\mathrm{d}x$

（3）以式(5-57)、式(5-58)分别代入式(5-55)后得到

$$2\delta\{a\}^T([\bar{K}]\{a\} - \omega^2[\bar{M}]\{a\}) = 0$$

由于矢量 $\{a\}$ 的诸分量均可独立变更，由上式可以得到代数特征值方程

$$[\bar{K}]\{a\} - \omega^2[\bar{M}]\{a\} = \{0\} \tag{5-59}$$

（4）计算式 (5-59) n 个实的、非负的特征值 ω^2 与相应的特征矢量 $\{a\}$，特征矢量满足正交归一化条件

（5）计算固有振型

$$u^{(i)}(x) = \{\varphi\}^T\{a^{(i)}\} \quad (i=1,2,\cdots,n) \tag{5-60}$$

李兹法的准确程度，依赖于所选基函数构成的函数空间中是否存在良好的近似固有振型，并不是依赖于个别基函数是否与固有振型接近。因而，选择基函数可以稍为随便一些，这是李兹法比瑞利法优越的地方。

在工程上应用李兹法时所取基函数的项数 n 是不多的，以致只有少数几个低阶固有频率的近似值有实用意义，随着阶数的增加，近似值的误差将显著增加。因固有频率是瑞利商的逗留值，在逗留值邻近，瑞利商对自变函数的变化很不敏感。

应用李兹法的主要目的是计算系统的前一两阶固有频率，所得基本频率的近似值肯定比瑞利法得到的好，因瑞利法是李兹法当基函数仅取一项时的特殊情形。

【例5-9】 用李兹法求【例5-7】中锥形杆纵向振动的前两阶固有频率的近似值。

解：基函数取均匀杆的固有振型：

$$\varphi_i(x) = \sin(2i-1)\frac{\pi x}{2l} \quad (i=1,2,\cdots,n)$$

由表5-3计算矩阵元素

$$k_{ij} = \int_0^l EA(x) \frac{\mathrm{d}\varphi_i}{\mathrm{d}x} \frac{\mathrm{d}\varphi_j}{\mathrm{d}x} \mathrm{d}x = \begin{cases} \dfrac{EA}{8l}(2i-1)(2j-1)\left[\dfrac{(-1)^{i+j}}{(i+j-1)^2} - \dfrac{(-1)^{i-j}}{(i-j)^2}\right], i \neq j \\ \dfrac{EA}{48l}\left[5(2i-1)^2\pi^2 + 6\right], i = j \end{cases}$$

$$m_{ij} = \int_0^l \rho A(x) \varphi_i \varphi_j \mathrm{d}x = \begin{cases} \dfrac{\rho Al}{2\pi^2}\left[\dfrac{(-1)^{i+j-1}}{(i+j-1)^2} - \dfrac{(-1)^{i-j}}{(i-j)^2}\right], i \neq j \\ \dfrac{\rho Al}{12\pi^2}\left[5\pi^2 - \dfrac{6}{(2i-1)^2}\right], i = j \end{cases}$$

如果取 $n=2$，则

$$[\bar{K}] = \frac{EA}{48l}\begin{bmatrix} 5\pi^2 + 6 & \dfrac{27}{2} \\ \dfrac{27}{2} & 45\pi^2 + 6 \end{bmatrix}, [\bar{M}] = \frac{\rho Al}{12\pi^2}\begin{bmatrix} 5\pi^2 - 6 & \dfrac{15}{2} \\ \dfrac{15}{2} & 5\pi^2 - \dfrac{2}{3} \end{bmatrix}$$

代入特征值方程 (5-59)，解得特征值及相应的特征矢量

$$\omega_1^2 = 3.145 \frac{E}{\rho l^2}, \omega_2^2 = 23.284 \frac{E}{\rho l^2}, \{a^{(1)}\} = \begin{Bmatrix} 1.0000 \\ -0.0101 \end{Bmatrix}, \{a^{(2)}\} = \begin{Bmatrix} -0.1598 \\ 0.9871 \end{Bmatrix}$$

代入式(5-50)得前两阶近似的固有振型为

$$U^{(1)}(x) = \sin\frac{\pi x}{2l} - 0.0101\sin\frac{3\pi x}{2l}, U^{(2)}(x) = -0.1598\sin\frac{\pi x}{2l} + 0.9871\sin\frac{3\pi x}{2l}$$

【例 5-10】　用李兹法计算【例 5-8】中的楔形梁的固有频率。

解： 取满足边界条件的基函数为

$$\varphi_i(x) = \left(\frac{x}{l}\right)^{i-1}\left(1 - \frac{x}{l}\right)^2 \quad (i = 1, 2, \cdots, n)$$

由表 5-3 计算矩阵元素，取 $n=2$，得到

$$[\bar{K}] = \frac{2Eb_3}{15l^3}\begin{bmatrix} 5 & 2 \\ 2 & 2 \end{bmatrix}, \quad [\bar{M}] = \frac{b\rho l}{420}\begin{bmatrix} 28 & 8 \\ 8 & 3 \end{bmatrix}$$

代入特征值方程 (5-59)，解得特征值为

$$\omega_1 = 5.319 \frac{1}{l^2}\sqrt{\frac{E}{3\rho}}, \quad \omega_2 = 17.30 \frac{1}{l^2}\sqrt{\frac{E}{3\rho}}$$

5.3.4　子空间迭代法

李兹法计算得到的近似固有频率的误差是无法估计的，而且由于使用选取基函数的数目只有为数不多的几个，因而用李兹法求得的固有频率仍是粗糙的。子空间迭代法利用改善函数空间基底与李兹法相结合的方法，获得较为精密的结果。

子空间迭代法的特点：可求解前几阶固有频率与振型；所求固有频率为精确解的上限。

子空间迭代法的基本思想和步骤：子空间迭代法每一次迭代循环分两大步，一是改善子空间基底，二是李兹法求解。

如果 n 个基函数构成的函数空间与系统前 n 阶固有振型为基底构成的函数空间相同时，应用李兹法肯定得到精确解。从这点出发，我们希望基函数与高阶振型相关程度越小越好。

(1) 设 $\varphi_0^{(i)}(x)$ ($i=1,2,\cdots,n$) 为 n 个线性无关的函数，并且满足全部边界条件，因此，可以按固有振型展开成一致收敛的级数

$$\varphi_0^{(i)}(x)=\sum_{j=1}^{\infty}c_{ji}u^{(j)}(x)\ (i=1,2,\cdots) \tag{5-61}$$

其中

$$c_{ji}=\int_0^l u^{(j)}\boldsymbol{M}\varphi_0^{(i)}\mathrm{d}x \tag{5-62}$$

如上所述，c_{ji} 可以度量 $\varphi_0^{(i)}$ 与 $u^{(j)}(x)$ 的相关程度。

(2) 以 $\boldsymbol{M}\varphi_0^{(i)}$ 作为作用在系统上的分布荷载，求其静挠度 $s_0^{(i)}$、$s_0^{(i)}$ 是如下微分方程边值问题的解

$$\boldsymbol{K}s_0^{(i)}=\boldsymbol{M}\varphi_0^{(i)}\ (i=1,2,\cdots) \tag{5-63}$$

$s_0^{(i)}$ 满足梁的全部边界条件。

以式(5-61)代入方程(5-63)，由于级数的一致收敛性，可以逐项积分，应用式(4-95)便可得到 $s_0^{(i)}$ 的级数形式的表达式

$$s_0^{(i)}=\sum_{j=1}^{\infty}\frac{c_{ji}}{\omega_j^2}u^{(j)}(x)\ (i=1,2,\cdots) \tag{5-64}$$

由于 $\omega_j(j=1,2,\cdots)$ 是一单调递增的无界序列，用上式与式(5-61)比较，可以看出高阶振型对 $s_0^{(i)}$ 的贡献减小了，低阶振型对 $s_0^{(i)}$ 的贡献增大了。亦即高阶固有振型与 $s_0^{(i)}$ 的相关程度低于与 $\varphi_0^{(i)}$ 的相关程度，因此，可以认为 $s_0^{(i)}(x)$ ($i=1,2,\cdots,n$) 是一组改善了的基函数。

(3) 应用李兹法，以 $s_0^{(i)}(x)$ ($i=1,2,\cdots,n$) 为基函数，令

$$u=\{s\}^{\mathrm{T}}\{a\} \tag{5-65}$$

以 $a_k(k=1,2,\cdots,n)$ 为广义坐标的 n 个自由度系统的刚度系数 k_{ij} 与质量系数 m_{ij} 如表 5-3，其中的 φ 换成 s 即可。然而由式(5-63)和式(5-57)看出

$$k_{ij}=\frac{1}{2}\int_0^l s_0^j(x)\boldsymbol{K}s_0^i(x)\mathrm{d}x=\int_0^l s_0^{(j)}(x)\boldsymbol{M}\varphi_0^{(i)}(x)\mathrm{d}x\ (i,j=1,2,\cdots,n) \tag{5-66}$$

这样，表 5-3 就可以变成统一的计算公式

$$m_{ij}=\int_0^l \rho As_is_j\mathrm{d}x,k_{ij}=\int_0^l \rho A\varphi_is_j\mathrm{d}x \tag{5-67}$$

上式适用于杆的纵向振动、弦的横向振动和梁的横向振动，对于圆轴的扭转振动只需将式中的截面积 A 换成极惯性矩 J_p 即可。

利用方程(5-59)求出 $\{a\}$，由式(5-60)得到相应的近似固有振型

$$\varphi_1^{(i)}=\{s\}^{\mathrm{T}}\{a^{(i)}\}\ (i=1,2,\cdots,n) \tag{5-68}$$

如果需要进一步改进结果，可以用 $\varphi_1^{(i)}$ ($i=1,2,\cdots,n$) 代替前面的 $\varphi_0^{(i)}$ ($i=1,2,\cdots,n$)，重复上述步骤，直到满足精度要求。

【例 5-11】 应用子空间迭代法求左端固定的均匀悬臂梁的固有频率。

解： 引入无量纲参数 $X=\dfrac{x}{l}$，$\lambda=\dfrac{\rho Al^4\omega^3}{EI}$。

取初始函数 $\varphi_0^{(1)} = X^2 - \dfrac{2}{3}X^3 + \dfrac{1}{6}X^4$，$\varphi_0^{(2)} = X^2 - \dfrac{1}{2}X^4 + \dfrac{1}{5}X^5$。前四次迭代结果列于表 5-4（所有结果均乘以因子 $\sqrt{\dfrac{EI}{\rho Al^4}}$）。

悬臂梁横向振动固有频率 表 5-4

迭代次数	ω_1	ω_2
1	3.5160	22.0560
2	3.5160	22.0346
3	3.5160	22.0345
4	5.5160	22.0345
理论解	3.5160	22.0345

【例 5-12】 应用子空间迭代法求左端固定、右端自由的均匀杆纵向振动的前三阶固有频率。

解： 引入无量纲参数 $X = \dfrac{x}{l}$，$\lambda = \dfrac{\rho Al^2 \omega^2}{EA}$，取 $\varphi_0^{(i)} = X - \dfrac{1}{i+1}X^{i+1}$（$i = 1$，2，3，4），显然，$\varphi_0^{(i)}(i=1,2,3,4)$ 满足边界条件。

前四次迭代结果列于表 5-5（所有结果均乘以因子 $\dfrac{1}{l}\sqrt{\dfrac{E}{\rho}}$）。

左端固定右端自由的均匀杆纵向振动固有频率 表 5-5

迭代次数	ω_1	ω_2	ω_3
1	1.5707963	4.7124875	7.8642367
2	1.5707963	4.7123889	7.8550881
3	1.5707963	4.7123888	7.8540824
4	1.5707962	4.7123888	7.8539870
理论解	1.5707962	4.7123888	7.8539814

■ 5.4 强迫振动响应的近似计算方法

求解振动系统响应的数值方法很多，一类是基于增量平衡方程的逐步积分法（Step-by-step Integration Method），这些方法直接从物理方程出发，无须事先求解固有特性，不必对方程解耦，无论任何激励均可求解，因此也称为直接积分法（Immediate Integration Method）。常用的方法包括线性加速度法、中心差分法、Houbolt 法、Wilson-θ 法和 Newmark 法等；另一类方法是利用模态坐标将动力学方程解耦，把 n 维自由度问题转化为解 n 个单自由度问题，这种方法称为模态叠加法（或称振型叠加法），在第 3、4 章中的响应求解就是这种方法，这里不再重述。

直接积分法的基本思想和步骤：

（1）时间离散化：一般采用等间隔离散方法，离散后，仅要求运动在离散时间点上满足运动方程，而在任意离散时间点之间不必要求满足运动方程；

（2）逐步积分：在时间间隔内依据离散增量平衡方程，从离散点 1 开始逐步积分到最后的离散点。具体步骤：

1）假设 $t=t_0$ 的初始状态向量 x_0、$\dot{x}_0$、$\ddot{x}_0$ 已知；

2）由增量平衡方程计算 $t_1=t_0+\Delta t$ 时刻的初始状态向量增量 Δx_1、$\Delta \dot{x}_1$、$\Delta \ddot{x}_1$，从而得到 $t_1=t_0+\Delta t$ 时刻的初始状态向量 $x_1=x_0+\Delta x_1$、$\dot{x}_1=\dot{x}_0+\Delta \dot{x}_1$、$\ddot{x}_1=\ddot{x}_0+\Delta \ddot{x}_1$；

3）由增量平衡方程计算 $t_i=t_0+i\Delta t$ 时刻的初始状态向量增量 Δx_i、$\Delta \dot{x}_i$、$\Delta \ddot{x}_i$，从而得到 $t_i=t_0+i\Delta t$ 时刻的初始状态向量 $x_i=x_{i-1}+\Delta x_i$、$\dot{x}_i=\dot{x}_{i-1}+\Delta \dot{x}_i$、$\ddot{x}_i=\ddot{x}_{i-1}+\Delta \ddot{x}_i$，$i=2, 3, \cdots, n$。

在上述计算过程中，采用不同的假设得到不同的积分计算方法，每种方法的计算精度有所不同，收敛性和稳定性也不尽相同，这些方法不但适用于线性系统，还可推广应用于非线性系统。

5.4.1 增量形式的振动微分方程

根据达朗伯原理，作用于振动系统的外干扰力 $F(t)$、惯性力 $F_I(t)$、弹性恢复力 $F_S(t)$ 和阻尼力 $F_D(t)$，满足动平衡方程

$$F_I(t)+F_D(t)+F_S(t)+F(t)=0 \tag{5-69}$$

经过时间间隔 Δt 后

$$F_I(t+\Delta t)+F_D(t+\Delta t)+F_S(t+\Delta t)+F(t+\Delta t)=0 \tag{5-70}$$

两式相减得到

$$\Delta F_I(t)+\Delta F_D(t)+\Delta F_S(t)+\Delta F(t)=0 \tag{5-71}$$

如果系统的固有参数（m、k、c）为常数，则有

$$\Delta F_I(t)=F_I(t+\Delta t)-F_I(t)=-m\Delta \ddot{x}(t)$$
$$\Delta F_D(t)=F_D(t+\Delta t)-F_D(t)=-c\Delta \dot{x}(t) \tag{5-72}$$
$$\Delta F_S(t)=F_S(t+\Delta t)-F_S(t)=-k\Delta x(t)$$

将式(5-72)代入式(5-71)即得到**增量运动方程**（Incremental Equation of Motion）

$$m\Delta \ddot{x}(t)+c\Delta \dot{x}(t)+k\Delta x(t)=\Delta F(t) \tag{5-73}$$

在应用上述增量方程时需要把系统的运动状态离散化。假设在时间段 t_0 到 t_m 内把时间均分 n 等分

$$\Delta t=\frac{t_m-t_0}{n} \tag{5-74}$$

则离散后的单自由度系统的增量运动方程应表示为

$$m\Delta \ddot{x}_j+c\Delta \dot{x}_j+k\Delta x_j=\Delta F_j \tag{5-75}$$

这里：$t_j=t_0+j\Delta t$，$x_j=x(t_j)$，$\Delta x_j=x_j-x_{j-1}$，$j=1, 2, \cdots, n$。

对于多自由度系统，增量运动方程为

$$[M]\{\Delta \ddot{x}\}_j+[C]\{\Delta \dot{x}\}_j+[K]\{\Delta x\}_j=\{\Delta F\}_j \tag{5-76}$$

其中：$\{x\}_j=\{x\}(t_j)$，$\{\Delta x\}_j=\{x\}_j-\{x\}_{j-1}$，$j=1, 2, \cdots, n$。

5.4.2 中心差分法

1. 中心差分公式

分别将 x_{j+1} 和 x_{j-1} 在 x_j 进行泰勒级数（Taylor's Series）展开

$$x_{j+1}=x_j+\Delta t\dot{x}_j+\frac{\Delta t^2}{2}\ddot{x}_j+\frac{\Delta t^3}{6}\dddot{x}_j+\cdots \tag{5-77}$$

$$x_{j-1}=x_j-\Delta t\dot{x}_j+\frac{\Delta t^2}{2}\ddot{x}_j-\frac{\Delta t^3}{6}\dddot{x}_j+\cdots \qquad (5\text{-}78)$$

上两式取前三项分别相减和相加得到速度和加速度的中心差分公式

$$\dot{x}_j=\frac{1}{2\Delta t}(x_{j+1}-x_{j-1}),\ \ddot{x}_j=\frac{1}{\Delta t^2}(x_{j+1}-2x_j+x_{j-1}) \qquad (5\text{-}79)$$

2. 中心差分法（Central Difference Method）求单自由度系统的响应

利用中心差分公式（5-79），将单自由度系统的振动方程（2-1）写为

$$m\frac{1}{\Delta t^2}(x_{j+1}-2x_j+x_{j-1})+c\frac{1}{2\Delta t}(x_{j+1}-x_{j-1})+kx_j=F_j \qquad (5\text{-}80)$$

由此解得计算位移的循环公式（Recurrence Formula）

$$x_{j+1}=\left[\frac{1}{\dfrac{m}{\Delta t^2}+\dfrac{c}{2\Delta t}}\right]\left[\left(\frac{2m}{\Delta t^2}-k\right)x_j+\left(\frac{c}{2\Delta t}-\frac{m}{\Delta t^2}\right)x_{j-1}+F_j\right] \qquad (5\text{-}81)$$

利用方程（2-1）将初始加速度写为

$$\ddot{x}_0=\frac{1}{m}(F_0-c\dot{x}_0-kx_0) \qquad (5\text{-}82)$$

式(5-81)需要用到 x_{-1}，可由式(5-79)求出

$$x_{-1}=x_0-\Delta t\dot{x}_0+\frac{\Delta t^2}{2}\ddot{x}_0 \qquad (5\text{-}83)$$

3. 中心差分法求多自由度系统的响应

多自由度和单自由度系统响应的求解方法一样，只需将上述公式作出相应的修改。

$$\{\dot{x}\}_j=\frac{1}{2\Delta t}(\{x\}_{j+1}-\{x\}_{j-1}),\ \{\ddot{x}\}_j=\frac{1}{\Delta t^2}(\{x\}_{j+1}-2\{x\}_j+\{x\}_{j-1}) \qquad (5\text{-}84)$$

循环公式为

$$\left(\frac{[M]}{\Delta t^2}+\frac{[C]}{2\Delta t}\right)\{x\}_{j+1}+\left(-\frac{2[M]}{\Delta t^2}+[K]\right)\{x\}_j+\left(\frac{[M]}{\Delta t^2}-\frac{[C]}{2\Delta t}\right)\{x\}_{j-1}=\{F\}_j$$

$$(5\text{-}85)$$

初始加速度和 $\{x\}_{-1}$ 为

$$\{\ddot{x}\}_0=[M]^{-1}(\{F\}_0-[C]\{\dot{x}\}_0-[K]\{x\}_0) \qquad (5\text{-}86)$$

$$\{x\}_{-1}=\{x\}_0-\Delta t\{\dot{x}\}_0+\frac{\Delta t^2}{2}\{\ddot{x}\}_0 \qquad (5\text{-}87)$$

【例 5-13】　假设单自由度 $m\text{-}k\text{-}c$ 系统的 $m=1$，$c=0.2$，$k=1$，$x_0=\dot{x}_0=0$，$F(t)=1-\sin\dfrac{\pi t}{2t_0}$，$t_0=\pi$，用中心差分法求响应。

解：由式(5-83)和式(5-84)求得 $\ddot{x}_0=1$，$x_{-1}=\Delta t^2/2$。

系统固有频率 $\omega_n=\sqrt{k/m}=1$，周期 $T=2\pi/\omega_n=2\pi$，因此时间间隔 Δt 必须小于 $T/\pi=2$。表 5-6 给出了通过式(5-82)取不同 Δt 的响应结果。

时间 t_i	$\Delta t = T/40$	$\Delta t = T/20$	$\Delta t = T/2$	理论解
0	0.00000	0.00000	0.00000	0.00000
$\pi/10$	0.04638	0.04935	—	0.04541
$2\pi/10$	0.16569	0.17169	—	0.16377
$3\pi/10$	0.32767	0.33627	—	0.32499
$4\pi/10$	0.50056	0.51089	—	0.49746
$5\pi/10$	0.65456	0.66543	—	0.65151
$6\pi/10$	0.76485	0.77491	—	0.76238
$7\pi/10$	0.81395	0.82185	—	0.81255
$8\pi/10$	0.79314	0.79771	—	0.79323
$9\pi/10$	0.70297	0.70340	—	0.70482
π	0.55275	0.54869	—	0.55647
2π	0.19208	0.19898	—	—

5.4.3 Houbolt 法

这里只给出多自由度系统，而单自由度系统可参照 5.4.2 部分。Houbolt 法与中心差分法的区别是差分形式不同，它采用的是向后差分格式

$$\{\dot{x}\}_{j+1} = \frac{1}{6\Delta t}(11\{x\}_{j+1} - 18\{x\}_j + 9\{x\}_{j-1} - 2\{x\}_{j-2}) \tag{5-88}$$

$$\{\ddot{x}\}_{j+1} = \frac{1}{\Delta t^2}(2\{x\}_{j+1} - 5\{x\}_j + 4\{x\}_{j-1} - \{x\}_{j-2}) \tag{5-89}$$

代入振动方程(3-6)后得到循环方程

$$\left(\frac{2[M]}{\Delta t^2} + \frac{11[C]}{6\Delta t} + [K]\right)\{x\}_{j+1} - \left(\frac{5[M]}{\Delta t^2} + \frac{3[C]}{\Delta t}\right)\{x\}_j$$
$$+ \left(\frac{4[M]}{\Delta t^2} + \frac{3[C]}{2\Delta t}\right)\{x\}_{j-1} - \left(\frac{[M]}{\Delta t^2} + \frac{[C]}{3\Delta t}\right)\{x\}_{j-2} = \{F\}_{j+1} \tag{5-90}$$

式(5-90)需要用到 $\{x\}_{-1}$ 和 $\{x\}_{-2}$，由式(5-88)和式(5-89)求出

$$\{x\}_{-1} = 6\Delta t\{\dot{x}\}_1 - 2\Delta t^2\{\ddot{x}\}_1 - 7\{x\}_1 + 8\{x\}_0$$
$$\{x\}_{-2} = 24\Delta t\{\dot{x}\}_1 - 9\Delta t^2\{\ddot{x}\}_1 - 24\{x\}_1 + 27\{x\}_0 \tag{5-91}$$

此式表明，还必须已知 $\{\dot{x}\}_1$，$\{\ddot{x}\}_1$，$\{x\}_1$，需要用其他方法确定，例如上面的中心差分法，具体步骤为：先通过式(5-86)、式(5-87)求 $\{x\}_{-1}$，再用式(5-85)求 $\{x\}_1$ 和 $\{x\}_2$，最后用式(5-84)确定 $\{\dot{x}\}_1$ 和 $\{\ddot{x}\}_1$。将其代入式(5-91)即可。

Houbolt 法和中心差分法的根本不同是 Houbolt 法为隐式积分，其舍入误差与时间步长的大小无关，所以是无条件稳定的。

5.4.4 Wilson-θ 法

Wilson-θ 法是线性加速度法的推广，都属于逐步积分法。线性加速度法假定在 Δt 时间间隔内，加速度呈线性变化。但是，这个方法不是无条件稳定的，所以在应用上受到限制。Wilson-θ 法推广了线性加速度法，他假定加速度从时刻 t 到时刻 $t+\theta\Delta t$ 为线性变化，经分析只要 $\theta \geqslant 1.37$，这一方法就是无条件稳定的，但 θ 不能取的太大，否则精度会下降，通常取 $\theta = 1.4$。

令 τ 表示时间的增量，其中，则加速度可表示为

$$\{\ddot{x}\}_{t+\tau} = \{\ddot{x}\}_t + \frac{\tau}{\theta\Delta t}(\{\ddot{x}\}_{t+\theta\Delta t} - \{\ddot{x}\}_t) \tag{5-92}$$

积分两次得

$$\{\dot{x}\}_{t+\tau} = \{\dot{x}\}_t + \tau\{\ddot{x}\}_t + \frac{\tau^2}{2\theta\Delta t}(\{\ddot{x}\}_{t+\theta\Delta t} - \{\ddot{x}\}_t) \tag{5-93}$$

$$\{x\}_{t+\tau} = \{x\}_t + \tau\{\dot{x}\}_t + \frac{1}{2}\tau^2\{\ddot{x}\}_t + \frac{\tau^3}{6\theta\Delta t}(\{\ddot{x}\}_{t+\theta\Delta t} - \{\ddot{x}\}_t) \tag{5-94}$$

将 $\tau = \theta\Delta t$ 代入上两式有

$$\{\dot{x}\}_{t+\theta\Delta t} = \{\dot{x}\}_t + \frac{\theta\Delta t}{2}(\{\ddot{x}\}_{t+\theta\Delta t} + \{\ddot{x}\}_t) \tag{5-95}$$

$$\{x\}_{t+\theta\Delta t} = \{x\}_t + \theta\Delta t\{\dot{x}\}_t + \frac{(\theta\Delta t)^2}{6}(\{\ddot{x}\}_{t+\theta\Delta t} + 2\{\ddot{x}\}_t) \tag{5-96}$$

利用式(5-95)和式(5-96)求出

$$\{\ddot{x}\}_{t+\theta\Delta t} = \frac{6}{(\theta\Delta t)^2}(\{x\}_{t+\theta\Delta t} - \{x\}_t) - \frac{6}{\theta\Delta t}\{\dot{x}\}_t - 2\{\ddot{x}\}_t) \tag{5-97}$$

$$\{\dot{x}\}_{t+\theta\Delta t} = \frac{3}{\theta\Delta t}(\{x\}_{t+\theta\Delta t} - \{x\}_t) - \frac{\theta\Delta t}{2}\{\ddot{x}\}_t - 2\{\dot{x}\}_t) \tag{5-98}$$

利用时刻 $t+\theta\Delta t$ 的动平衡方程式得

$$[M]\{\ddot{x}\}_{t+\theta\Delta t} + [C]\{\dot{x}\}_{t+\theta\Delta t} + [K]\{x\}_{t+\theta\Delta t} = \{F\}_{t+\theta\Delta t} \tag{5-99}$$

其中

$$\{F\}_{t+\theta\Delta t} = \{F\}_t + \theta(\{F\}_{t+\Delta t} - \{F\}_t) \tag{5-100}$$

将式 (5-97)、式 (5-98) 和式 (5-100) 代入式 (5-99) 得

$$\left(\frac{6}{(\theta\Delta t)^2}[M] + \frac{3}{\theta\Delta t}[C] + [K]\right)\{x\}_{t+\theta\Delta t} = \{F\}_t + \theta(\{F\}_{t+\Delta t} - \{F\}_t)$$
$$+ \left(\frac{6}{(\theta\Delta t)^2}[M] + \frac{3}{\theta\Delta t}[C]\right)\{x\}_t + \left(\frac{6}{\theta\Delta t}[M] + 2[C]\right)\{\dot{x}\}_t + \left(2[M] + \frac{\theta\Delta t}{2}[C]\right)\{\ddot{x}\}_t$$

$$\tag{5-101}$$

把 $\{x\}_{t+\theta\Delta t}$ 代入式(5-97)即可求得 $\{\ddot{x}\}_{t+\theta\Delta t}$，将 $\{\ddot{x}\}_{t+\theta\Delta t}$ 代入式(5-92)、式(5-93)和式(5-94)，并取 $\tau = \Delta t$，便可求得 $\{\ddot{x}\}_{t+\Delta t}$、$\{\dot{x}\}_{t+\Delta t}$ 和 $\{x\}_{t+\Delta t}$。

Wilson-θ 法是先求得时刻 $t+\Delta t$ 的 $\{x\}_{t+\theta\Delta t}$ 和 $\{\ddot{x}\}_{t+\theta\Delta t}$，再结合时刻 t 的加速度、速度及位移求得 $t+\Delta t$ 时刻的各状态量。

下面给出在计算机上实现的步骤：

（1）由式(5-86)确定 $\{\ddot{x}\}_0$；

（2）选取时间步长 Δt 和 $\theta = 1.40$；

（3）计算有效载荷

$$\{\widetilde{F}\}_{t+\theta\Delta t} = \{F\}_t + \theta(\{F\}_{t+\Delta t} - \{F\}_t) + [M]\left(\frac{6}{(\theta\Delta t)^2}\{x\}_t + \frac{6}{\theta\Delta t}\{\dot{x}\}_t + 2\{\ddot{x}\}_t\right) +$$
$$+ [C]\left(\frac{3}{\theta\Delta t}\{x\}_t + 2\{\dot{x}\}_t + \frac{\theta\Delta t}{2}\{\ddot{x}\}_t\right) \tag{5-102}$$

（4）计算时刻 $t+\theta\Delta t$ 的位移

$$\{x\}_{t+\theta\Delta t}=\left[\frac{6}{(\theta\Delta t)^2}[M]+\frac{3}{\theta\Delta t}[C]+[K]\right]^{-1}\{\widetilde{F}\}_{t+\theta\Delta t} \tag{5-103}$$

（5）计算在时刻 $t+\Delta t$ 的位移、加速度和速度

$$\{\ddot{x}\}_{t+\Delta t}=\frac{6}{\theta^3\Delta t^2}(\{x\}_{t+\theta\Delta t}-\{x\}_t)-\frac{6}{\theta^2\Delta t}\{\dot{x}\}_t+\left(1-\frac{3}{\theta}\right)\{\ddot{x}\}_t \tag{5-104}$$

$$\{\dot{x}\}_{t+\Delta t}=\{\dot{x}\}_t+\frac{\Delta t}{2}(\{\ddot{x}\}_{t+\Delta t}+\{\ddot{x}\}_t) \tag{5-105}$$

$$\{x\}_{t+\Delta t}=\{x\}_t+\Delta t\{\dot{x}\}_t+\frac{\Delta t^2}{6}(\{\ddot{x}\}_{t+\Delta t}+2\{\ddot{x}\}_t) \tag{5-106}$$

5.4.5 Newmark 法

Newmark 法也是线性加速度法的推广，采用如下形式的近似表达式

$$\{\dot{x}\}_{j+1}=\{\dot{x}\}_j+[(1-\beta)\{\ddot{x}\}_j+\beta\{\ddot{x}\}_{j+1}]\Delta t \tag{5-107}$$

$$\{x\}_{j+1}=\{x\}_j+\Delta t\{\dot{x}\}_j+\left[\left(\frac{1}{2}-\alpha\right)\{\ddot{x}\}_j+\alpha\{\ddot{x}\}_{j+1}\right]\Delta t^2 \tag{5-108}$$

其中 α 和 β 是根据积分精度和稳定性的要求来确定两个参数。当 $\alpha=1/6$、$\beta=1/2$ 时，式 (5-107) 和式 (5-108) 为相应的线性加速度法，当取 $\alpha=1/4$、$\beta=1/2$ 时，它是一种定常平均加速度法，是无条件稳定的。研究表明，只要 $\beta\geqslant\frac{1}{2}$ 并且 $\alpha\geqslant\frac{1}{4}\left(\beta+\frac{1}{2}\right)^2$，Newmark 法都是无条件稳定的，因此使用 Newmark 法的时候要注意这两个参数的选取。

为了得到 $t+\Delta t$ 时刻的位移、速度和加速度，还要考虑 $t+\Delta t$ 时刻的动平衡方程式

$$[M]\{\ddot{x}\}_{j+1}+[C]\{\dot{x}\}_{j+1}+[K]\{x\}_{j+1}+[M]\{\ddot{x}\}_{j+1}=\{F\}_{j+1} \tag{5-109}$$

由式(5-107)～式(5-109)用未知位移 $\{x\}_{j+1}$ 表示的方程

$$\{x\}_{j+1}=\left[\frac{1}{\alpha\Delta t^2}[M]+\frac{\beta}{\alpha\Delta t}[C]+[K]\right]^{-1}\cdot\left\{\{F\}_{j+1}+[M]\left[\frac{1}{\alpha\Delta t^2}\{x\}_j+\frac{1}{\alpha\Delta t}\{\dot{x}\}_j+\right.\right.$$
$$\left.\left.\left(\frac{1}{2\alpha}-1\right)\{\ddot{x}\}_j\right]+[C]\left[\frac{\beta}{\alpha\Delta t}\{x\}_j+\left(\frac{\beta}{\alpha}-1\right)\{\dot{x}\}_j+\left(\frac{\beta}{\alpha}-2\right)\frac{\Delta t}{2}\{\ddot{x}\}_j\right]\right\} \tag{5-110}$$

最后根据式(5-107) 和式(5-108) 计算出 $\{\ddot{x}\}_{j+1}$ 和 $\{\dot{x}\}_{j+1}$。

下面是在计算机上实现的步骤：

（1）由式(5-86) 确定 $\{\ddot{x}\}_0$；

（2）选取时间步长 Δt 和 α 和 β；

（3）从 0 开始由式(5-110) 计算 $\{x\}_{j+1}$；

（4）计算在时刻 $t+\Delta t$ 的加速度和速度

$$\{\ddot{x}\}_{j+1}=\frac{1}{\alpha\Delta t^2}(\{x\}_{j+1}-\{x\}_j)-\frac{1}{\alpha\Delta t}\{\dot{x}\}_j-\left(\frac{1}{2\alpha}-1\right)\{\ddot{x}\}_j \tag{5-111}$$

$$\{\dot{x}\}_{j+1}=\{\dot{x}\}_j+(1-\beta)\Delta t\{\ddot{x}\}_j+\beta\Delta t\{\ddot{x}\}_{j+1} \tag{5-112}$$

【例 5-14】 两自由度系统，$[M]=\begin{bmatrix}1&0\\0&2\end{bmatrix}$，$[C]=\begin{bmatrix}0&0\\0&0\end{bmatrix}$，$[K]=\begin{bmatrix}6&-2\\-2&8\end{bmatrix}$，

$\{F(t)\}=\begin{Bmatrix}0\\10\end{Bmatrix}$，$\{x\}_0=\{\dot{x}\}_0=\begin{Bmatrix}0\\0\end{Bmatrix}$。试用中心差分法、Houbolt 法、Wilson-θ 法和 Newmark 法求响应。

解： 求出系统的固有频率 $\omega_1 = 1.8088$，$\omega_2 = 2.5946$，固有振动周期 $T_1 = 2\pi/\omega_1 = 3.4757$，$T_2 = 2\pi/\omega_2 = 2.4216$，取 $\Delta t = T_2/10 = 0.24216$。则

$$\{\ddot{x}\}_0 = [M]^{-1}(\{F\}_0 - [C]\{\dot{x}\}_0 - [K]\{x\}_0) = [M]^{-1}\{F\}_0 = \{0 \quad 5\}^T$$

表 5-7 给出了各种方法计算的响应结果。在 Newmark 法中取 $\alpha = \dfrac{1}{6}$，$\beta = \dfrac{1}{2}$。

两自由度系统的位移响应　　　　　　　　　表 5-7

时间 $t_j = j\Delta t$	中心差分法	Houbolt 法	Wilson-θ 法	Newmark 法
t_1	$\begin{Bmatrix} 0 \\ 0.1466 \end{Bmatrix}$	$\begin{Bmatrix} 0 \\ 0.1466 \end{Bmatrix}$	$\begin{Bmatrix} 0.0033 \\ 0.1392 \end{Bmatrix}$	$\begin{Bmatrix} 0.0026 \\ 0.1411 \end{Bmatrix}$
t_2	$\begin{Bmatrix} 0.0172 \\ 0.5520 \end{Bmatrix}$	$\begin{Bmatrix} 0.0172 \\ 0.5520 \end{Bmatrix}$	$\begin{Bmatrix} 0.0289 \\ 0.5201 \end{Bmatrix}$	$\begin{Bmatrix} 0.0246 \\ 0.5329 \end{Bmatrix}$
t_3	$\begin{Bmatrix} 0.0931 \\ 1.1222 \end{Bmatrix}$	$\begin{Bmatrix} 0.0917 \\ 1.1064 \end{Bmatrix}$	$\begin{Bmatrix} 0.1072 \\ 1.0579 \end{Bmatrix}$	$\begin{Bmatrix} 0.1005 \\ 1.0884 \end{Bmatrix}$
t_4	$\begin{Bmatrix} 0.2678 \\ 1.7278 \end{Bmatrix}$	$\begin{Bmatrix} 0.2501 \\ 1.6909 \end{Bmatrix}$	$\begin{Bmatrix} 0.2649 \\ 1.6408 \end{Bmatrix}$	$\begin{Bmatrix} 0.2644 \\ 1.6870 \end{Bmatrix}$
t_5	$\begin{Bmatrix} 0.5510 \\ 2.2370 \end{Bmatrix}$	$\begin{Bmatrix} 0.4924 \\ 2.1941 \end{Bmatrix}$	$\begin{Bmatrix} 0.5076 \\ 2.1529 \end{Bmatrix}$	$\begin{Bmatrix} 0.5257 \\ 2.2027 \end{Bmatrix}$
t_6	$\begin{Bmatrix} 0.9027 \\ 2.5470 \end{Bmatrix}$	$\begin{Bmatrix} 0.7867 \\ 2.5297 \end{Bmatrix}$	$\begin{Bmatrix} 0.8074 \\ 2.4981 \end{Bmatrix}$	$\begin{Bmatrix} 0.8530 \\ 2.5336 \end{Bmatrix}$
t_7	$\begin{Bmatrix} 1.2354 \\ 2.6057 \end{Bmatrix}$	$\begin{Bmatrix} 1.0734 \\ 2.6489 \end{Bmatrix}$	$\begin{Bmatrix} 1.1035 \\ 2.6191 \end{Bmatrix}$	$\begin{Bmatrix} 1.1730 \\ 2.6229 \end{Bmatrix}$
t_8	$\begin{Bmatrix} 1.4391 \\ 2.4189 \end{Bmatrix}$	$\begin{Bmatrix} 1.2803 \\ 2.5454 \end{Bmatrix}$	$\begin{Bmatrix} 1.3158 \\ 2.5056 \end{Bmatrix}$	$\begin{Bmatrix} 1.3892 \\ 2.4674 \end{Bmatrix}$
t_9	$\begin{Bmatrix} 1.4202 \\ 2.0422 \end{Bmatrix}$	$\begin{Bmatrix} 1.3432 \\ 2.2525 \end{Bmatrix}$	$\begin{Bmatrix} 1.3688 \\ 2.1929 \end{Bmatrix}$	$\begin{Bmatrix} 1.4134 \\ 2.1137 \end{Bmatrix}$
t_{10}	$\begin{Bmatrix} 1.1410 \\ 1.5630 \end{Bmatrix}$	$\begin{Bmatrix} 1.2258 \\ 1.8325 \end{Bmatrix}$	$\begin{Bmatrix} 1.2183 \\ 1.7503 \end{Bmatrix}$	$\begin{Bmatrix} 1.1998 \\ 1.6426 \end{Bmatrix}$
t_{11}	$\begin{Bmatrix} 0.6437 \\ 1.0773 \end{Bmatrix}$	$\begin{Bmatrix} 0.9340 \\ 1.3630 \end{Bmatrix}$	$\begin{Bmatrix} 0.8710 \\ 1.2542 \end{Bmatrix}$	$\begin{Bmatrix} 0.7690 \\ 1.1485 \end{Bmatrix}$
t_{12}	$\begin{Bmatrix} 0.0463 \\ 0.6698 \end{Bmatrix}$	$\begin{Bmatrix} 0.5178 \\ 0.9224 \end{Bmatrix}$	$\begin{Bmatrix} 0.3897 \\ 0.8208 \end{Bmatrix}$	$\begin{Bmatrix} 0.2111 \\ 0.7195 \end{Bmatrix}$

5.4.6　方法的选择

响应求解方法的选择取决的因素有：载荷、结构、精度要求、非线性影响程度、方法的稳定性等。

直接积分法中，中心差分法为显式积分格式，是条件稳定的；Houbolt 法、Newmark 在 $\beta \geqslant \dfrac{1}{2}$ 并且 $\alpha \geqslant \dfrac{1}{4}\left(\beta + \dfrac{1}{2}\right)^2$ 时以及 Wilson-θ 法在 $\theta \geqslant 1.37$ 时是无条件稳定的，它们是隐式积分格式。无条件稳定的直接积分方法可以比有条件稳定方法取的时间步长 Δt 大，但不能过大，因为 Δt 过大，计算响应会失真。对无条件稳定方法，当时间步长与结构最小周期之比 $\Delta t/T_{\min}$ 小于 0.01 时，它们能得到很精确的数值积分结果。但是当 $\Delta t/T_{\min}$ 增大，计算结果的周期会延长，振幅会衰减。Wilson-θ 法计算结果的周期延长和振幅衰减较 Houbolt 法小；而 Newmark 法只导致周期延长，但不导致振幅衰减。通常显式积分方法要求 Δt 较小，但求解生成方程的耗费较小；隐式方法允许较大的 Δt，但求解生成方程的耗费较大。

对于载荷，一般分为波传导载荷与惯性载荷。波传导是指载荷作用时间很短的载荷，如爆炸、冲击等，它们所激起的响应，高频成分占的比重较大，不容忽视；惯性载荷是指比较缓慢的载荷，如地震载荷、阶跃载荷等，在它们的作用下激起的响应，低频成分占主要成分。因此，计算波传导载荷作用下的动响应时，宜采用直接积分法，又以显式格式有利，因为显式格式计算简单，虽为条件稳定，但对这种载荷作用下的响应计算往往重点考虑的是短时间内的初始作用阶段，所取的时间步长一般很小，自然会满足条件稳定要求。对于惯性载荷，则宜采用隐式格式方法，时间步距可以取得较大，或采用模态叠加法。

对结构过于复杂的情况，宜采用直接积分法，结构较简单的情况可采用模态叠加法。

对精度要求较低的初步设计阶段，可采用少数模态叠加法。对精度要求较高的最后设计阶段，宜采用直接积分法。需要了解较长时间的响应情况时，宜采用模态叠加法或其他方法，因为直接积分法引入了人工阻尼，长时间的求解结果，响应失真，可信度差。

在计算动响应的过程中，若需了解各阶模态在响应中的作用与地位，则只能采用模态叠加法。

对于需要考虑非线性的情况，宜采用直接积分法。

综合各方面的因素、比较、权衡，才能判定所应采取的方法；有时为了互相验证，也可以同时采取两种以上的方法进行分析计算。

■ 5.5 有限元法

有限元法（Finite Element Method）是一种将连续系统离散化为多自由度系统的数值计算方法。有限元法用于结构的动力分析称为**动力有限元法**（Dynamic Finite Element Method），它与静力有限元法完全类似，是一个先离散化后综合的过程。本节以平面线性结构为例，主要介绍动力有限元法的一些基本概念，以及用动力有限元法进行结构动力分析的具体步骤，而并不详述这一内容本身的理论问题，有限元的基本理论读者可参阅专门的有限元书籍。

有限元法的基本思想可分为下面几个步骤：

（1）结构离散化。把复杂结构分割成若干个彼此之间只在**结点**（Joint）处相互连接的**单元**（Element），每一个单元都是一个弹性体，单元内部各点的位移用单元结点位移的**插值函数**（Interpolation Function）称为**形函数**（Shape Function）来表示；

（2）单元分析。对每个单元，由形函数和动力学基本原理确定刚度矩阵、质量矩阵及其他特征矩阵。形函数实际就是一种假设模态，这里不是对整个结构，也不是对各子结构，而是对每个单元取假设模态。由于单元的尺寸相对较小，所以形函数可以取得非常简单；

（3）整体分析。由单元特性矩阵综合组集成整体结构的特征矩阵，形成整体运动方程；

（4）施加荷载和引入边界条件。未引入边界条件的刚度矩阵是奇异的（刚体位移）；

（5）求解方程（静、动）。

在结构的离散化过程中，把连续结构离散成有限个单元，并对每个单元和节点进行编号。以结点的位移作为广义坐标。设每个结点有 k 个自由度，则 N 个结点有 kN 个自由度，显然结构划分得越细，自由度数就越大，一般情况下计算精度也越高，但计算工作量也随之越大。故要根据实际情况和要求，综合考虑计算精度和计算工作量方面的因素，对结构进行适当、合理的分割。

5.5.1 单元特性分析

动力有限元法在单元分析时具有以下特点：每个单元都选择相同的形函数；选取单元的端点位移作为广义坐标；以拉格朗日方程为基础推导出单元运动方程和整体结构运动方程。

下面以平面杆和梁的振动为例说明单元分析的过程。

1. 单元位移函数与形函数

设某一个 e 单元 pq，取专属于 e 单元的**局部坐标系**（Local Coordinate System）又称单元坐标系 xOy，通常取 x 轴与轴线 pq 重合，以 p 为坐标原点，并规定由 p 到 q 为 x 轴的正方向，x 轴逆时针旋转 $90°$ 为 y 轴的正方向，称 p 与 q 为单元两端的端点代码。各**杆端位移**（Joint Displacements）和**杆端力**（Joint Force）与坐标正方向一致时为正，杆端位移和杆端力向量表示为

$$\{u\}^{(e)}=\left\{\begin{matrix}\{u\}_p\\\{u\}_q\end{matrix}\right\}^{(e)}, \quad \{p\}^{(e)}=\left\{\begin{matrix}\{p\}_p\\\{p\}_q\end{matrix}\right\}^{(e)} \tag{5-113}$$

在单元 e 的 x 截面处的位移可以用杆端位移表示

$$u(x,t)=\sum_{i=1}N_i(x)u_i^{(e)}(t)=\{N\}^{\mathrm{T}}\{u\}^{(e)} \tag{5-114}$$

其中 $N_i(x)$ 为形函数，$\{N\}=\{N_1(x)\,N_2(x)\cdots\}^{\mathrm{T}}$，和静力有限元一样，式(5-114)必须满足边界条件。对于同一种单元形函数都相同，而不同类型的单元则是不同的，下面分别讨论确定。

杆的纵向振动：参数假设和第 4 章一样。如图 5-3 所示，杆端位移和杆端力向量为

$$\{u\}^{(e)}=\left\{\begin{matrix}u_1\\u_2\end{matrix}\right\}^{(e)}, \quad \{p\}^{(e)}=\left\{\begin{matrix}p_1\\p_2\end{matrix}\right\}^{(e)} \tag{5-115}$$

假设单元位移相对 x 线性变化

$$u(x,t)=a(t)+b(t)x \tag{5-116}$$

利用边界条件及式(5-114)可确定形函数

$$N_1(x)=1-\frac{x}{l},N_2(x)=\frac{x}{l} \tag{5-117}$$

对于扭转振动，由于杆的纵向振动完全一样，都是一维波动方程，所以具有相同的形函数。

梁的横向振动：参数假设同第 4 章。如图 5-4 所示，杆端位移和杆端力向量为

$$\{u\}^{(e)}=\{u_1\ u_2\ u_3\ u_4\}^{(e)\mathrm{T}}, \quad \{p\}^{(e)}=\{p_1\ p_2\ p_3\ p_4\}^{(e)\mathrm{T}} \tag{5-118}$$

其中：u_1，u_3 为横向位移，u_2，u_4 为截面转角；p_1，p_3 为横向力，p_2，p_4 为截面弯矩（单元杆端力图 5-4 中未画出）。

假设单元位移相对 x 的变化关系为

$$u(x,t)=a(t)+b(t)x+c(t)x^2+d(t)x^3 \tag{5-119}$$

利用边界条件及式(5-114)可确定形函数

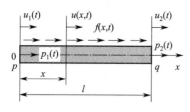

图 5-3 杆单元

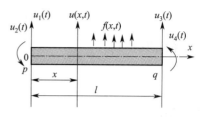

图 5-4 梁单元

$$N_1(x) = 1 - \frac{3x^2}{l^2} + \frac{2x^3}{l^3}, N_2(x) = x - \frac{2x^2}{l} + \frac{x^3}{l^2}$$

$$N_3(x) = \frac{3x^2}{l^2} - \frac{2x^3}{l^3}, N_4(x) = -\frac{x^2}{l} + \frac{x^3}{l^2} \tag{5-120}$$

2. 单元质量矩阵

单元动能

$$T_e = \frac{1}{2}\int_0^l \rho A\left(\frac{\partial u(x,t)}{\partial t}\right)^2 \mathrm{d}x = \frac{1}{2}\int_0^l \rho A\left(\{N\}^{\mathrm{T}}\{\dot{u}\}^{(\mathrm{e})}\right)^2 \mathrm{d}x$$

$$= \frac{1}{2}\{\dot{u}\}^{(\mathrm{e})\mathrm{T}}[m]^{(\mathrm{e})}\{\dot{u}\}^{(\mathrm{e})} \tag{5-121}$$

得到单元质量矩阵

$$[m]^{(\mathrm{e})} = \int_0^l \rho A\{N\}\{N\}^{\mathrm{T}}\mathrm{d}x \tag{5-122}$$

将形函数代入式(5-122) 即得到下面不同类型单元的质量矩阵

杆的纵向振动

$$[m]^{(\mathrm{e})} = \frac{\rho Al}{6}\begin{bmatrix} 2 & 1 \\ 1 & 2 \end{bmatrix} \tag{5-123}$$

圆轴的扭转振动

$$[m]^{(\mathrm{e})} = \frac{\rho J_p l}{6}\begin{bmatrix} 2 & 1 \\ 1 & 2 \end{bmatrix} \tag{5-124}$$

梁的横向振动

$$[m]^{(\mathrm{e})} = \frac{\rho Al}{420}\begin{bmatrix} 156 & 22l & 54 & -13l \\ 22l & 4l^2 & 13l & -3l^2 \\ 54 & 13l & 156 & -22l \\ -13l & -3l^2 & -22l & 4l^2 \end{bmatrix} \tag{5-125}$$

3. 单元刚度矩阵

由材料力学的理论知道，单元的势能与单元的变形情况相关，因此需对不同的单元类型分别讨论。

杆的纵向振动

$$V_e = \frac{1}{2}\int_0^l \frac{p^2}{EA}\mathrm{d}x = \frac{1}{2}\int_0^l EA\frac{\partial u}{\partial x}\frac{\partial u}{\partial x}\mathrm{d}x = \frac{1}{2}\{u\}^{(\mathrm{e})\mathrm{T}}[k]^{(\mathrm{e})}\{u\}^{(\mathrm{e})} \tag{5-126}$$

得到单元刚度矩阵

$$[k]^{(e)} = \int_0^l EA\{N'\}\{N'\}^{\mathrm{T}}\mathrm{d}x = \frac{EA}{l}\begin{bmatrix} 1 & -1 \\ -1 & 1 \end{bmatrix} \tag{5-127}$$

圆轴的扭转振动

$$[k]^{(e)} = \frac{G\rho J_{\mathrm{p}}}{l}\begin{bmatrix} 1 & -1 \\ -1 & 1 \end{bmatrix} \tag{5-128}$$

梁的横向振动

$$V_{\mathrm{e}} = \frac{1}{2}\int_0^l EI\frac{\partial^2 u}{\partial x^2}\frac{\partial^2 u}{\partial x^2}\mathrm{d}x = \frac{1}{2}\{u\}^{(e)\mathrm{T}}[k]^{(e)}\{u\}^{(e)} \tag{5-129}$$

得到单元刚度矩阵

$$[k]^{(e)} = \int_0^l EI\{N''\}\{N''\}^{\mathrm{T}}\mathrm{d}x = \frac{EI}{l^3}\begin{bmatrix} 12 & 6l & -12 & 6l \\ 6l & 4l^2 & -6l & 2l^2 \\ -12 & -6l & 12 & -6l \\ 6l & 2l^2 & -6l & 4l^2 \end{bmatrix} \tag{5-130}$$

4. 平面梁单元（梁在平面内的振动）

这时候要同时考虑平面内的拉压（轴向）振动和横向弯曲振动，类似静力有限元中的平面梁单元。单元每个端点有三个位移，纵向 u_1、u_4，横向 u_2、u_5 和转角 u_3、u_6。杆端位移向量和单元杆端力向量为

$$\{u\}^{(e)} = \{u_1\ u_2\ u_3\ u_4\ u_5\ u_6\}^{(e)\mathrm{T}},\ \{p\}^{(e)} = \{p_1\ p_2\ p_3\ p_4\ p_5\ p_6\}^{(e)\mathrm{T}} \tag{5-131}$$

质量矩阵和刚度矩阵只需将前面杆和梁的相关矩阵（5-123）、矩阵（5-125）、矩阵（5-127）和矩阵（5-130）直接"相加"即可

$$[m]^{(e)} = \frac{\rho Al}{420}\begin{bmatrix} 140 & 0 & 0 & 70 & 0 & 0 \\ 0 & 156 & 22l & 0 & 54 & -13l \\ 0 & 22l & 4l^2 & 0 & 13l & -3l^2 \\ 70 & 0 & 0 & 140 & 0 & 0 \\ 0 & 54 & 13l & 0 & 156 & -22l \\ 0 & -13l & -3l^2 & 0 & -22l & 4l^2 \end{bmatrix} \tag{5-132}$$

$$[k]^{(e)} = \frac{EI}{l^3}\begin{bmatrix} (l/r)^2 & 0 & 0 & -(l/r)^2 & 0 & 0 \\ 0 & 12 & 6l & 0 & -12 & 6l \\ 0 & 6l & 4l^2 & 0 & -6l & 2l^2 \\ -(l/r)^2 & 0 & 0 & (l/r)^2 & 0 & 0 \\ 0 & -12 & -6l & 0 & 12 & -6l \\ 0 & 6l & 2l^2 & 0 & -6l & 4l^2 \end{bmatrix} \tag{5-133}$$

其中 $r = \sqrt{I/A}$ 为截面的回转半径。

5. 单元杆端力

设 $f(x,t)$ 为作用在单元上的非保守分布干扰力，$\{\tilde{p}\}^{(e)}$ 为邻近单元相互作用的杆端力向量。由式（5-114）得单元内任一点的虚位移

$$\delta u(x,t) = [N]\{\delta u\}^{(e)} \tag{5-134}$$

单元总虚功

$$\delta W = \int_0^l f(x,t)\delta u(x,t)\mathrm{d}x + \{\widetilde{p}\}^{(e)}\delta\{u\}^{(e)}$$

$$= \int_0^l f(x,t)(\{N\}^{\mathrm{T}}\delta\{u\}^{(e)})\mathrm{d}x + \{\widetilde{p}\}^{(e)}\delta\{u\}^{(e)} = \{p\}^{(e)\mathrm{T}}\delta\{u\}^{(e)} \quad (5\text{-}135)$$

式中单元杆端力向量

$$\{p\}^{(e)} = \{p^*\}^{(e)} + \{\widetilde{p}\}^{(e)} \quad (5\text{-}136)$$

$$\{p^*\}^{(e)} = \int_0^l f(x,t)[N]^{\mathrm{T}}\mathrm{d}x \quad (5\text{-}137)$$

由式(5-136)可以看到,单元杆端力向量 $\{p\}^{(e)}$ 由两部分组成,一部分是由单元中非保守干扰力 $f(x,t)$ 产生的等效杆端力向量 $\{p^*\}^{(e)}$,另一部分是由邻近单元相互作用而产生的杆端力 $\{\bar{p}\}^{(e)}$。

6. 一致质量矩阵和集中质量矩阵

前面通过动能采用形函数矩阵 $[N]$ 计算得到的质量矩阵称为**一致质量矩阵**(Consistent Mass Matrices),它是一个满阵,由它们组成的总质量阵,将与总刚度阵有相同的带状性质。在这种情况下动能和势能具有相同的基底,得到的频率为真实频率的上限,而位移为真实位移的下限。

处理分布质量还有一种比较简单的方法是集中质量法,由此构造的单元质量矩阵通常称为**集中质量矩阵**(Lumped Mass Matrix)。其基本思想是按照某种原则把分布质量换算成等价的集中质量,然后按处理集中质量的方法建立质量阵。当质量均匀分布时,最简单的办法是将质量平均分配给各单元节点,如果质量分布不均匀,比较简便的方法是先规定各节点所分担的区域,然后把各区域的质量分配给各节点。

在使用集中质量矩阵时,可不必建立单元质量矩阵,也不必作坐标变换(除非考虑转动惯量对动能的贡献),只要凭经验将单元质量"堆聚"到它的各个节点上,就可以获得结构每一节点上的质量,从而立即写出其对角形式的总质量矩阵。

当使用一致质量矩阵时,算得的各阶频率总比精确值偏高,这正是李兹法的固有特点。而当使用集中质量矩阵时则不一定,这是因为集中质量矩阵不是从李兹法所要求的变形形状出发而建立的。使用集中质量模型有使自振频率降低的趋向,所以有时算得的自振频率反而更接近精确解。对于框架结构来说,使用两种质量阵在计算低阶自振频率时所得到的近似解与精确解的偏差是同级的。使用集中质量阵可以大大节省计算机存储及计算时间,且程序编制容易,所以应用的更普遍。但当采用高精度单元时,往往对单元划分较粗,使用集中质量法容易导致较大偏差。

按照质量均匀分布时,质量平均分配给各个单元结点的思想,给出不同类型单元的集中质量矩阵。

杆的纵向振动

$$[m]^{(e)} = \frac{\rho A l}{2}\begin{bmatrix} 1 & 0 \\ 0 & 1 \end{bmatrix} \quad (5\text{-}138)$$

圆轴的扭转振动

$$[m]^{(e)} = \frac{\rho J_{\mathrm{p}} l}{2}\begin{bmatrix} 1 & 0 \\ 0 & 1 \end{bmatrix} \quad (5\text{-}139)$$

梁的横向振动

$$[m]^{(e)} = \frac{\rho Al}{2} \begin{bmatrix} 1 & 0 & 0 & 0 \\ 0 & 0 & 0 & 0 \\ 0 & 0 & 1 & 0 \\ 0 & 0 & 0 & 0 \end{bmatrix} \tag{5-140}$$

如果考虑转动惯量的影响，则

$$[m]^{(e)} = \frac{\rho Al}{2} \begin{bmatrix} 1 & 0 & 0 & 0 \\ 0 & l^2/12 & 0 & 0 \\ 0 & 0 & 1 & 0 \\ 0 & 0 & 0 & l^2/12 \end{bmatrix} \tag{5-141}$$

平面梁单元

$$[m]^{(e)} = \frac{\rho Al}{2} \begin{bmatrix} 1 & 0 & 0 & 0 & 0 & 0 \\ 0 & 1 & 0 & 0 & 0 & 0 \\ 0 & 0 & l^2/12 & 0 & 0 & 0 \\ 0 & 0 & 0 & 1 & 0 & 0 \\ 0 & 0 & 0 & 0 & 1 & 0 \\ 0 & 0 & 0 & 0 & 0 & l^2/12 \end{bmatrix} \tag{5-142}$$

7. 单元运动方程的一般形式

以广义坐标 $\{u\}^{(e)}$ 表示的拉格朗日方程式

$$\frac{\mathrm{d}}{\mathrm{d}t}\left(\frac{\partial T}{\partial \{\dot{u}\}^{(e)}}\right) - \frac{\partial T}{\partial \{u\}^{(e)}} + \frac{\partial V}{\partial \{u\}^{(e)}} = \{p\}^{(e)} \tag{5-143}$$

将式(5-121)、式(5-126)和式(5-136)代入式(5-143)，可得矩阵形式的单元运动方程

$$[m]^{(e)}\{\ddot{u}\}^{(e)} + [k]^{(e)}\{u\}^{(e)} = \{p^*\}^{(e)} + \{\tilde{p}\}^{(e)} \tag{5-144}$$

5.5.2 坐标转换

前面推导的单元运动方程以及各个单元矩阵，是以单元轴线为 x 轴的局部坐标系 xy 为依据的。但结构的各单元在空间的方向是不同的，在进行整体分析、考虑结点的平衡及位移连续条件时，需参照一个共同的坐标系，称为**整体坐标系**（Global Coordinate System），用 XY 表示，并且把整体坐标系中的单元杆端位移分量记作 $\bar{u}_1$，$\bar{u}_2$，…下面以平面梁单元为例，在两种坐标系中的位移如图 5-5 所示。在整体坐标系中的单元杆端位移向量为

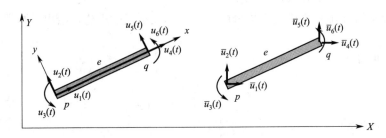

图 5-5　整体坐标系和局部坐标系中的位移

$$\{\overline{u}\}^{(e)} = \{\{\overline{u}\}_p \vdots \{\overline{u}\}_q\}^{(e)T} = \{\overline{u}_1 \ \overline{u}_2 \ \overline{u}_3 \vdots \overline{u}_4 \ \overline{u}_5 \ \overline{u}_6\}^{(e)T} \tag{5-145}$$

1. 单元杆端向量变换矩阵

为了把每个单元在局部坐标系下的单元矩阵变换为整体坐标系下的单元矩阵，先引入**坐标变换矩阵**（Coordinate Transformation Matrix）

$$[l] = \begin{bmatrix} l_{xX} & l_{xY} & l_{xZ} \\ l_{yX} & l_{yY} & l_{yZ} \\ l_{zX} & l_{zY} & l_{zZ} \end{bmatrix} \tag{5-146}$$

式中，元素 l_{xX} 是 x 轴与 X 轴夹角的余弦，l_{xY} 是 x 轴与 Y 轴夹角的余弦，余类推。由此得到坐标变换

$$\{x \ y \ z\}^T = [l]\{X \ Y \ Z\}^T \tag{5-147}$$

同样也可用来变换位移分量

$$\{u_1 \ u_2 \ u_3\}^T = [l]\{\overline{u}_1 \ \overline{u}_2 \ \overline{u}_3\}^T, \{u_4 \ u_5 \ u_6\}^T = [l]\{\overline{u}_4 \ \overline{u}_5 \ \overline{u}_6\}^T \tag{5-148}$$

则对于单元杆端位移向量

$$\{u\}^{(e)} = [L]^{(e)}\{\overline{u}\}^{(e)} \tag{5-149}$$

式中

$$[L]^{(e)} = \begin{bmatrix} [l] & [0] \\ [0] & [l] \end{bmatrix}^{(e)} \tag{5-150}$$

称为**单元杆端向量变换矩阵**。显然不同单元的 $[L]$ 是不同的，除非有些单元在空间有着相同的轴向，即各单元的局部坐标轴是彼此平行的。还应指出，因为 $[l]$ 是两个正交直角坐标系之间的变换，所以 $[L]$ 是正交规准化的，则有

$$[L]^{-1} = [L]^T \tag{5-151}$$

在平面体系中，两种坐标系在所有单元中有一个坐标轴（本节中定为单元坐标系的 z 轴与整体坐标系的 Z 轴）总是平行的。为便于书写，下面运算时均省略了单元上标（e）。

2. 整体坐标系下的单元运动方程

由式(5-149) 得

$$\{\dot{u}\} = [L]\{\dot{\overline{u}}\} \tag{5-152}$$

$$\{\delta u\} = [L]\{\delta\overline{u}\} \tag{5-153}$$

将式(5-152) 代入式(5-121)，可得动能的整体坐标表达式

$$T = \frac{1}{2}\{\dot{\overline{u}}\}^T [L]^T [m][L]\{\dot{\overline{u}}\} = \frac{1}{2}\{\dot{\overline{u}}\}^T [\overline{m}]\{\dot{\overline{u}}\} \tag{5-154}$$

式中

$$[\overline{m}] = [L]^T [m][L] \tag{5-155}$$

为以整体坐标表达的单元质量矩阵。

将式(5-149) 代入式(5-129) 得势能的整体坐标表达式为

$$V = \frac{1}{2}\{\overline{u}\}^T [L]^T [k][L]\{\overline{u}\} = \frac{1}{2}\{\overline{u}\}^T [\overline{k}]\{\overline{u}\} \tag{5-156}$$

式中

$$[\overline{k}] = [L]^T [k][L] \tag{5-157}$$

为以整体坐标表达的单元刚度矩阵。

因为 $[m]$ 和 $[k]$ 都是对称矩阵，所以 $[\bar{m}]$ 和 $[\bar{k}]$ 也是对称矩阵。

把式(5-153)代入虚功表达式(5-135)可得整体坐标系下的单元杆端力向量

$$\{\bar{p}\}=[L]^{\mathrm{T}}\{p\}=[L]^{\mathrm{T}}\{p^*\}+[L]^{\mathrm{T}}\{\tilde{p}\}=\{\bar{p}^*\}+\{\bar{\tilde{p}}\} \tag{5-158}$$

式中

$$\{\bar{p}^*\}=[L]^{\mathrm{T}}\{p^*\},\{\bar{\tilde{p}}\}=[L]^{\mathrm{T}}\{\tilde{p}\} \tag{5-159}$$

将上述式(5-154)、式(5-156)和式(5-158)代入式(5-143)，得到整体坐标系下的单元运动方程

$$[\bar{m}]\{\ddot{\bar{u}}\}+[\bar{k}]\{\bar{u}\}=\{\bar{p}\} \tag{5-160}$$

【例 5-15】 图 5-6 为一平面框架，设各杆 ρA，EI，L 相等，试以图示整体坐标按照梁的横向振动单元推导各杆的质量矩阵和刚度矩阵。

解：各单元局部坐标系的 x 轴正向如图中的箭头所示。求各单元的坐标变换矩阵为

$$[l]_1=[E]_{3\times3},[l]_2=[l]_3=\begin{bmatrix} 0 & 1 & 0 \\ -1 & 0 & 0 \\ 0 & 0 & 1 \end{bmatrix}$$

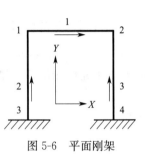

图 5-6 平面刚架

因为弯曲单元无轴力作用，所以用局部坐标表达的质量矩阵和刚度矩阵与轴力无关（$i=1, 2, 3$）

$$[m]_i=\frac{\rho AL}{420}\begin{bmatrix} 0 & 0 & 0 & 0 & 0 & 0 \\ 0 & 156 & 22L & 0 & 54 & -13L \\ 0 & 22L & 4L^2 & 0 & 13L & -3L^2 \\ 0 & 0 & 0 & 0 & 0 & 0 \\ 0 & 54 & 13L & 0 & 156 & -22L \\ 0 & -13L & -3L^2 & 0 & -22L & 4L^2 \end{bmatrix}$$

$$[\bar{m}]_1=[m]_1,[\bar{m}]_2=[\bar{m}]_3=\frac{\rho AL}{420}\begin{bmatrix} 156 & 0 & 22L & 54 & 0 & -13L \\ 0 & 0 & 0 & 0 & 0 & 0 \\ 22L & 0 & 4L^2 & 13L & 0 & -3L^2 \\ 54 & 0 & 13L & 156 & 0 & -22L \\ 0 & 0 & 0 & 0 & 0 & 0 \\ -13L & 0 & -3L^2 & -22L & 0 & 4L^2 \end{bmatrix}$$

$$[k]_i=\frac{EI}{L^3}\begin{bmatrix} 0 & 0 & 0 & 0 & 0 & 0 \\ 0 & 12 & 6L & 0 & -12 & 6L \\ 0 & 6L & 4L^2 & 0 & -6L & 2L^2 \\ 0 & 0 & 0 & 0 & 0 & 0 \\ 0 & -12 & -6L & 0 & 12 & -6L \\ 0 & 6L & 2L^2 & 0 & -6L & 4L^2 \end{bmatrix}$$

$$[\bar{k}]_1=[k]_1, [\bar{k}]_2=[\bar{k}]_3=\frac{EI}{L^3}\begin{bmatrix} 12 & 0 & 6L & -12 & 0 & 6L \\ 0 & 0 & 0 & 0 & 0 & 0 \\ 6L & 0 & 4L^2 & -6L & 0 & 2L^2 \\ -12 & 0 & -6L & 12 & 0 & -6L \\ 0 & 0 & 0 & 0 & 0 & 0 \\ 6L & 0 & 2L^2 & -6L & 0 & 4L^2 \end{bmatrix}$$

5.5.3 结构整体运动方程

有限元法的本质是把一个连续的整体结构假想为若干离散单元的组合，为使这个组合体能代表整体结构，单元的边界处必须满足变形协调条件和平衡条件，即在结点上各杆应有相同的位移，所有力保持平衡，这就是**整体分析**（Global Analysis）。

整体分析有直接刚度法和拉格朗日方程两种方法。直接刚度法的基本思路是把单元刚度（质量、结点力）矩阵中的元素直接输送到总体刚度（质量、结点力）矩阵中，从而直接形成这些矩阵。具体是将与某结点（整体）相连的所有单元的矩阵元素（某端点）全部相加，形成与全部结点位移对应的整体刚度矩阵、质量矩阵和结点力向量。后面通过例题加以说明，这里不做详述。

下面以平面梁单元为例，用拉格朗日方程推导结构整体运动方程式。

（1）整体结点位移列向量

设结构共有 s 个结点，则整体结构的结点位移向量为

$$\{\bar{u}\}=\{\{\bar{u}\}_1\{\bar{u}\}_2\cdots\{\bar{u}\}_i\cdots\{\bar{u}\}_s\}^{\mathrm{T}} \tag{5-161}$$

式中 $\{\bar{u}\}_i$ 表示第 i 结点的位移。

单元杆端位移向量 $\{\bar{u}\}^{(\mathrm{e})}$ 和结点位移向量 $\{\bar{u}\}$ 之间存在线性关系

$$\{\bar{u}\}^{(\mathrm{e})}=\begin{Bmatrix}\{\bar{u}\}_p\\\{\bar{u}\}_q\end{Bmatrix}^{(\mathrm{e})}=[A]^{(\mathrm{e})}\{\bar{u}\}=[A]^{(\mathrm{e})}\{\{\bar{u}\}_1\{\bar{u}\}_2\cdots\{\bar{u}\}_i\cdots\{\bar{u}\}_s\}^{\mathrm{T}} \tag{5-162}$$

矩阵 $[A]^{(\mathrm{e})}$ 起着把结点位移向量 $\{\bar{u}\}$ 变换为杆端位移向量 $\{\bar{u}\}^{(\mathrm{e})}$ 的作用，称之为**结点位移与杆端位移变换矩阵**。它是一个 $2\times s$ 阶的子块矩阵，它的每一行子块元素中，只有一个子块元素是 3×3 阶的单位阵，其余皆为 3×3 阶的零子块，这个单位阵的子块位置取决于（e）单元两端（用单元代码 q 和 p 表示）在整体坐标系中的结点代码，若 p 端与结点 j 联结，q 端与结点 k 联结，则 $[A]^{(\mathrm{e})}$ 中第一行的 j 列及第二行的 k 列为单位子阵，其余全为零子阵，即

$$\begin{Bmatrix}\{\bar{u}\}_p\\\{\bar{u}\}_q\end{Bmatrix}^{(\mathrm{e})}=\begin{bmatrix}\overset{1}{[0]} & \overset{2}{[0]} & \cdots & \overset{j}{[E]} & \cdots & \overset{k}{[0]} & \cdots & \overset{s}{[0]}\\ [0] & [0] & \cdots & [0] & \cdots & [E] & \cdots & [0]\end{bmatrix}^{(\mathrm{e})}\{\{\bar{u}\}_1\{\bar{u}\}_2\cdots\{\bar{u}\}_i\cdots\{\bar{u}\}_s\}^{\mathrm{T}}$$

$$\tag{5-163}$$

通过上式的运算，相当于用结点位移子阵 $\{\bar{u}\}_j$ 和 $\{\bar{u}\}_k$ 去代换（e）单元中两端位移子阵 $\{\bar{u}\}_p^{(\mathrm{e})}$ 和 $\{\bar{u}\}_q^{(\mathrm{e})}$。那么相交于同一结点的各杆端位移都用相同的结点位移子阵来表示，所以通过式(5-163)的变换运算，实质上保证满足了整体变形协调条件。

（2）整体结构的动能和势能

整个结构的动能、势能和虚功，可由叠加全部单元的动能、势能和虚功而得，同时利用式(5-162)可得

$$T = \frac{1}{2} \sum_{e=1}^{t} (\{\dot{\bar{u}}\}^{(e)})^{\mathrm{T}} [\bar{m}]^{(e)} \{\dot{\bar{u}}\}^{(e)} = \frac{1}{2} \sum_{e=1}^{t} \{\dot{\bar{u}}\}^{\mathrm{T}} ([A]^{(e)})^{\mathrm{T}} [\bar{m}]^{(e)} [A]^{(e)} \{\dot{\bar{u}}\}$$

$$= \frac{1}{2} \{\dot{\bar{u}}\}^{\mathrm{T}} [\bar{M}] \{\dot{\bar{u}}\} \tag{5-164}$$

$$V = \frac{1}{2} \sum_{e=1}^{t} (\{\dot{\bar{u}}\}^{(e)})^{\mathrm{T}} [\bar{k}]^{(e)} \{\dot{\bar{u}}\}^{(e)} = \frac{1}{2} \{\dot{\bar{u}}\}^{\mathrm{T}} [\bar{K}] \{\dot{\bar{u}}\} \tag{5-165}$$

$$\delta \bar{A} = \sum_{e=1}^{t} (\{\delta \bar{u}\}^{(e)})^{\mathrm{T}} [\bar{p}]^{(e)} = \{\delta \bar{u}\}^{\mathrm{T}} \{\bar{P}\} \tag{5-166}$$

式中

$$[\bar{M}] = \sum_{e=1}^{t} ([A]^{(e)})^{\mathrm{T}} [\bar{m}]^{(e)} [A]^{(e)} \tag{5-167}$$

$$[\bar{K}] = \sum_{e=1}^{t} ([A]^{(e)})^{\mathrm{T}} [\bar{k}]^{(e)} [A]^{(e)} \tag{5-168}$$

$$[\bar{P}] = \sum_{e=1}^{t} ([A]^{(e)})^{\mathrm{T}} [\bar{p}]^{(e)} = \{\bar{P}^*\} + \{\tilde{\bar{P}}\} \tag{5-169}$$

分别称为**整体结构的质量矩阵、刚度矩阵和结点力向量**。

式中

$$[\bar{P}^*] = \sum_{e=1}^{t} ([A]^{(e)})^{\mathrm{T}} [\bar{p}^*]^{(e)}, [\tilde{\bar{P}}] = \sum_{e=1}^{t} ([A]^{(e)})^{\mathrm{T}} [\tilde{\bar{p}}]^{(e)} \tag{5-170}$$

（3）整体结构的运动方程

将式(5-164)、式(5-165) 和式(5-169) 代入拉格朗日方程(5-143)，可得整体结构运动方程

$$[\bar{M}]\{\ddot{\bar{u}}\} + [\bar{K}]\{\bar{u}\} = \{\bar{P}\} = \{\bar{P}^*\} + \{\tilde{\bar{P}}\} \tag{5-171}$$

若考虑阻尼力影响，并假设为黏性阻尼，则整体运动方程式应为

$$[\bar{M}]\{\ddot{\bar{u}}\} + [\bar{C}]\{\dot{\bar{u}}\} + [\bar{K}]\{\bar{u}\} = \{\bar{P}\} = \{\bar{P}^*\} + \{\tilde{\bar{P}}\} \tag{5-172}$$

以后除非特别说明，否则非保守等效结点力向量$\{\bar{P}^*\}$都不包括阻尼力，而只有外干扰力。整体结构的阻尼矩阵，形式上可类似于 $[\bar{M}]$ 和 $[\bar{K}]$ 那样得出：

$$[\bar{C}] = \sum_{e=1}^{t} ([A]^{(e)})^{\mathrm{T}} [\bar{c}]^{(e)} [A]^{(e)} = \sum_{e=1}^{t} ([A]^{(e)})^{\mathrm{T}} ([L]^{(e)})^{\mathrm{T}} [c]^{(e)} [L]^{(e)} [A]^{(e)}$$

$$\tag{5-173}$$

式中 $[c]^{(e)}$ 是（e）单元的对称阻尼矩阵。

5.5.4 引入支承条件

在整体运动方程(5-172) 中，所有结点都可以发生位移。由于整个结构并无支承约束，在外力作用下除了弹性变形的振动以外，还可以发生刚体运动，在这种情况下，各结点的位移不能唯一地确定，整体刚度矩阵出现奇异性。

实际上，我们所要分析的结构总有一部分结点按照支承条件的限定，受到某种约束，

因而其位移是已知的，为了能确定未知结点位移，就必须考虑支承条件。方法是将给定的支承条件引入到整体运动方程，对其进行必要的修正。具体修正方法是在矩阵中除去与结点零位移相对应的行和列。为此把整体结构的结点位移向量 $\{\bar{u}\}$ 分成两组：一组包括所有零位移分量，以 $\{\bar{u}_0\}$ 表示，其余位移向量以 $\{\bar{u}_1\}$ 表示，则

$$\{\bar{u}\}=\left\{\begin{array}{c}\{\bar{u}_0\}\\\{\bar{u}_1\}\end{array}\right\}=\left\{\begin{array}{c}\{0\}\\\{\bar{u}_1\}\end{array}\right\} \tag{5-174}$$

相应地，结构总结点力向量重新分成两块

$$\{\bar{P}\}=\left\{\begin{array}{c}\{\bar{P}_0\}\\\{\bar{P}_1\}\end{array}\right\} \tag{5-175}$$

式中 $\{\bar{P}_0\}$ 对应于零位移向量 $\{\bar{u}_0\}$，反映了支承对结构的反作用力，也即通常称的支座反力。将式（5-174）和式（5-175）代入式（5-172）得经过修正的（也即重新排列的）分块形式的整体运动方程

$$\begin{bmatrix}[\bar{M}_{00}] & [\bar{M}_{01}]\\ [\bar{M}_{10}] & [\bar{M}_{11}]\end{bmatrix}\left\{\begin{array}{c}\{\ddot{\bar{u}}_0\}\\\{\ddot{\bar{u}}_1\}\end{array}\right\}+\begin{bmatrix}[\bar{C}_{00}] & [\bar{C}_{01}]\\ [\bar{C}_{10}] & [\bar{C}_{11}]\end{bmatrix}\left\{\begin{array}{c}\{\dot{\bar{u}}_0\}\\\{\dot{\bar{u}}_1\}\end{array}\right\}$$

$$+\begin{bmatrix}[\bar{K}_{00}] & [\bar{K}_{01}]\\ [\bar{K}_{10}] & [\bar{K}_{11}]\end{bmatrix}\left\{\begin{array}{c}\{\bar{u}_0\}\\\{\bar{u}_1\}\end{array}\right\}=\left\{\begin{array}{c}\{\bar{P}_0\}\\\{\bar{P}_1\}\end{array}\right\} \tag{5-176}$$

若已知支承位移向量 $\{\bar{u}_0\}=\{0\}$，则式（5-176）展开为

$$[\bar{M}_{11}]\{\ddot{\bar{u}}_1\}+[\bar{C}_{11}]\{\dot{\bar{u}}_1\}+[\bar{K}_{11}]\{\bar{u}_1\}=\{\bar{P}_1\} \tag{5-177}$$

$$[\bar{M}_{01}]\{\ddot{\bar{u}}_1\}+[\bar{C}_{01}]\{\dot{\bar{u}}_1\}+[\bar{K}_{01}]\{\bar{u}_1\}=\{\bar{P}_0\} \tag{5-178}$$

我们称式（5-177）为引入支承条件后修正的整体运动方程，它可以求解任意初始扰动和任意等效结点力 $\{\bar{P}_1\}$ 作用下的未知位移向量 $\{\bar{u}_1\}$。将求得的 $\{\bar{u}_1\}$ 代入式（5-178）可以求得由于 $\{\bar{u}_1\}$ 弹性振动所引起的全部动反力 $\{\bar{P}_0\}$，所以也称式（5-178）为动反力方程。

得到非奇异的整体运动方程（5-177）以后，就可以按照前面多自由度系统的精确解法或近似解法计算固有特性和响应了。

【例 5-16】 图 5-7 所示的平面框架，试用平面梁单元推导其引入支承条件后的运动方程。

解： 各单元的坐标变换矩阵 $[l]$ 同 **【例 5-15】**。

局部坐标表达的质量矩阵和刚度矩阵为（$i=1, 2, 3$）

$$[m]_i=\frac{\rho AL}{420}\begin{bmatrix}140 & 0 & 0 & 70 & 0 & 0\\ 0 & 156 & 22L & 0 & 54 & -13L\\ 0 & 22L & 4L^2 & 0 & 13L & -3L^2\\ 70 & 0 & 0 & 140 & 0 & 0\\ 0 & 54 & 13L & 0 & 156 & -22L\\ 0 & -13L & -3L^2 & 0 & -22L & 4L^2\end{bmatrix}$$

$$[k]_i = \frac{EI}{L^3} \begin{bmatrix} (L/r)^2 & 0 & 0 & -(L/r)^2 & 0 & 0 \\ 0 & 12 & 6L & 0 & -12 & 6L \\ 0 & 6L & 4L^2 & 0 & -6L & 2L^2 \\ -(L/r)^2 & 0 & 0 & (L/r)^2 & 0 & 0 \\ 0 & -12 & -6L & 0 & 12 & -6L \\ 0 & 6L & 2L^2 & 0 & -6L & 4L^2 \end{bmatrix}$$

整体坐标下的单元质量矩阵和刚度矩阵为

$$[\bar{m}]_1 = [m]_1, [\bar{m}]_2 = [\bar{m}]_3 = \frac{\rho AL}{420} \begin{bmatrix} 156 & 0 & -22L & 54 & 0 & 13L \\ 0 & 140 & 0 & 0 & 70 & 0 \\ -22L & 0 & 4L^2 & -13L & 0 & -3L^2 \\ 54 & 0 & -13L & 156 & 0 & 22L \\ 0 & 70 & 0 & 140 & 0 & 0 \\ 13L & 0 & -3L^2 & 22L & 0 & 4L^2 \end{bmatrix}$$

$$[\bar{k}]_1 = [k]_1, [\bar{k}]_2 = [\bar{k}]_3 = \frac{EI}{L^3} \begin{bmatrix} 12 & 0 & -6L & -12 & 0 & -6L \\ 0 & (L/r)^2 & 0 & 0 & -(L/r)^2 & 0 \\ -6L & 0 & 4L^2 & 6L & 0 & 2L^2 \\ -12 & 0 & 6L & 12 & 0 & 6L \\ 0 & -(L/r)^2 & 0 & 0 & (L/r)^2 & 0 \\ -6L & 0 & 2L^2 & 6L & 0 & 4L^2 \end{bmatrix}$$

用直接刚度法可得到整体质量矩阵 $[\bar{M}]$ 和刚度矩阵 $[\bar{K}]$

$$[\bar{M}] = \frac{\rho AL}{420} \begin{bmatrix} [\bar{M}_{11}] & [\bar{M}_{12}] & [\bar{M}_{13}] & [\bar{M}_{14}] \\ [\bar{M}_{21}] & [\bar{M}_{22}] & [\bar{M}_{23}] & [\bar{M}_{24}] \\ [\bar{M}_{31}] & [\bar{M}_{32}] & [\bar{M}_{33}] & [\bar{M}_{34}] \\ [\bar{M}_{41}] & [\bar{M}_{42}] & [\bar{M}_{43}] & [\bar{M}_{44}] \end{bmatrix}$$

其中:

$$[\bar{M}_{11}] = \begin{bmatrix} 296 & 0 & 22L \\ 0 & 296 & 22L \\ 22L & 22L & 8L^2 \end{bmatrix}, [\bar{M}_{12}] = \begin{bmatrix} 70 & 0 & 0 \\ 0 & 54 & -13L \\ 0 & 13L & -3L^2 \end{bmatrix}$$

$$[\bar{M}_{13}] = \begin{bmatrix} 54 & 0 & -13L \\ 0 & 70 & 0 \\ 13L & 0 & -3L^2 \end{bmatrix}, [\bar{M}_{22}] = \begin{bmatrix} 296 & 0 & 22L \\ 0 & 296 & -22L \\ 22L & -22L & 8L^2 \end{bmatrix}$$

$$[\bar{M}_{24}] = \begin{bmatrix} 54 & 0 & 13L \\ 0 & 70 & 0 \\ 13L & 0 & -3L^2 \end{bmatrix}, [\bar{M}_{14}] = [\bar{M}_{23}] = [\bar{M}_{34}] = [0]_{3 \times 3}$$

$$[\bar{M}_{33}] = [\bar{M}_{44}] = \begin{bmatrix} 156 & 0 & -22L \\ 0 & 140 & 0 \\ -22L & 0 & 4L^2 \end{bmatrix}, \text{而且} [\bar{M}_{ij}] = [\bar{M}_{ji}]^T (i,j = 1,2,3,4)。$$

$$[\bar{K}] = \frac{EI}{L^3} \begin{bmatrix} [\bar{K}_{11}] & [\bar{K}_{12}] & [\bar{K}_{13}] & [\bar{K}_{14}] \\ [\bar{K}_{21}] & [\bar{K}_{22}] & [\bar{K}_{23}] & [\bar{K}_{24}] \\ [\bar{K}_{31}] & [\bar{K}_{32}] & [\bar{K}_{33}] & [\bar{K}_{34}] \\ [\bar{K}_{41}] & [\bar{K}_{42}] & [\bar{K}_{43}] & [\bar{K}_{44}] \end{bmatrix}$$

其中：

$$[\bar{K}_{11}] = \begin{bmatrix} 12+(L/r)^2 & 0 & 6L \\ 0 & 12+(L/r)^2 & 6L \\ 6L & 6L & 8L^2 \end{bmatrix}, [\bar{K}_{12}] = \begin{bmatrix} -(L/r)^2 & 0 & 0 \\ 0 & -12 & 6L \\ 0 & -6L & 2L^2 \end{bmatrix}$$

$$[\bar{K}_{13}] = \begin{bmatrix} -12 & 0 & 6L \\ 0 & -(L/r)^2 & 0 \\ -6L & 0 & 2L^2 \end{bmatrix}, [\bar{K}_{22}] = \begin{bmatrix} 12+(L/r)^2 & 0 & 6L \\ 0 & 12+(L/r)^2 & -6L \\ 6L & -6L & 8L^2 \end{bmatrix}$$

$$[\bar{K}_{24}] = \begin{bmatrix} -12 & 0 & 6L \\ 0 & -(L/r)^2 & 0 \\ -6L & 0 & 2L^2 \end{bmatrix}, [\bar{K}_{33}] = [\bar{K}_{44}] = \begin{bmatrix} 12 & 0 & -6L \\ 0 & (L/r)^2 & 0 \\ -6L & 0 & 4L^2 \end{bmatrix}$$

$[\bar{K}_{14}] = [\bar{K}_{23}] = [\bar{K}_{34}] = [0]_{3\times3}$，而且$[\bar{K}_{ij}] = [\bar{K}_{ji}]^T (i,j=1,2,3,4)$。

引入支承条件：结点位移向量$\{\bar{u}\}$分块$\{\bar{u}_1\} = \begin{Bmatrix} \{\bar{u}\}_1 \\ \{\bar{u}\}_2 \end{Bmatrix}$, $\{\bar{u}_0\} = \begin{Bmatrix} \{\bar{u}\}_3 \\ \{\bar{u}\}_4 \end{Bmatrix} = \begin{Bmatrix} \{0\} \\ \{0\} \end{Bmatrix}$, $[\bar{M}]$

和$[\bar{K}]$也按结点子矩阵分块，在整体运动方程中划去$\{\bar{u}_0\}$对应的结点 3 和结点 4 所在的行与列

$$\frac{\rho A L}{420} \begin{bmatrix} [\bar{M}_{11}] & [\bar{M}_{12}] \\ [\bar{M}_{21}] & [\bar{M}_{22}] \end{bmatrix} \begin{Bmatrix} \ddot{\bar{u}}_1 \\ \vdots \\ \ddot{\bar{u}}_6 \end{Bmatrix} + \frac{EI}{L^3} \begin{bmatrix} [\bar{K}_{11}] & [\bar{K}_{12}] \\ [\bar{K}_{21}] & [\bar{K}_{22}] \end{bmatrix} \begin{Bmatrix} \bar{u}_1 \\ \vdots \\ \bar{u}_6 \end{Bmatrix} = \{0\}$$

其中：$[\bar{M}_{11}] = \begin{bmatrix} 296 & 0 & 22L \\ 0 & 296 & 22L \\ 22L & 22L & 8L^2 \end{bmatrix}$, $[\bar{M}_{22}] = \begin{bmatrix} 296 & 0 & 22L \\ 0 & 296 & -22L \\ 22L & -22L & 8L^2 \end{bmatrix}$

$$[\bar{M}_{12}] = [\bar{M}_{21}]^T = \begin{bmatrix} 70 & 0 & 0 \\ 0 & 54 & -13L \\ 0 & 13L & -3L^2 \end{bmatrix}, [\bar{K}_{11}] = \begin{bmatrix} (L/r)^2+12 & 0 & 6L \\ 0 & (L/r)^2+12 & 6L \\ 6L & 6L & 8L^2 \end{bmatrix}$$

$$[\bar{K}_{22}] = \begin{bmatrix} (L/r)^2+12 & 0 & 6L \\ 0 & (L/r)^2+12 & -6L \\ 6L & -6L & 8L^2 \end{bmatrix}$$

$$[\bar{K}_{12}] = [\bar{K}_{21}]^T = \begin{bmatrix} -(L/r)^2 & 0 & 0 \\ 0 & -12 & 6L \\ 0 & -6L & 2L^2 \end{bmatrix}$$

式中$\{\bar{u}_1\}$、$\{\bar{u}_4\}$为 1、2 结点的水平位移，$\{\bar{u}_2\}$、$\{\bar{u}_5\}$为铅垂位移，$\{\bar{u}_3\}$、$\{\bar{u}_6\}$为角位移。

习　题

【注：部分习题的答案可参考第 3，4 章的精确解结果】

[5-1]　在图 3-8 所示系统中，若 $k_1=3k$，$k_2=k_3=k$，$m_1=4m$，$m_2=2m$，$m_3=m$。用矩阵迭代法求固有频率和振型。

答：$\omega_1=0.46\sqrt{\dfrac{k}{m}}$，$\omega_2=\sqrt{\dfrac{k}{m}}$，$\omega_3=1.32\sqrt{\dfrac{k}{m}}$，$[u]=\begin{bmatrix}1 & 1 & 0.25 \\ 3.18 & 0 & -7.2 \\ 4 & -1 & 1\end{bmatrix}$。

[5-2]　在题 3-13 图系统中，设有四个自由度，各质量均为 m，各弹簧刚度均为 k。用矩阵迭代法求第 1、2 阶固有频率和振型。

答：$\omega_1=0.343\sqrt{\dfrac{k}{m}}$，$\omega_2=0.96\sqrt{\dfrac{k}{m}}$，$\{u^{(1)}\}=\{0.33\ \ 0.96\ \ 0.88\ \ 1\}^T$

$\{u^{(2)}\}=\{-1\ \ -0.87\ \ 0.07\ \ 0.09\}^T$

[5-3]　在图 3-8 所示系统中，设 $k_1=k_2=k_3=k$。用瑞利法求第 1 阶固有频率。

[5-4]　用李兹法和邓柯莱法求题 5-2 系统的第 1、2 阶固有频率和振型。

[5-5]　$x=0$ 端固定，$x=l$ 端自由的均匀悬臂梁，取试探函数 $W=W_0\left(1-\cos\dfrac{\pi x}{2l}\right)$，试用瑞利法计算基本频率。

[5-6]　两端 $(x=0,l)$ 固定的均匀梁，取试探函数 $W=\dfrac{W_0}{2}\left(1-\cos\dfrac{2\pi x}{l}\right)$，试用瑞利法计算基本频率。

[5-7]　$x=0$ 端固定，$x=l$ 端自由的圆轴，单位长的转动惯量与扭转刚度分别为 $J(x)=J\left(1-\dfrac{1}{2}\dfrac{x^2}{l^2}\right)$ 与 $GJ_P(x)=GJ_P\left(1-\dfrac{1}{2}\dfrac{x^2}{l^2}\right)$。取试探函数 $\theta(x)=\dfrac{x}{l}-\dfrac{1}{3}\dfrac{x^3}{l^3}$，试用瑞利法计算系统的基本频率。

[5-8]　试用李兹法求解上题中圆轴的最低两阶固有频率，假设位移函数 $\theta(x)=a_1\left(\dfrac{x}{l}-\dfrac{1}{3}\dfrac{x^3}{l^3}\right)-a_2\left(\dfrac{x^3}{l^3}-\dfrac{3}{5}\dfrac{x^5}{l^5}\right)$。

[5-9]　左端固定的杆，右端连接一刚度为 $k=EA/4l$ 的弹簧，假设 $u(x)=\sum\limits_{i=1}^{n}a_i\sin\dfrac{(2i-1)\pi x}{2l}$，对 $n=1,2$ 两种情形，用李兹法计算系统的固有频率。

[5-10]　将左端固定右端自由的均匀梁分成 4 个相同的弯曲单元，求弯曲振动的前两阶固有频率近似值。

[5-11]　两端固定的均匀梁分成四个相同的杆单元，求纵向振动的前两阶固有频率近似值。

[5-12]　左端铰支右端自由的均匀杆，将其分成两个相同的单元，试建立杆纵向振动的微分方程及动反力的一般表达式。

[5-13]　左端固定右端自由的均匀杆，承受轴向均布谐干扰力 $f(x,t)=f_0\sin\omega t$ 作用，将杆分成四个相同的单元，试建立关于结点位移的受迫振动方程，并求其响应。

[5-14]　将均匀简支梁分成两个相同的一般单元，求弯曲振动的基频近似值。

第6章　非线性振动

■ 6.1　概述

6.1.1　基本概念

前述各章节讨论的问题，假设结构的恢复力与它的位移成比例，结构阻尼力与它的运动速度成比例，还假设结构质量 M 在振动过程中是不变化的。这样，结构的运动微分方程中仅仅包含位移、速度和加速度的一次项，没有高次项，是二阶常系数微分方程（组）。用这样的微分方程所描述的振动属于弹性振动，称为**线性振动**（Linear Vibration），很多实际振动问题属于这样的结构或可以简化为这种模型。但实际上，更多的真实系统不属于这种情况，只要上述假设中的任何一个不能正确反映实际情况时，就成为**非线性振动**（Nonlinear Vibration）。一般来说，结构的质量随时间而变化的情况是很少见的，产生非线性振动的因素，主要是非比例阻尼力和非比例恢复力。对于黏性阻尼理论，只要运动的速度不是很高，按比例阻尼假设也不会造成很大的误差，所以，结构非线性振动的最主要因素是非线性恢复力。造成非线性恢复力的原因基本上有两个方面：一是质量的位移较大，超出小变形范围，造成**几何非线性**（Geometric Nonlinear）；二是结构材料性质和构件强度性能上超出弹性范围，造成**材料非线性**（Material Nonlinear）或称物理非线性。

实际上，一切力学问题原本都是非线性的，通常采用的线性化只是一种近似方法，在振动理论中，将振动系统线性化以便于求解。在大量的工程和力学问题中，线性化的结果可以得出比较精确的近似解，线性振动理论仍然得以广泛应用。

但在非线性系统中，原因和结果不是始终成线性相关，即不总是成正比，叠加原理无效。无根据地弃去非线性项，不仅会引起数量上的误差，使结果不精确，而且有时还会导致根本性质上的错误。例如，振动系统中若含有非线性元件，可在很大程度上削弱共振的影响，当振幅增大时可引起频率的改变，使系统自动退出共振区，即使是充分接近于线性系统的非线性系统，由于非线性项的出现，也会引起振动性质上的某些变化，出现线性系统中不可能出现的某些现象。另一方面，研究非线性振动理论也可以证实，在哪些情况下线性化不致引起定性的变化，或者指出，线性化将引起多大定量的误差。

6.1.2　非线性振动系统与线性振动系统的比较

与线性系统相比，非线性系统无论在理论分析上或是在振动规律上都有本质不同。这是研究非线性振动时必须加以注意的。

（1）对于非线性系统，叠加原理不成立。例如，在真空中的抛射体运动可看成是水平方向的匀速运动与铅垂方向的匀加速运动二者叠加而成，但如有与速度平方成正比的空气阻力作用时，就不能再将二者叠加了。

（2）在非线性系统中，其平衡状态或周期性振动的定常解可以有几个（包括稳定的或不稳定的）。例如，用刚性杆悬挂的重物（复摆），若摆动幅度不受限制（非线性系统），则可有两个平衡位置，一个在最低点（稳定平衡），一个在最高点（不稳定平衡）。

（3）即使存在阻尼而无干扰力，非线性系统也可以有稳定的严格的周期性运动——自激振动。而在线性系统中，若存在阻尼而无干扰力，其唯一的定常状态就是平衡，严格的周期性振动只可能是有周期性干扰力时引起的强迫振动。

（4）在线性系统中，强迫振动的频率与干扰力的频率相同，而在非线性系统中，由谐波干扰力引起的定常振动，除有与干扰力相同频率的成分外，还有成倍数频率的成分存在。

（5）在无阻尼情况下，线性系统发生共振时，强迫振动的"振幅"线性依赖于时间而增大，而在非线性系统中，却可以产生有限增幅的稳定振动。

（6）在线性系统中，固有频率与初始条件及振幅无关，而在非线性系统中，其频率一般与振幅有关。例如单摆在大振幅（非线性系统）情况下，等时性即不再存在。

6.1.3 非线性振动系统的分类与研究方法

非线性系统除按其自由度数可分为单自由度系统、多自由度系统、连续系统之外，还可以按振动微分方程中是否含时间 t 分为**自治系统**（Autonomous System），即微分方程中不显含 t，及**非自治系统**（Non-autonomous System），即微分方程中显含 t。

自治系统中，若微分方程存在能量积分，则称为**保守系统**（Conservative System），否则称为**非保守系统**（Non-conservative System）。非线性非保守系统又有**耗散系统**（Dissipative System）和**自振系统**（Self-exciting 或 Self-sustaining System）。若系统的能量在系统运动时总是减少的，则称为耗散系统。尽管有阻尼存在，系统仍可建立起振幅与初始条件无关而仅决定于系统性质的不衰减的振荡，则系统称为自振系统。自振系统还可分为连续的和不连续的（即张弛振动）。

研究非线性振动问题的方法，除进行实验研究外，在理论研究方面，只有为数很少的非线性微分方程可求出精确解，一般情况下只能用近似方法求解。理论研究方法包括**定性方法**（Qualitative Method）及**定量方法**（Quantitative Method）。

非线性振动的定性分析方法即几何方法，是由运动微分方程出发，直接研究解的性质以判断运动形态的方法。定性分析方法主要用于研究振动系统可能发生的稳态运动，如平衡状态或周期运动，以及稳态运动在初始扰动作用下的稳定性问题。在工程问题中，稳态运动往往对应于机械系统的正常工作状态。这种工作状态必须是稳定的，因为只有稳定的运动才是可实现的运动。**李亚普诺夫稳定性理论**（Lyapunov Stability Theory）是研究稳定性的理论基础。**相平面法**（Phase Plane Representation）是最直观的定性分析方法，它只适用于单自由度系统。相平面法利用相轨迹描绘系统的运动性态，相轨迹的奇点和极限分别对应于系统的平衡状态和周期运动，分析奇点和极限环的类型可以判断平衡状态和周期运动的稳定性，以及受扰动后可能具有的振动特性。平衡状态或周期运动的数目和稳定性可随系统参数的变动而突然变化，称为**分岔现象**（Bifurcation Phenomenon）。

定量方法有解析方法和数值解法。现有的解析方法较多，主要有**摄动法**（Perturbation Method）也称小参数法、**渐进法**（Asymptotic Method）、**谐波平衡法**（Method of Harmonic Balance）以及较便于处理阻尼系统的**多重尺度法**（Method of Multiple Scales）、**频闪法**（Stroboscopic Method）等等；数值解法有迭代法、有限元法等。

非线性振动的内容是相当丰富的，本章仅作为学习非线性振动的入门知识和基础，主要介绍非线性振动的基本概念、近似解法和数值解法，而定性分析的几何方法（相平面法）和其他更深入的内容，读者可参阅相关文献。

6.2 非线性振动问题举例

6.2.1 复摆

对于如图 2-2 所示的复摆系统，利用定轴转动微分方程可得自由振动的微分方程

$$J_O\ddot{\varphi}+mga\sin\varphi=0 \tag{6-1}$$

若为微小摆动，则式(6-1) 即简化为方程(2-3)。更精确的近似，将 $\sin\varphi$ 在 $\varphi=0$ 处级数展开，取前两项，得到

$$J_O\ddot{\varphi}+mga\left(\varphi-\frac{\varphi^3}{6}\right)=0 \tag{6-2}$$

由于方程(6-2) 包含了角位移的三次项，所以是非线性方程，属于几何非线性。实际上方程(6-2) 类似于具有非线性弹簧的 m-k 系统，如果弹簧是非线性的，则属于材料非线性，此时的弹簧恢复力表示为 $f(x)$，这里的 x 为弹簧的变形，则具有非线性弹簧的 m-k 系统的自由振动的微分方程为

$$m\ddot{x}+f(x)=0 \tag{6-3}$$

如果 $\dfrac{\mathrm{d}f(x)}{\mathrm{d}x}=k$（常数），则弹簧是线性的；如果 $\dfrac{\mathrm{d}f(x)}{\mathrm{d}x}$ 是严格单调递增的，则弹簧被称为

硬弹簧（Hard Spring）；如果 $\dfrac{\mathrm{d}f(x)}{\mathrm{d}x}$ 是严格单调递减的，则弹簧被称为**软弹簧**（Soft Spring）。这样，复摆大幅度摆动时的方程(6-2) 可以看作是具有非线性弹簧原件的振动方程(6-3)。并且弹簧力随位移变化关系曲线的斜率随位移增大而减小，也就是说，随着位移增大，系统的"刚度"是逐渐减小的，因此属于软弹簧非线性系统。

6.2.2 张紧钢丝上质点的横向振动

图 6-1　张紧钢丝上
质点的横向振动

如图 6-1 所示，质量为 m 的质点连接在初始张力为 T 的钢丝中部，设钢丝的拉压刚度为 EA，长度为 $2l$，钢丝偏转角度 θ 时伸长量为 Δ，横向振动位移用 y 表示，则由牛顿定律得到运动微分方程为

$$m\ddot{y}+2\left(T+\frac{EA\Delta}{l}\right)\sin\theta \tag{6-4}$$

几何关系

$$\Delta=\sqrt{l^2+y^2}-l,\sin\theta=\frac{y}{\sqrt{l^2+y^2}} \tag{6-5}$$

即使上式取近似值 $\Delta\approx\dfrac{y^2}{2l}$，$\sin\theta\approx\dfrac{y}{l}$，将其代入式(6-4) 得到

$$m\ddot{y}+\frac{2T}{l}y+\frac{EA}{l^2}y^3=0 \tag{6-6}$$

式(6-6) 中仍然包含有 y^3 这个非线性项，由此可见，恢复力是非线性的。只有当初始张力 T 很大，而位移 y 很小，可忽略 y^3 项时，方程(6-6) 才变为线性

$$m\ddot{y}+\frac{2T}{l}y=0 \tag{6-7}$$

可见，这种非线性是由于大位移所引起的，是几何尺度上的原因所致，所以属于几何非线性。并且非线性恢复力-位移曲线是一条斜率随位移增大而增大的曲线，属于非线性弹性的"硬弹簧"。

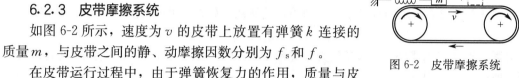

图 6-2 皮带摩擦系统

6.2.3 皮带摩擦系统

如图 6-2 所示，速度为 v 的皮带上放置有弹簧 k 连接的质量 m，与皮带之间的静、动摩擦因数分别为 f_s 和 f。

在皮带运行过程中，由于弹簧恢复力的作用，质量与皮带之间始终处于相对静止和滑动的反复变换过程中，摩擦力的大小也随之变化，分别用静、动摩擦定律计算，显然摩擦阻力属于非线性力，运动方程可表示为

$$m\ddot{x}+F(x,\dot{x})+kx=0 \tag{6-8}$$

系统虽然没有外激振力，但仍然可以产生振荡运动，属于**非线性自激系统**（Nonlinear Self-excited System），这种现象称为**机械颤振**（Mechanical Chatter）。

6.2.4 变质量系统

如图 6-3 所示系统，弹簧和容器中的挡板相连，类似气缸活塞结构。振动过程中的质量 m 随挡板的高度（位置 x）而变化，运动方程可写为

$$\frac{\mathrm{d}}{\mathrm{d}t}(m\dot{x})+kx=0 \tag{6-9}$$

这是惯性力具体非线性的系统。

6.2.5 弹簧单摆系统

如图 6-4 所示的弹簧单摆系统，设弹性系数为 k 的弹簧原长为 l_0。由牛顿定律可写出运动微分方程

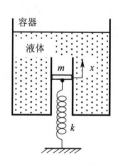

图 6-3 变质量系统

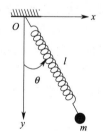

图 6-4 弹簧单摆系统

$$m\ddot{x}=-k(l-l_0)\sin\theta$$
$$m\ddot{y}=mg-k(l-l_0)\cos\theta$$

进一步写为

$$m\sqrt{x^2+y^2}\,\ddot{x}+k(\sqrt{x^2+y^2}-l_0)x=0$$
$$m\sqrt{x^2+y^2}\,\ddot{y}+k(\sqrt{x^2+y^2}-l_0)y-mg\sqrt{x^2+y^2}=0 \tag{6-10}$$

这是更复杂的两自由度非线性振动系统。

从上述几个实例可以看出，无论在日常生活中还是工程实际中，非线性振动的结构非常普遍。

6.3　精确解 直接积分法

对于一些简单的问题，可以用直接积分方法得到精确解，计算非线性振动的周期和运动速度。即使如此，也要遇到椭圆积分等比较复杂和困难的数学问题，下面仅对单自由度无阻尼自由振动，结合例题介绍具体的计算步骤。

一个单自由度无阻尼体系，设恢复力是对称非线性的，则运动方程为

$$m\ddot{x} + F(x) = 0 \text{ 或 } \ddot{x} + \omega^2 f(x) = 0 \tag{6-11}$$

设 $t = 0$ 时初始位移为 x_0，初始速度为零。方程（6-11）可写为 $\mathrm{d}(\dot{x})^2 = -2\omega^2 f(x)\mathrm{d}x$，直接积分，得

$$\dot{x}^2 = -2\omega^2 \int_{x_0}^{x} f(\zeta)\mathrm{d}\zeta \tag{6-12}$$

式（6-12）表示了单位质量处于任意位置 x 时的动能 $T(t)$，应等于它从 x_0 到 x 位置势能的减少。显然，质量处在平衡位置 $x(t_0) = 0$ 时，有最大的动能 $T_m(t_0) = \frac{1}{2}\dot{x}_m^2(t_0)$，因此式（6-12）变为

$$\dot{x}_m^2(t_0) = 2\omega^2 \int_0^{x_0} f(\zeta)\mathrm{d}\zeta \text{ 或 } \dot{x}_m(t_0) = \pm\sqrt{2\omega^2 \int_0^{x_0} f(\zeta)\mathrm{d}\zeta} \tag{6-13}$$

t_0 表示质量从 $t = 0$ 时刻的极值位置 x_0 到平衡位置 $x(t_0) = 0$ 所经历的时间。对式（6-12）两边积分可求出 t_0

$$t_0 = \left| \frac{1}{\sqrt{2}\omega} \int_0^{x_0} \frac{\mathrm{d}x}{\sqrt{\int_x^{x_0} f(\zeta)\mathrm{d}\zeta}} \right| \tag{6-14}$$

同样对式（6-12）两边积分可求出任意 x 与时间 t 的关系为

$$t = \left| \frac{1}{\sqrt{2}\omega} \int_{x_0}^{x} \frac{\mathrm{d}y}{\sqrt{\int_x^{x_0} f(\zeta)\mathrm{d}\zeta}} \right| \text{ 或 } t = t_0 + \left| \frac{1}{\sqrt{2}\omega} \int_0^{x} \frac{\mathrm{d}y}{\sqrt{\int_x^{x_0} f(\zeta)\mathrm{d}\zeta}} \right| \tag{6-15}$$

由于 $\omega^2 f(x)$ 的对称性可知，振动一次的周期

$$T = 4t_0 = \frac{4}{\sqrt{2}\omega} \left| \int_0^{x_0} \frac{\mathrm{d}y}{\sqrt{\int_x^{x_0} f(\zeta)\mathrm{d}\zeta}} \right| \tag{6-16}$$

从式（6-16）可见，振动周期 T 是初始位移 x_0 的函数。这样，线性体系中周期的等时性在非线性体系中就不存在了。

【例6-1】　已知运动方程为 $\ddot{x} + \omega^2 x^{2n-1} = 0$，$n$ 为正整数，恢复力是对称的。试求由初始位移 x_0 引起自由振动的最大速度 $\dot{x}_m$ 和自振周期 T。

解： 由式（6-13）和式（6-16）求得

$$\dot{x}_m = \pm\frac{\omega}{\sqrt{n}}x_0^n, T = \frac{4\sqrt{n}}{\omega} \int_0^{x_0} \frac{\mathrm{d}y}{\sqrt{x_0^{2n} - y^{2n}}}, (n = 1, 2, \cdots)$$

若 $n=1$，即线性恢复力情况，$T=\dfrac{2\pi}{\omega}$，这是熟知的线性振动中周期 T 与圆频率 ω 之间的关系；若 $n>1$，为非线性恢复力情况，周期计算式的右边是椭圆积分。自振周期 T 不再是常数，与初始位移有关。

【例 6-2】 某车台防冲缓冲器（简化为质量与弹簧碰撞）。减震器为一硬化弹簧，恢复力函数为 $f(x)=k(x+ax^3)$，式中，$k=2.8\mathrm{kN/cm}$，$a=2/\mathrm{cm}^2$，货车质量 $m=17.5\mathrm{t}$；其后退速度为 $20\mathrm{cm/s}$。试确定减震器的最大位移 x_m，碰撞时的最大恢复力及相应的时间。

解： 系统的最大动能和最大的势能为

$$T_\mathrm{m}=\frac{1}{2}mv_\mathrm{m}^2=\frac{1}{2}\times17500\times(20)^2\times10^{-2}=35\mathrm{kN\cdot cm}$$

$$V_\mathrm{m}=\int_0^{x_\mathrm{m}}k(x+ax^3)\mathrm{d}x=\frac{k}{2}\left[x_\mathrm{m}^2+\frac{a}{2}x_\mathrm{m}^4\right]$$

由 $V_\mathrm{m}=T_\mathrm{m}$ 可解得 $x_\mathrm{m}=2.127\mathrm{cm}$，所以最大恢复力为

$$f_\mathrm{m}=2.8\times(2.127+2\times2.127^3)=59.8434\mathrm{kN}$$

达到最大恢复力的碰撞时间

$$t=\frac{1}{\sqrt{2}\,\omega}\int_0^{x_\mathrm{m}}\frac{\mathrm{d}x}{\sqrt{\int_x^{x_\mathrm{m}}(\zeta+a\zeta^3)\mathrm{d}\zeta}}=\sqrt{\frac{m}{k}}\int_0^{x_\mathrm{m}}\frac{\mathrm{d}x}{\sqrt{(x_\mathrm{m}^2-x^2)+(x_\mathrm{m}^4-x^4)}}$$

经数学变换、查表等一系列运算可求出 $t=0.143\mathrm{s}$。

■ 6.4 近似解法

6.4.1 等线性法

该方法的基本思想是将非线性振动系统近似地用等效的线性振动系统来代替，然后求解。等效线性系统的刚度系数 $\bar{k}$ 和阻尼系数 $\bar{c}$，可根据振动一个周期内所消耗的能量相等以及恢复力作虚功相等条件求得，并把一个周期内的运动近似地视作简谐运动。下面以单自由度系统为例介绍**等线性法**（Equivalent Linear Method）。

设单自由度非线性自由振动方程为

$$m\ddot{x}+kx+\mu f(x,\dot{x})=0 \tag{6-17}$$

式中 $\mu f(x,\dot{x})$ 表示非线性恢复力和阻尼力。

设所要代之的等效线性系统的振动方程为

$$m\ddot{x}+\bar{c}\dot{x}+\bar{k}x=0 \tag{6-18}$$

式中 $\bar{k}$ 和 $\bar{c}$ 都是常数，分别称为等效刚度系数和等效阻尼系数。

系统在一个周期内的振动，近似地假设为简谐运动

$$x(t)=A\cos\omega_1 t=A\cos\varphi \tag{6-19}$$

令式（6-17）和式（6-18）所代表的振动在一个周期内的能量消耗相等

$$\int_0^T-\mu f(x,\dot{x})\dot{x}\mathrm{d}t=\int_0^T-\bar{c}\dot{x}\dot{x}\mathrm{d}t$$

将式（6-19）代入上式得

$$A\mu \int_0^{2\pi} f(A\cos\varphi, -A\omega_1\sin\varphi)\sin\varphi \mathrm{d}\varphi = -\bar{c}A^2\omega_1\pi$$

所以得

$$\bar{c} = -\frac{\mu}{A\pi\omega_1} \int_0^{2\pi} f(A\cos\varphi, -A\omega_1\sin\varphi)\sin\varphi \mathrm{d}\varphi \qquad (6-20)$$

再令式(6-17) 和式(6-18) 所代表的振动在一个周期内弹性恢复力作的功相等

$$\int_0^T [kx(t) + \mu f(x(t), \dot{x}(t))]x(t_1)\mathrm{d}t_1 = \int_0^T \bar{k}x(t)x(t_1)\mathrm{d}t_1$$

式中 $t_1 = t - \dfrac{T}{4}$，$\mathrm{d}t_1 = \mathrm{d}t$，由式(6-19) 得 $y(t_1) = -A\omega_1\cos\varphi$，代入上式得

$$\int_0^{2\pi} [kA\cos\varphi + \mu f(A\cos\varphi, -A\omega_1\sin\varphi)]A\cos\varphi \frac{\mathrm{d}\varphi}{\omega_1} = \int_0^{2\pi} \bar{k}(A\cos\varphi)^2 \frac{\mathrm{d}\varphi}{\omega_1}$$

所以

$$\bar{k} = k + \frac{\mu}{A\pi} \int_0^{2\pi} f(A\cos\varphi, -A\omega_1\sin\varphi)\cos\varphi \mathrm{d}\varphi \qquad (6-21)$$

从式(6-20)、式(6-21) 求出 $\bar{k}$ 和 $\bar{c}$ 后，就可用等效线性方程(6-18) 计算振动周期 T 了。以式(6-20) 和式(6-21) 可以看到，$\bar{k}$ 和 $\bar{c}$ 都是振幅 A 的函数，所以自振周期不是常数。

【例 6-3】 单自由度无阻尼自由振动方程为 $m\ddot{x} + kx + \mu x^3 = 0$，已知初始位移为 x_0，初始速度为零，求自振周期 T。

解： 近似地设 $x(t) = x_0\cos\omega_1 t = x_0\cos\varphi$，由式(6-21) 得

$$\bar{k} = k + \frac{\mu}{x_0\pi} \int_0^{2\pi} (x_0\cos\varphi)^3\cos\varphi \mathrm{d}\varphi = k + \frac{3}{4}\mu x_0^2$$

于是可求自振周期

$$T = \frac{2\pi}{\bar{\omega}} = \frac{2\pi}{\sqrt{\bar{k}/m}} = \cdots = \frac{2\pi}{\omega} \bigg/ \sqrt{1 + \frac{3\mu}{4k}x_0^2}, \text{这里} \omega = \sqrt{\frac{k}{m}}$$

把本例的方程稍改变形式，即为【例 6-2】中的自由振动方程。【例 6-2】给出了方程的严格解，而本例为一定条件下的近似解。这种求近似解的方法适用于比较接近线性的非线性问题，通常称之为"准线性体系"，又称"拟线性体系"。本例中的 ω_1 应选择与【例 6-2】中的 ω 值相接近。

【例 6-4】 单自由度有阻尼非线性自由振动方程为 $m\ddot{x} + kx + \mu|\dot{x}|\dot{x} = 0$。设初始位移 $x_0 = A$，初始速度为零，试求系统的振幅随时间变化的规律。

解： 根据方程(6-17) 有 $f(x, \dot{x}) = f(\dot{x}) = |\dot{x}|\dot{x}$，近似地设 $x = A\cos\omega_1 t = A\cos\varphi$，由式(6-20) 和式(6-21) 得

$$\bar{c} = -\frac{\mu}{A\pi\omega_1} \int_0^{2\pi} |-A\omega_1\sin\varphi|(-A\omega_1\sin\varphi)\sin\varphi \mathrm{d}\varphi = \frac{8\mu A\omega_1}{3\pi}, \bar{k} = k$$

因此按照黏性阻尼理论，振幅随时间的变化规律为 $A\mathrm{e}^{-\frac{\bar{c}}{2m}t} = A\mathrm{e}^{-\frac{4\mu A\omega_1}{3\pi m}t}$。

6.4.2 基本摄动法

如果系统运动方程的非线性项是微小量，则属于**拟（弱）线性系统**（Quasi-linear

System），相应的微小项称为**摄动项**（Perturbation），摄动项一般用小参数 ε 标出，非线性振动系统的运动方程表示为

$$\ddot{x} + \omega_0^2 x = \varepsilon f(x, \dot{x}) \tag{6-22}$$

式中 $f(x, \dot{x})$ 是 $x, \dot{x}$ 的非线性解析函数，ε 是小参数。这种带有 ε 的摄动项，可以被看成是对系统周期运动的一种摄动。把解按小参数 ε 的幂次展开，寻求满足一定误差要求的渐近解，这类方法称为**摄动法**（Perturbation Method），也称**小参数法**（Small Parameter Method）。

当 ε＝0 时，方程(6-22)退化为固有频率为 ω_0 的线性方程

$$\ddot{x} + \omega_0^2 x = 0 \tag{6-23}$$

即原系统式(6-22)的派生系统。设 $x_0(t)$ 为派生系统的周期解，当实验观测到原系统也存在周期解时，可以在派生解的基础上加以修正，构成原系统的周期解 $x(t, \varepsilon)$。将其展开成 ε 的幂级数

$$x(t, \varepsilon) = x_0(t) + \varepsilon x_1(t) + \varepsilon^2 x_2(t) + \cdots \tag{6-24}$$

将式(6-24)代入方程(6-22)的两边，并将 $f(x, \dot{x})$ 进行级数展开，得到

$$\ddot{x}_0 + \varepsilon \ddot{x}_1 + \varepsilon^2 \ddot{x}_2 + \cdots + \omega_0^2 (x_0 + \varepsilon x_1 + \varepsilon^2 x_2 + \cdots)$$

$$= \varepsilon \left[f(x_0, \dot{x}_0) + \frac{\partial f(x_0, \dot{x}_0)}{\partial x}(\varepsilon x_1 + \varepsilon^2 x_2 + \cdots) + \frac{\partial f(x_0, \dot{x}_0)}{\partial \dot{x}}(\varepsilon \dot{x}_1 + \varepsilon^2 \dot{x}_2 + \cdots) + \right]$$

$$+ \varepsilon \frac{1}{2!} \frac{\partial^2 f(x_0, \dot{x}_0)}{\partial x^2}(\varepsilon x_1 + \varepsilon^2 x_2 + \cdots)^2 + \varepsilon \frac{1}{2!} \frac{\partial^2 f(x_0, \dot{x}_0)}{\partial \dot{x}^2}(\varepsilon \dot{x}_1 + \varepsilon^2 \dot{x}_2 + \cdots)^2 +$$

$$+ \varepsilon \frac{2}{2!} \frac{\partial^2 f(x_0, \dot{x}_0)}{\partial x \partial \dot{x}}(\varepsilon x_1 + \varepsilon^2 x_2 + \cdots)(\varepsilon \dot{x}_1 + \varepsilon^2 \dot{x}_2 + \cdots) + \cdots \tag{6-25}$$

此方程对 ε 的任意值均成立，因此两边 ε 的同次幂的系数相等，由此导出各阶近似解的线性微分方程组

$$\begin{aligned} &\ddot{x}_0 + \omega_0^2 x_0 = 0 \\ &\ddot{x}_1 + \omega_0^2 x_1 = f(x_0, \dot{x}_0) \\ &\ddot{x}_2 + \omega_0^2 x_2 = x_1 \frac{\partial f(x_0, \dot{x}_0)}{\partial x} + \dot{x}_1 \frac{\partial f(x_0, \dot{x}_0)}{\partial \dot{x}} \\ &\cdots \end{aligned} \tag{6-26}$$

由以上方程组的第一式解出派生系统的解，依次代入下一式求出各阶近似解，代回式(6-24)后即得到原系统的解。这种将弱非线性系统的解按小参数 ε 的幂次展开，以求渐进解的方法称为基本摄动法。由于计算工作量随着幂次的增高而迅速增加，因此往往只取级数的前几项，于是级数的收敛性显得并不重要，只需用截去的高阶项的 ε 幂次估计解的误差。近似解的正确性最终只能由实验观测来检验。

【例 6-5】 用基本摄动法求达芬（Duffing）方程 $\ddot{x} + x = -\varepsilon x^3$ 的解。已知初始位移为 a_0，初始速度为零。

解： 利用方程(6-26)得

$$\ddot{x}_0 + x_0 = 0, x_0(0) = a_0, \dot{x}_0(0) = 0,$$

$$\ddot{x}_1 + x_1 = -x_0^3, x_1(0) = 0, \dot{x}_1(0) = 0,$$

$$\ddot{x}_2 + x_2 = -3x_1 x_0^2, x_2(0) = 0, \dot{x}_2(0) = 0, \cdots,$$

将初始条件代入各个方程得到系统精确到 $O(\varepsilon)$ 的渐进解

$$x = a_0 \cos t + \varepsilon a_0^3 \left[-\frac{3}{8} t \sin t + \frac{1}{32}(\cos 3t - \cos t) \right] + O(\varepsilon^2)$$

分析这一渐进解不难发现 x_1 中包含随时间 t 增加的项 $t \sin t$，称为**永年项**或**久期项**（Secular Terms）。

6.4.3 林滋泰德-庞加莱法

1883 年林滋泰德（Lindstedt）为了消除基本摄动解中的久期项，提出对基本摄动法的改进，1892 年庞加莱（Poincare）为改进的摄动法的合理性进行了数学证明，因此称为**林滋泰德-庞加莱法**。该方法的基本思想是认为非线性系统的固有频率 ω 并不等于派生系统的固有频率 ω_0，而也应该是小参数 ε 的未知函数。因此在将基本解展成 ε 的幂级数的同时，应将频率 ω 也写成 ε 的幂级数，幂级数的待定系数根据周期运动的要求依次确定。

引入新变量

$$\tau = \omega t \tag{6-27}$$

将 x 和 ω 其展开成 ε 的幂级数

$$x(\tau, \varepsilon) = x_0(\tau) + \varepsilon x_1(\tau) + \varepsilon^2 x_2(\tau) + \cdots$$
$$\omega = \omega_0 + \varepsilon \omega_1 + \varepsilon^2 \omega_2 + \cdots \tag{6-28}$$

其中 $x(\tau)$ 为周期函数，ω_i 为待定常数。

类似 6.4.2 节的方法，将式(6-28)代入式(6-22)，并注意到式(6-21)，可得到 $x(\tau)$ 的各阶方程

$$\ddot{x}_0 + \omega_0^2 x_0 = 0$$
$$(\ddot{x}_1 + x_1)\omega_0^2 = f(x_0, \dot{x}_0) - 2\omega_0 \omega_1 \ddot{x}_0$$
$$(\ddot{x}_2 + x_2)\omega_0^2 = x_1 \frac{\partial f(x_0, \dot{x}_0)}{\partial x} + \dot{x}_1 \frac{\partial f(x_0, \dot{x}_0)}{\partial \dot{x}} + \omega_1 \frac{\partial f(x_0, \dot{x}_0)}{\partial \omega} - \tag{6-29}$$
$$(2\omega_0 \omega_2 + \omega_1^2)\ddot{x}_0 - 2\omega_0 \omega_1 \ddot{x}_1$$

$\cdots$

上述方程中 $\dot{x}_i = \dfrac{dx_i}{d\tau}$，$\ddot{x}_i = \dfrac{d^2 x_i}{d\tau^2}$。由此可依次求出 $x_i(\tau)$。由于 $x_i(\tau)$ 以 2π 为周期，即满足 $x_i(\tau) = x_i(2\pi + \tau)$，这一附加条件可以决定各阶频率修正值 ω_i，即可以适当选择 ω_i，从而消除久期项得到周期解。

6.4.4 KBM 法

KBM 法又称**渐近法**（Asymptotic Method），是由苏联学者克雷洛夫（Krylov）、巴戈留波夫（Bogoliubov）和米特罗波里斯基（Mitropolski）于 20 世纪 30 年代提出的，并给出了比较严格的数学基础，还可逐阶求得渐近解，简称 KBM 法。它的基本思想是根据弱非线性系统中振动的拟谐和性质来寻求响应具有渐进性质的级数解。

非线性方程(6-22)的派生系统（6-23）的简谐解可表示为

$$x = a \cos \varphi \tag{6-30}$$

其中振幅为常量 $\dot{a} = 0$，相角均匀变化 $\dot{\varphi} = \omega_0$。当 $\varepsilon \neq 0$ 但充分小时，方程(6-22)右

边摄动项的存在使原系统的解中除频率为 ω_0 的主谐波之外，还含有微小的高次谐波，且振幅与频率均与小参数 ε 有关而缓慢变化。因此 KBM 法设方程(6-22)的解为线性解叠加各阶非线性解之和的形式

$$x=a\cos\varphi+\varepsilon x_1(a,\varphi)+\varepsilon^2 x_2(a,\varphi)+\cdots \tag{6-31}$$

式中，待定函数 $x_i(a,\varphi)$ $(i=1,2,\cdots)$ 是慢变函数 a 及以 2π 为周期的慢变函数 φ 的函数。它们分别由下面的微分方程确定

$$\begin{aligned}\dot{a}&=\varepsilon a_1(a)+\varepsilon^2 a_2(a)+\cdots\\ \dot{\varphi}&=\omega_0+\varepsilon\omega_1(a)+\varepsilon^2\omega_2(a)+\cdots\end{aligned} \tag{6-32}$$

式中，$a_i(a)$，$\omega_i(a)$ $(i=1,2,\cdots)$ 都是待定函数，是主谐波振幅 a 的函数。需要说明的是，这种表示只适用于自治系统和非自治系统强迫振动中的非共振的情况。

KBM 法求解方程(6-24)的过程就是要确定和选择方程(6-31)和式(6-32)中的各个函数。为了唯一地确定 $a_i(a)$，$\omega_i(a)$ $(i=1,2,\cdots)$，应保证 $x_i(a,\varphi)$ 为 φ 的周期函数且不包含 φ 的一次谐波，以避免出现久期项。

将式(6-31)对 t 微分，整理后得到

$$\dot{x}=\dot{a}\left(\cos\varphi+\varepsilon\frac{\partial x_1}{\partial a}+\varepsilon^2\frac{\partial x_2}{\partial a}+\cdots\right)+\dot{\varphi}\left(-a\sin\varphi+\varepsilon\frac{\partial x_1}{\partial\varphi}+\varepsilon^2\frac{\partial x_2}{\partial\varphi}+\cdots\right) \tag{6-33}$$

再微分一次，得到

$$\begin{aligned}\ddot{x}=&\ddot{a}\left(\cos\varphi+\varepsilon\frac{\partial x_1}{\partial a}+\varepsilon^2\frac{\partial x_2}{\partial a}+\cdots\right)+\ddot{\varphi}\left(-a\sin\varphi+\varepsilon\frac{\partial x_1}{\partial\varphi}+\varepsilon^2\frac{\partial x_2}{\partial\varphi}+\cdots\right)+\\ &\dot{a}^2\left(\varepsilon\frac{\partial^2 x_1}{\partial a^2}+\varepsilon^2\frac{\partial^2 x_2}{\partial a^2}+\cdots\right)+2\dot{a}\dot{\varphi}\left(-\sin\varphi+\varepsilon\frac{\partial^2 x_1}{\partial a\partial\varphi}+\varepsilon^2\frac{\partial^2 x_2}{\partial a\partial\varphi}+\cdots\right)+\\ &\dot{\varphi}^2\left(-a\cos\varphi+\varepsilon\frac{\partial^2 x_1}{\partial\varphi^2}+\varepsilon^2\frac{\partial^2 x_2}{\partial\varphi^2}+\cdots\right)\end{aligned} \tag{6-34}$$

将方程(6-32)也对 t 微分，得到

$$\ddot{a}=\varepsilon^2 a_1\frac{\mathrm{d}a_1}{\mathrm{d}a}+\cdots,\quad \ddot{\varphi}=\varepsilon^2 a_1\frac{\mathrm{d}\omega_1}{\mathrm{d}a}+\cdots \tag{6-35}$$

将式(6-32)和式(6-35)代入式(6-33)和式(6-34)，整理得到

$$\begin{aligned}\dot{x}=&-a\omega_0\sin\varphi+\varepsilon\left(a_1\cos\varphi-a\omega_1\sin\varphi+\omega_0\frac{\partial x_1}{\partial\varphi}\right)+\\ &\varepsilon^2\left(a_2\cos\varphi-a\omega_2\sin\varphi+a_1\frac{\partial x_1}{\partial a}+\omega_1\frac{\partial x_1}{\partial\varphi}+\omega_0\frac{\partial x_2}{\partial\varphi}\right)+\cdots\end{aligned} \tag{6-36}$$

$$\begin{aligned}\ddot{x}=&-a\omega_0^2\cos\varphi+\varepsilon\left(-2\omega_0 a_1\sin\varphi-2a\omega_0\omega_1\cos\varphi+\omega_0^2\frac{\partial^2 x_1}{\partial\varphi^2}\right)+\\ &\varepsilon^2\left[\left(a_1\frac{\mathrm{d}a_1}{\mathrm{d}a}-a\omega_1^2-2a\omega_0\omega_2\right)\cos\varphi-\left(aa_1\frac{\mathrm{d}\omega_1}{\mathrm{d}a}+2\omega_0 a_2+2a_1\omega_1\right)\sin\varphi+\right.\\ &\left.2\omega_0 a_1\frac{\partial^2 x_1}{\partial a\partial\varphi}+2\omega_0\omega_1\frac{\partial^2 x_1}{\partial\varphi^2}+\omega_0^2\frac{\partial^2 x_2}{\partial\varphi^2}\right]+\cdots\end{aligned} \tag{6-37}$$

将式(6-31)和式(6-37)代入原系统的方程(6-22)的左边，整理后得到

$$\ddot{x}+\omega_0^2 x=\varepsilon\left[\omega_0^2\left(\frac{\partial^2 x_1}{\partial\varphi^2}+x_1\right)-2\omega_0 a_1\sin\varphi-2\omega_0 a\omega_1\cos\varphi\right]+$$

$$\varepsilon^2\left[\omega_0^2\left(\frac{\partial^2 x_2}{\partial\varphi^2}+x_2\right)+\left(a_1\frac{\mathrm{d}a_1}{\mathrm{d}a}-a\omega_1^2-2\omega_0 a\omega_2\right)\cos\varphi-\right.$$

$$\left.\left(2\omega_0\omega_2+2a_1\omega_1+aa_1\frac{\mathrm{d}\omega_1}{\mathrm{d}a}\right)\sin\varphi+2\omega_0 a_1\frac{\partial^2 x_1}{\partial a\partial\varphi}+2\omega_0\omega_1\frac{\partial^2 x_1}{\partial\varphi^2}\right]+\cdots$$

$$(6\text{-}38)$$

将方程(6-22)的右边在 $x_0=a\cos\varphi$，$\dot{x}_0=-a\omega_0\sin\varphi$，附近展成泰勒级数，并利用式(6-31)和式(6-36)，整理后得到

$$\varepsilon f(x,\dot{x})=\varepsilon f(x_0,\dot{x}_0)+\varepsilon^2\left[x_1\frac{\partial f(x_0,\dot{x}_0)}{\partial x}+\right.$$

$$\left.\left(a_1\cos\varphi-a\omega_1\sin\varphi+\omega_0\frac{\partial x_1}{\partial\varphi}\right)\frac{\partial f(x_0,\dot{x}_0)}{\partial\dot{x}}\right]+\cdots$$

$$(6\text{-}39)$$

令式(6-38)和式(6-39)相等，并令 ε 的同次幂的系数相等，得到以下渐近方程组

$$\omega_0^2\left(\frac{\partial^2 x_1}{\partial\varphi^2}+x_1\right)=f(x_0,\dot{x}_0)+2\omega_0 a_1\sin\varphi+2\omega_0 a\omega_1\cos\varphi$$

$$\omega_0^2\left(\frac{\partial^2 x_2}{\partial\varphi^2}+x_2\right)=2\omega_0 a_2\sin\varphi+2\omega_0 a\omega_2\cos\varphi+x_1\frac{\partial f(x_0,\dot{x}_0)}{\partial x}+$$

$$\left(a_1\cos\varphi-a\omega_1\sin\varphi+\omega_0\frac{\partial x_1}{\partial\varphi}\right)\frac{\partial f(x_0,\dot{x}_0)}{\partial\dot{x}}-2\omega_0 a_1\frac{\partial^2 x_1}{\partial a\partial\varphi}+$$

$$\left(a\omega_1^2-a_1\frac{\mathrm{d}a_1}{\mathrm{d}a}\right)\cos\varphi+\left(2a_1\omega_1+aa_1\frac{\mathrm{d}\omega_1}{\mathrm{d}a}\right)\sin\varphi-2\omega_0\omega_1\frac{\partial^2 x_1}{\partial\varphi^2}$$

$$(6\text{-}40)$$

$$\cdots$$

依次求解上述方程组，在求解过程中，利用把函数 x_i 是周期解来消除久期项，从而确定出 $a_i(a)$ 和 $\omega_i(a)$ 的具体形式。

KBM 法的基本步骤如下：

（1）根据 $f(x,\dot{x})$，利用 $x_0=a\cos\varphi$，$\dot{x}_0=-a\omega_0\sin\varphi$，依次计算式(6-40)；

（2）式(6-40)计算过程中，要消除久期项，保证 $x_i(a,\varphi)$ 为 φ 的周期函数且不包含 φ 的一次谐波，即令 $\sin\varphi$ 和 $\cos\varphi$ 项的系数为零，确定 a_i 和 ω_i；

（3）将通过式(6-40)计算的 $x_i(a,\varphi)$ 代入式(6-31)得到近似解；

（4）通过式(6-32)计算 a 和 φ。

【例 6-6】 用 KBM 法求方程 $\ddot{x}+x-\varepsilon\dot{x}(1-x^2)=0$ 的二阶近似解。

解：这里 $f(x,\dot{x})=\dot{x}(1-x^2)$，注意到 $x_0=a\cos\varphi$，$\dot{x}_0=-a\omega_0\sin\varphi$，计算

$$f(x_0,\dot{x}_0)=(1-x_0^2)\dot{x}_0=\left(\frac{a^2}{4}-1\right)a\sin\varphi+\frac{a^3}{4}\sin^3\varphi$$

$$\frac{\partial f(x_0,\dot{x}_0)}{\partial x}=-2x_0\dot{x}_0=a^2\sin2\varphi,\quad\frac{\partial f(x_0,\dot{x}_0)}{\partial\dot{x}}=1-x_0^2=1-a^2\cos^2\varphi$$

代入式(6-40)第一式得

$$\frac{\partial^2 x_1}{\partial \varphi^2} + x_1 = \left(\frac{a^2}{4}-1\right)a\sin\varphi + \frac{a^3}{4}\sin^3\varphi + 2a_1\sin\varphi + 2a\omega_1\cos\varphi$$

保证 $x_i(a,\varphi)$ 为 φ 的周期函数且不包含 φ 的一次谐波，以避免出现久期项，则有

$$\left(\frac{a^2}{4}-1\right)a\sin\varphi + 2a_1\sin\varphi = 0, \quad 2a\omega_1\cos\varphi = 0$$

即 $a_1 = \frac{1}{2}a\left(1-\frac{a^2}{4}\right)$，$\omega_1 = 0$，则 $x_1 = -\frac{a^3}{32}\sin3\varphi$；

代入式(6-40)第二式得

$$\frac{\partial^2 x_2}{\partial \varphi^2} + x_2 = a_2\sin2\varphi + \left[2a\omega_2 - a_1\frac{\mathrm{d}a_1}{\mathrm{d}a} + a_1\left(1+\frac{3a^2}{4}\right) + \frac{a^5}{128}\right]\cos\varphi +$$

$$+ \frac{a^3(a^2+8)}{128}\cos3\varphi + \frac{5a^5}{128}\cos5\varphi$$

消除久期项得

$$\omega_2 = -\frac{1}{8}\left(1-a^2+\frac{7a^4}{32}\right), a_2 = 0, x_2 = -\frac{5a^5}{3072}\cos5\varphi - \frac{a^3(a^2+8)}{1024}\cos3\varphi$$

代入式(6-31)得到二阶近似解

$$x = a\cos\varphi + \varepsilon x_1(a,\varphi) + \varepsilon^2 x_2(a,\varphi)$$

$$= a\cos\varphi - \varepsilon\frac{a^3}{32}\sin3\varphi - \varepsilon^2\frac{a^3}{1024}\left[\frac{5a^2}{3}\cos5\varphi + (a^2+8)\cos3\varphi\right]$$

代入式(6-32)得到

$$\dot{a} = \varepsilon a_1(a) + \varepsilon^2 a_2(a) = \frac{\varepsilon}{2}a\left(1-\frac{a^2}{4}\right)$$

$$\dot{\varphi} = \omega_0 + \varepsilon\omega_1(a) + \varepsilon^2\omega_2(a) = 1 - \frac{\varepsilon^2}{8}\left(1-a^2+\frac{7a^4}{32}\right)$$

积分得

$$a = \frac{2}{\sqrt{1+\left(\frac{4}{a_0^2}-1\right)\mathrm{e}^{-\varepsilon t}}}, \quad \varphi = \varphi_0 + \left(1-\frac{\varepsilon^2}{16}\right)t - \frac{\varepsilon}{8}\ln|a| + \frac{7\varepsilon}{64}a^2$$

其中 a_0，φ_0 由初始条件确定。

由结果可以看出，若初始值 $a_0=0$，则无论 t 为何值都有 $x=0$，即对应系统的平衡状态；若初始值 $a_0 \neq 0$，则当 $t \rightarrow \infty$ 时，$a \rightarrow 2$，则系统趋近于周期运动。高阶渐进解计算表明，这种运动有高次谐波项。

6.4.5 平均法

前面叙述的几种近似解析方法，对于弱非线性系统原则上可求出满足任意精度要求的周期解。但在具体计算时，ε 的次数愈高，计算工作愈繁琐。如果所要求的精度只限于 ε 的一次项，则可采用更为有效的方法直接求出次近似解，这就是非线性振动解析力法的次近似理论，其中最主要的方法为**平均法**（Average Method）。

弱非线性系统的自由振动(6-22)的派生系统(6-23)的自由振动解为

$$x = a\cos(\omega_0 t - \theta) = a\cos\varphi \tag{6-41}$$

其中任意常数 a 和 θ 取决于初始条件。

应用常数变易法，把 a 和 θ 看作 t 的函数，以此作为方程(6-22) 的解，对式(6-41)求导得

$$\dot{x} = \dot{a}\cos\varphi - a\dot{\theta}\sin\varphi - a\omega_0\sin\varphi \tag{6-42}$$

令

$$\dot{a}\cos\varphi - a\dot{\theta}\sin\varphi = 0 \tag{6-43}$$

则

$$\dot{x} = -a\omega_0\sin\varphi \tag{6-44}$$

对式(6-44) 求导得

$$\ddot{x} = -\omega_0^2 a\cos\varphi - \omega_0 a\dot{\theta}\cos\varphi - \dot{a}\omega_0\sin\varphi \tag{6-45}$$

将式(6-41)、式(6-44)、式(6-45) 代入方程(6-22) 得

$$-\omega_0\dot{a}\sin\varphi - \omega_0 a\dot{\theta}\cos\varphi = \varepsilon f(a\cos\varphi - \omega_0 a\sin\varphi) \tag{6-46}$$

从式(6-43) 和式(6-46) 得出 a 和 θ 的微分方程

$$\dot{a} = -\frac{\varepsilon}{\omega_0}f(a\cos\varphi, -a\omega_0\sin\varphi)\sin\varphi$$

$$\dot{\theta} = -\frac{\varepsilon}{\omega_0 a}f(a\cos\varphi, -a\omega_0\sin\varphi)\cos\varphi \tag{6-47}$$

如果上式能求精确解，代入式(6-41) 可得原方程(6-22) 的解，不过这种情况是极少的。现在用一种特殊方法求方程(6-47) 的近似解。当参数 ε 充分小时，a 和 θ 是在常数附近缓慢变化的函数，它们在一个周期内的改变量为

$$\Delta a = \int_0^{2\pi}\dot{a}\frac{\mathrm{d}t}{\mathrm{d}\varphi}\mathrm{d}\varphi, \Delta\theta = \int_0^{2\pi}\dot{\theta}\frac{\mathrm{d}t}{\mathrm{d}\varphi}\mathrm{d}\varphi$$

将式(6-47) 代入上式得

$$\Delta a = -\frac{\varepsilon}{\omega_0^2}\int_0^{2\pi}f(a\cos\varphi, -a\omega_0\sin\varphi)\sin\varphi\mathrm{d}\varphi$$

$$\Delta\theta = -\frac{\varepsilon}{a\omega_0^2}\int_0^{2\pi}f(a\cos\varphi, -a\omega_0\sin\varphi)\cos\varphi\mathrm{d}\varphi \tag{6-48}$$

再用近似值 $\dot{a}\approx\frac{\Delta a}{T}$，$\dot{\theta}\approx\frac{\Delta\theta}{T}$，$T\approx\frac{2\pi}{\omega_0}$，得

$$\dot{a} = \frac{\omega_0}{2\pi}\Delta a = -\frac{\varepsilon}{2\pi\omega_0}\int_0^{2\pi}f(a\cos\varphi, -a\omega_0\sin\varphi)\sin\varphi\mathrm{d}\varphi$$

$$\dot{\theta} = \frac{\omega_0}{2\pi}\Delta\theta = -\frac{\varepsilon}{2\pi a\omega_0}\int_0^{2\pi}f(a\cos\varphi, -a\omega_0\sin\varphi)\cos\varphi\mathrm{d}\varphi \tag{6-49}$$

以上两个方程中，右端都仅仅是 a 的函数，积分可得到 $a(t)$ 和 $\theta(t)$，在积分过程中，积分常数可根据初始条件 $a(0) = a_0$，$\theta(0) = \theta_0$ 确定。

简化的方程(6-49) 可以看作是方程(6-47) 在一个周期内取平均值得到，故称为平均法。

【例 6-7】 用平均法求方程 $\ddot{x} + \omega_0^2 x + \varepsilon\omega_0^2 x^3 = 0$ 的近似解。

解：这里 $f(x, \dot{x}) = f(a\cos\varphi) = -\omega_0^2 a^3\cos^3\varphi$，代入方程(6-49) 得

$$\dot{a} = -\frac{\varepsilon}{2\pi\omega_0} \int_0^{2\pi} -\omega_0^2 a^3 \cos^3\varphi \sin\varphi \, d\varphi = 0$$

$$\dot{\theta} = -\frac{\varepsilon}{2\pi a\omega_0} \int_0^{2\pi} -\omega_0^2 a^3 \cos^3\varphi \cos\varphi \, d\varphi = \frac{3}{8}\varepsilon\omega_0 a^2$$

积分得

$$a = a_0, \theta = \frac{3}{8}\varepsilon\omega_0 a_0^2 t + \theta_0, \varphi = \omega_0 t + \theta(t) = \left(1 + \frac{3}{8}\varepsilon a_0^2\right)\omega_0 t + \theta_0$$

近似解为

$$x = a_0 \cos\left[\left(1 + \frac{3}{8}\varepsilon a^2\right)\omega_0 t + \theta_0\right]_\circ$$

6.4.6 多尺度法

前面叙述的平均法是利用两种不同的时间尺度,将系统的振动分解为快变和慢变两种过程。将标志运动的主要参数,如振幅和初相角,在快变过程的每个周期内平均化,然后着重讨论其慢变过程。为了提高平均法的计算精度,可以将时间尺度划分得更为精细,由此发展为 20 世纪 60 年代的**多尺度法**(Multiple Scale Method)。与摄动法相比,多尺度法的明显优点是不仅能计算周期运动,而且能计算耗散系统的衰减振动;不仅能计算稳态响应,而且能计算非稳态过程;也可以分析稳态响应的稳定性,描绘非自治系统的全局运动性态。

为说明振动过程中不同时间尺度的存在,以林滋泰德-庞加莱法的级数展开式(6-28)为例,可以看出,用式(6-28)表达的振动过程包含不同的时间尺度 t,εt,$\varepsilon^2 t \cdots$的时间历程。不同的时间尺度描述变化过程的不同节奏,阶数愈低,变化愈缓慢,阶数愈高,变化愈迅速。对于精确到 ε^m 阶的解,将依赖于 t,εt,$\varepsilon^2 t$,$\cdots$,$\varepsilon^{m-1} t$。

引入表示不同尺度的时间变量

$$T_n = \varepsilon^n t \qquad n = 0, 1, 2, \cdots \tag{6-50}$$

则非线性振动过程为不同尺度时间变量的函数,可写为

$$x(t, \varepsilon) = \sum_{n=0}^{m} \varepsilon^n x_n(T_0, T_1, T_2, \cdots, T_m) \tag{6-51}$$

其中 m 为小参数的最高阶次,取决于计算的精度要求。将不同尺度的时间变量视为独立变量,则 $x(t, \varepsilon)$ 成为 m 个独立时间变量的函数,对时间的微分可利用复合函数微分公式按 ε 的幂次展开

$$\frac{d}{dt} = \frac{\partial}{\partial T_0} + \varepsilon \frac{\partial}{\partial T_1} + \varepsilon^2 \frac{\partial}{\partial T_2} + \cdots + \varepsilon^m \frac{\partial}{\partial T_m} = D_0 + \varepsilon D_1 + \varepsilon^2 D_2 + \cdots + \varepsilon^m D_m \tag{6-52}$$

$$\frac{d^2}{dt^2} = \frac{d}{dt}\left(\frac{\partial}{\partial T_0} + \varepsilon \frac{\partial}{\partial T_1} + \varepsilon^2 \frac{\partial}{\partial T_2} + \cdots + \varepsilon^m \frac{\partial}{\partial T_m}\right)$$

$$= (D_0 + \varepsilon D_1 + \varepsilon^2 D_2 + \cdots + \varepsilon^m D_m)^2 = D_0^2 + 2\varepsilon D_0 D_1 + \varepsilon^2(D_1^2 + 2D_0 D_2) + \cdots$$

$$\tag{6-53}$$

其中 D_n 为偏微分算子符号

$$D_n = \frac{\partial}{\partial T_n} \qquad n = 0, 1, 2, \cdots, m \tag{6-54}$$

将式(6-52)、式(6-53)和式(6-51)代入方程(6-22)并展开,比较 ε 的系数,得到线性的

偏微分方程组，依次求解，附加不出现久期项的初始条件，就可以得到式(6-51)中各个未知函数 x_i 的确定表达式。

【例 6-8】 用多尺度法求方程 $\ddot{x}+x+\varepsilon x^3=0$ 的二阶近似解。

解： 设二阶近似解

$$x=x_0(T_0,T_1,T_2)+\varepsilon x_1(T_0,T_1,T_2)+\varepsilon^2 x_2(T_0,T_1,T_2) \tag{6-55}$$

将上式及式(6-53)代入方程得

$$[D_0^2+2\varepsilon D_0 D_1+\varepsilon^2(D_1^2+2D_0 D_2)](x_0+\varepsilon x_1+\varepsilon^2 x_2)+$$
$$(x_0+\varepsilon x_1+\varepsilon^2 x_2)+\varepsilon(x_0+\varepsilon x_1+\varepsilon^2 x_2)^3=0 \tag{6-56}$$

展开后，令 ε 的同次幂系数为零，得到各阶近似的线性偏微分方程组

$$D_0^2 x_0+x_0=0$$
$$D_0^2 x_1+x_1=-2D_0 D_1 x_0-x_0^3 \tag{6-57}$$
$$D_0^2 x_2+x_2=-2D_0 D_1 x_1-D_1^2 x_0-2D_0 D_2 x_0-3x_0^2 x_1$$

将式(6-57)中零次近似方程的解写为复数形式

$$x_0=A(T_1,T_2)\mathrm{e}^{iT_0}+\bar{A}(T_1,T_2)\mathrm{e}^{-iT_0} \tag{6-58}$$

其中 A 为待定的复函数，$\bar{A}$ 为 A 的共轭复数。将式(6-58)代入一次近似方程(6-57)第二式的右边，得到

$$D_0^2 x_1+x_1=-(2iD_1 A+3A^2\bar{A})\mathrm{e}^{iT_0}-A^3\mathrm{e}^{3iT_0}+cc \tag{6-59}$$

式中 cc 表示其左边各项的共轭复数。为避免久期项出现，函数 A 必须满足

$$2iD_1 A+3A^2\bar{A}=0 \tag{6-60}$$

则从方程(6-59)解出

$$x_1=\frac{1}{8}A^3\mathrm{e}^{3iT_0}+cc \tag{6-61}$$

其中的振幅 A 随时间 T_1 的慢变规律由微分方程(6-60)确定。

将式(6-58)和式(6-61)代入二次近似方程(6-57)第三式的右边，得到

$$D_0^2 x_2+x_2=-\left(2iD_2 A-\frac{15}{8}A^3\bar{A}^2\right)\mathrm{e}^{iT_0}+\frac{21}{8}A^4\bar{A}\mathrm{e}^{3iT_0}-\frac{3}{8}A^5\mathrm{e}^{5iT_0}+cc \tag{6-62}$$

为消除久期项，要求

$$2iD_2 A-\frac{15}{8}A^3\bar{A}^2=0 \tag{6-63}$$

从方程(6-62)解出

$$x_2=-\frac{21}{64}A^4\bar{A}\mathrm{e}^{3iT_0}+\frac{1}{64}A^5\mathrm{e}^{5iT_0}+cc \tag{6-64}$$

微分方程(6-63)确定振幅 A 随 T_2 的变化规律。

将复函数 A 对 t 的导数写为

$$\frac{\mathrm{d}A}{\mathrm{d}t}=D_0 A+\varepsilon D_1 A+\varepsilon^2 D_2 A \tag{6-65}$$

其中 $D_0 A=0$，$D_1 A D_2 A$ 分别由条件(6-60)和(6-61)确定，导出 A 应满足的常微分方程

$$\frac{\mathrm{d}A}{\mathrm{d}t}=\frac{3i\varepsilon}{2}A^{2}\bar{A}-\frac{15i\varepsilon^{2}}{16}A^{3}\bar{A}^{2} \tag{6-66}$$

将复函数 A 写为指数形式

$$A(t)=\frac{1}{2}a(t)\mathrm{e}^{i\theta(t)} \tag{6-67}$$

其中 $a(t)$ 和 $\theta(t)$ 皆为 t 的实函数。代入方程(6-66)，将实部与虚部分开，得到 a 和 θ 的一阶常微分方程组

$$\dot{a}=0 \text{ 和 } \dot{\theta}=\frac{3}{8}\varepsilon a^{2}-\frac{15}{256}\varepsilon^{2}a^{4} \tag{6-68}$$

积分此二方程，得到

$$a=a_{0},\theta=\left(\frac{3}{8}\varepsilon a_{0}^{2}-\frac{15}{256}\varepsilon^{2}a_{0}^{4}\right)^{t+i\theta_{0}} \tag{6-69}$$

其中积分常数 $a_{0}\theta_{0}$ 取决于初始条件。代入式(6-67) 得到

$$A=\frac{1}{2}a_{0}\exp\left[i\left(\frac{3}{8}\varepsilon a_{0}^{2}-\frac{15}{256}\varepsilon^{2}a_{0}^{4}\right)^{t+i\theta_{0}}\right] \tag{6-70}$$

将上式代入式(6-58)，式(6-61) 和式(6-64)，最终得到方程的二阶近似解

$$x=a_{0}\cos\varphi+\frac{1}{32}\varepsilon a_{0}^{3}\cos3\varphi+\frac{1}{1024}\varepsilon^{2}a_{0}^{5}(-21\cos3\varphi+\cos5\varphi) \tag{6-71}$$

其中

$$\varphi=\left(1+\frac{3}{8}\varepsilon a_{0}^{2}-\frac{15}{256}\varepsilon^{2}a_{0}^{4}\right)t+\theta_{0} \tag{6-72}$$

6.4.7　谐波平衡法

在各种近似解析方法中，谐波平衡法是概念最明了，使用最简便的近似方法，而且应用范围不仅限于弱非线性系统。其基本思想是将振动系统的激励项和方程的解都展成傅里叶级数。从物理意义考虑，为保证系统的作用力与惯性力的各阶谐波分量自相平衡，必须令动力学方程两端的同阶谐波的系数相等，从而得到包含未知系数的一系列代数方程，以确定待定的傅里叶级数的系数。

设非线性系统的振动方程为

$$\ddot{x}+f(x,\dot{x})=0 \tag{6-73}$$

将方程(6-73) 的解和函数 $f(x,\dot{x})$ 展开成傅里叶级数

$$x(t)=a_{0}+\sum_{n=1}^{\infty}(a_{n}\cos n\omega t+b_{n}\sin n\omega t) \tag{6-74}$$

$$f(x,\dot{x})=c_{0}+\sum_{n=1}^{\infty}(c_{n}\cos n\omega t+d_{n}\sin n\omega t) \tag{6-75}$$

其中

$$c_{0}=\frac{\omega}{2\pi}\int_{0}^{\frac{2\pi}{\omega}}f(x,\dot{x})\mathrm{d}t$$

$$c_{n}=\frac{\omega}{2\pi}\int_{0}^{\frac{2\pi}{\omega}}f(x,\dot{x})\cos n\omega t\,\mathrm{d}t \quad (n=1,2,\cdots) \tag{6-76}$$

$$d_{n}=\frac{\omega}{2\pi}\int_{0}^{\frac{2\pi}{\omega}}f(x,\dot{x})\sin n\omega t\,\mathrm{d}t$$

由式(6-76)求出系数后，将式(6-74)和式(6-75)代入方程(6-73)，按同阶次谐波进行整理后，令$\sin n\omega t$和$\cos n\omega t$的系数等于零，得到关于a_0，a_n，b_n的代数方程组，求出a_0，a_n，b_n以后，就得到了方程(6-73)的解(6-74)。

以前的各种摄动法都是把解按量级x_1，x_2，…展开的，而谐波平衡法是按谐波展开的，因此解的精度取决于谐波的数目，数目越多，精度越高，但计算越麻烦。因此，要想得到足够精度的近似解，就必须选足够多的项，或者预先知道解中所包含的谐波成分，并检查被忽略的谐波系数的量级，否则达不到需求的精度。

【例 6-9】 用谐波平衡法求方程$\ddot{x}+s_1x++s_2x^2+s_3x^3=0$的近似解。

解： 设解为

$$x=a_0+a_1\cos\omega t+b_1\sin\omega t \tag{6-77}$$

将上式代入方程，按同次谐波整理得

$$s_1a_0+s_2a_0^2+\frac{1}{2}s_2(a_1^2+b_1^2)+s_3a_0^3+\frac{3}{2}s_3a_0(a_1^2+b_1^2)+$$

$$(s_1+2s_2a_0+3s_3a_0^2+\frac{3}{4}s_3a_1^2+\frac{3}{4}s_3b_1^2-\omega^2)a_1\cos\omega t+ \tag{6-78}$$

$$(s_1+2s_2a_0+3s_3a_0^2+\frac{3}{4}s_3b_1^2+\frac{3}{4}s_3a_1^2-\omega^2)b_1\sin\omega t+\cdots=0$$

令各谐波系数等于零得

$$s_1a_0+s_2a_0^2+\frac{1}{2}s_2(a_1^2+b_1^2)+s_3a_0^3+\frac{3}{2}s_3a_0(a_1^2+b_1^2)=0$$

$$s_1+2s_2a_0+3s_3a_0^2+\frac{3}{4}s_3a_1^2+\frac{3}{4}s_3b_1^2-\omega^2=0 \tag{6-79}$$

$$s_1+2s_2a_0+3s_3a_0^2+\frac{3}{4}s_3b_1^2+\frac{3}{4}s_3a_1^2-\omega^2=0$$

令$C_1=\sqrt{a_1^2+b_1^2}$，为一阶谐波幅值，有初始条件确定。a_0，ω为未知量，由式(6-79)求出。

设振幅很小，即$C_1<1$，取$a_0=O(C_1^2)$量级，由式(6-79)量级分析后得

$$a_0=-\frac{s_2}{2s_1}C_1^2+O(C_1^5), \quad \omega^2=s_1+\frac{3s_1s_3-4s_2^2}{4s_1}C_1^2+O(C_1^5) \tag{6-80}$$

由原方程得知$s_1=\omega_0^2$，则

$$a_0=-\frac{s_2}{2\omega_0^2}C_1^2+O(C_1^5), \quad \omega=\omega_0\left[1+\frac{3\omega_0^2s_3-4s_2^2}{8\omega_0^4}C_1^2\right]+O(C_1^5) \tag{6-81}$$

本例式(6-78)和式(6-80)结果的获得过程比较复杂，可以借助数学工具如 mathematica 软件。

6.4.8 李兹-伽辽金法

李兹-伽辽金法（Ritz-Galerkin Method）是一种变分方法，它的基本思想是：选取一组满足一定条件（如边界条件或周期性条件等）线性独立的已知函数，将它们的线性组合作为微分方程的近似解，然后确定最佳系数。

方程(6-73)的非线性函数$f(x,\dot{x})$代表作用于单位质量质点上的主动力和约束反

力。而方程(6-73)可理解为作用于单位质量质点上的惯性力、主动力和约束反力构成的平衡力系。

设系统产生任意一个虚位移 δx，则由虚位移原理得

$$[\ddot{x}+f(x,\dot{x})]\delta x=0 \qquad (6-82)$$

对受到双面、理想约束的系统，约束反力的虚功之和为零，因此它不出现在方程(6-82)中。在非线性振动中，未知的解 $x(t)$ 可表示为周期函数的线性组合

$$x(t)=\sum_{i=1}^{M}a_i q_i(t) \qquad (6-83)$$

式中 $q_i(t)=q_i(t+T)$，T 为周期，a_i 为待定系数。一般取 $q_i(t)$ 为正弦或余弦函数，在边值问题中，$q_i(t)$ 还须满足边界条件。

对式(6-83) 求变分

$$\delta x=\sum_{i=1}^{M}q_i(t)\delta a_i \qquad (6-84)$$

代入方程(6-82)，并在一个周期内取平均值

$$\sum_{i=1}^{M}\int_0^T\Big[\sum_{i=1}^{M}a_i\ddot{q}_i(t)+f\Big(\sum_{i=1}^{M}a_i q_i(t),\sum_{i=1}^{M}a_i\dot{q}_i(t)\Big)\Big]q_i(t)\delta a_i\mathrm{d}t=0 \qquad (6-85)$$

由 δa_i 的任意性，得到 M 个方程

$$\int_0^T\Big[\sum_{i=1}^{M}a_i\ddot{q}_i(t)+f\Big(\sum_{i=1}^{M}a_i q_i(t),\sum_{i=1}^{M}a_i\dot{q}_i(t)\Big)\Big]q_i(t)\mathrm{d}t=0 \quad i=1,2,\cdots,M \qquad (6-86)$$

对这 M 个方程积分，得到关于 a_i 的代数方程组，由此解出 a_i 后，也就得到了方程的近似解。

【例 6-10】 用李兹-伽辽金法求方程 $\ddot{x}+bx+cx^3=0$ 的周期解。

解： 设解为 $x=a\cos\omega t=a\cos\varphi$，代入方程(6-86) 得

$$\int_0^T\big[(b-\omega^2)a\cos\varphi+ca^3\cos^3\varphi\big]\cos\varphi\mathrm{d}t=0$$

积分得

$$(b-\omega^2)a\,\frac{\pi}{a}+ca^3\,\frac{3\pi}{4a}=0$$

因此 $\omega^2=b+\dfrac{3}{4}ca^2$，则近似解为

$$x(t)=2\sqrt{\frac{\omega^2-b}{3c}}\cos\omega t$$

若取二次近似解

$$x=a_1\cos\omega t+a_3\cos3\omega t$$

代入方程(6-86) 得

$$\int_0^T\Big[(ba_1-\omega^2 a_1+\frac{3}{4}ca_1^3+\frac{3ca_1^2 a_3}{4}+\frac{3ca_3^2 a_1}{2})\cos\varphi t+\cdots\Big]\cos\omega t\,\mathrm{d}t=0$$

$$\int_0^T\Big[(ba_3-9\omega^2 a_3+\frac{1}{4}ca_1^3+\frac{3ca_1^2 a_3}{2}+\frac{3ca_3^3}{4})\cos\varphi t+\cdots\Big]\cos3\omega t\,\mathrm{d}t=0$$

对两式积分得

$$(b-\omega^2)a_1+\frac{3}{4}ca_1^3+\frac{3ca_1^2a_3}{4}+\frac{3ca_3^2a_1}{2}=0$$

$$(b-\omega^2)a_3+\frac{3}{4}ca_1^3+\frac{3ca_1^2a_3}{2}+\frac{3ca_3^3}{4}=0$$

这是两个联立的三次代数方程，可采用数值方法求解。本例中对参数 b 和 c 没有任何要求。

■ 6.5 数值解法

和线性系统一样，对于非线性系统的动力响应分析，最有效的方法是逐步积分法，其基本思想和步骤在 5.4 节已经叙述。下面通过实例说明各种方法在非线性振动中的应用。

【例 6-11】 已知单自由度非线性系统的振动方程和初始条件为 $\ddot{x}+4(x+2x^3)=0$，$x_0=0$，$\dot{x}_0=10$。试用中心差分法、Houbolt 法、Wilson-θ 法和 Newmark 法求响应。

解： $F=-8x^3$，初始条件代入方程得 $\ddot{x}_0=-4(x_0+2x_0^3)=0$，$F_0=-8x_0^3=0$。系统的固有频率 $\omega=2$，固有振动周期 $T=2\pi/\omega=\pi$，取 $\Delta t=0.025$。表 6-1 给出了各种方法的计算结果。下面是各种方法的基本迭代公式和过程。

(1) 中心差分法

由式(5-81) 和式(5-83) 得

$$x_{-1}=x_0-\Delta t\dot{x}_0+\frac{\Delta t^2}{2}\ddot{x}_0=-10\Delta t,x_{j+1}=(2-4\Delta t^2)x_j-x_{j-1}-8\Delta t^2x_j^3。$$

(2) Houbout 法

由式(5-90) 得迭代公式：$(2+4\Delta t^2)x_{j+1}=(5x_j-4x_{j-1}+x_{j-2}-8x_{j+1}^3\Delta t^2)$。

步骤：由式(5-87) 计算 $x_{-1}=-10\Delta t$；

由式(5-81) $x_{j+1}=(2-4\Delta t^2)x_j-x_{j-1}-8\Delta t^2x_j^3$ 计算 x_1，x_2；

再用式(5-79) $\dot{x}_j=\frac{1}{2\Delta t}(x_{j+1}-x_{j-1})$，$\ddot{x}_j=\frac{1}{\Delta t^2}(x_{j+1}-2x_j+x_{j-1})$ 确定 $\dot{x}_1$ 和 $\ddot{x}_1$；

将其代入式(5-91) $x_{-1}=6\Delta t\dot{x}_1-2\Delta t^2\ddot{x}_1-7x_1+8x_0$，

$x_{-2}=24\Delta t\dot{x}_1-9\Delta t^2\ddot{x}_1-24x_1+27x_0$ 求 x_{-1}，x_{-2}；最后循环迭代即可。

(3) Wilson-θ 法

取 $t+\theta\Delta t$，$\theta=1.40$；

由式(5-102) 计算有效载荷 $\widetilde{F}_{t+\theta\Delta t}=F_t+\theta(F_{t+\Delta t}-F_t)+\left(\frac{6}{(\theta\Delta t)^2}x_t+\frac{6}{\theta\Delta t}\dot{x}_t+2\ddot{x}_t\right)$；

由式(5-103) 计算 $t+\theta\Delta t$ 的位移 $x_{t+\theta\Delta t}=(\theta\Delta t)^2\widetilde{F}_{t+\theta\Delta t}/[6+4(\theta\Delta t)^2]$；

由式(5-104)~式(5-106) 计算在时刻 $t+\Delta t$ 的位移、加速度和速度

$$\ddot{x}_{t+\Delta t}=\frac{6}{\theta^3\Delta t^2}(x_{t+\theta\Delta t}-x_t)-\frac{6}{\theta^2\Delta t}\dot{x}_t+\left(1-\frac{3}{\theta}\right)\ddot{x}_t,\dot{x}_{t+\Delta t}=\dot{x}_t+\frac{\Delta t}{2}(\ddot{x}_{t+\Delta t}+\ddot{x}_t)$$

$$x_{t+\Delta t}=x_t+\Delta t\dot{x}_t+\frac{\Delta t^2}{6}(\ddot{x}_{t+\Delta t}+2\ddot{x}_t)$$

(4) Newmark 法

取 $\alpha=\frac{1}{6}$，$\beta=\frac{1}{2}$；从 0 开始由式(5-110) 计算

$$x_{j+1}=\frac{\alpha\Delta t^2}{1+4\alpha\Delta t^2}\left\{F_{j+1}+\left[\frac{1}{\alpha\Delta t^2}x_j+\frac{1}{\alpha\Delta t}\dot{x}_j+\left(\frac{1}{2\alpha}-1\right)\ddot{x}_j\right]\right\}$$

计算在时刻 $t+\Delta t$ 的加速度和速度

$$\ddot{x}_{j+1}=\frac{1}{\alpha\Delta t^2}(x_{j+1}-x_j)-\frac{1}{\alpha\Delta t}\dot{x}_j-\left(\frac{1}{2\alpha}-1\right)\ddot{x}_j\,,\dot{x}_{j+1}=\dot{x}_j+(1-\beta)\Delta t\ddot{x}_j+\beta\Delta t\ddot{x}_{j+1}$$

单自由度系统的位移响应　　　　　　　　　　　　　　　　表 6-1

时间 $t_j=j\Delta t$	中心差分法	Houbolt 法	Wilson-θ 法	Newmark 法
t_1	0.2500	0.2500	0.2499	0.2499
t_2	0.4993	0.4993	0.4990	0.4990
t_3	0.7467	0.7463	0.7461	0.7461
t_4	0.9902	0.9884	0.9890	0.9890
t_5	1.2263	1.2221	1.2244	1.2244
t_6	1.4502	1.4422	1.4472	1.4472
t_7	1.6552	1.6424	1.6511	1.6511
t_8	1.8334	1.8155	1.8283	1.8282
t_9	1.9761	1.9538	1.9704	1.9703
t_{10}	2.0754	2.0507	2.0697	2.0694
t_{11}	2.1248	2.1010	2.1199	2.1196
t_{12}	2.1209	2.1023	2.1179	2.1175
t_{13}	2.0639	2.0547	2.0637	2.0632
t_{14}	1.9579	1.9613	1.9609	1.9603
t_{15}	1.8095	1.8276	1.8158	1.8151
t_{16}	1.6269	1.6602	1.6363	1.6355
t_{17}	1.4187	1.4661	1.4308	1.4298
t_{18}	1.1927	1.2524	1.2067	1.2058
t_{19}	0.9552	1.0247	0.9707	0.9696
t_{20}	0.7110	0.7880	0.7273	0.7263

习　题

[6-1]　带有 4 个弹簧的振子，如题 6-1 图所示。每个弹簧的刚度为 k，长度为 l，振子质量为 m，求解：

（1）振子在水平方向作大位移运动时非线性运动方程式；

（2）作出（1）的近似非线性运动方程式；

（3）振子作小位移运动时，推导出线性运动方程式。

[6-2]　题 6-2 图所示的单摆，求解：

（1）大摆动时的非线性振动方程式；

（2）小摆动时的线性运动方程式。

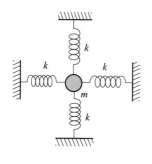

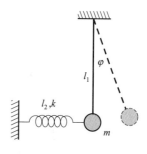

题 6-1 图   题 6-2 图

[6-3] 用李兹-伽辽金法求方程 $\ddot{x}+x+\varepsilon x^3=0$ 的周期解。

答：$x=a\cos\omega t$，$\omega^2=1+\dfrac{3}{4}\varepsilon a^2$。

[6-4] 用李兹-伽辽金法求方程 $\ddot{x}+2\mu\dot{x}+\omega_0^2 x+\beta x^3=0$ 的周期解。

答：$x=a\cos\omega t+b\sin\omega t$，$\begin{cases} -a\omega^2-2\mu b\omega+a\omega_0^2+\dfrac{3}{4}\beta a^3+\dfrac{3}{4}\beta ab^2=0 \\[2mm] -b\omega^2-2\mu a\omega+b\omega_0^2+\dfrac{3}{4}\beta b^3+\dfrac{3}{4}\beta a^2 b=0 \end{cases}$，

$\left[(\omega_0^2-\omega^2)+\dfrac{3}{4}\beta c^2\right]^2-4\mu\omega^2=0$。

[6-5] 用谐波平衡法证明系统 $m\ddot{x}+\varepsilon x^5=0$ 的非线性频率第一项是 $\omega=a^2\sqrt{5\varepsilon/8}$，其中 a 为振幅。

答：$x=a\cos\omega t$。

[6-6] 用 KBM 法求方程 $\ddot{x}+2\mu\varepsilon\dot{x}+x+\varepsilon x^3=0$ 的近似解，设为小阻尼。

答：$x=a\cos\varphi+\varepsilon\dfrac{1}{32}a^3\cos3\varphi+\varepsilon^2\left(\dfrac{3\mu a^3}{64}\sin3\varphi-\dfrac{21a^5}{1024}\cos3\varphi+\dfrac{3a^5}{3072}\cos5\varphi\right)+O(\varepsilon^3)$

[6-7] 用 KBM 法求方程 $\ddot{x}+\omega_0^2 x=\varepsilon f(x)$ 的近似解。

答：$x=a\cos\varphi+\varepsilon\dfrac{1}{\omega_0^2}\displaystyle\sum_{\substack{n=0 \\ n\neq1}}^{\infty}\dfrac{1}{\pi(1-n^2)}\cos n\varphi\int_0^{2\pi}f(a,\varphi)\cos n\varphi\,\mathrm{d}\varphi$，$a=$ 常数，

$\varphi=(\omega_0+\varepsilon\omega_1+\varepsilon^2\omega_2)t+\varphi_0$，$\omega_1=-\dfrac{1}{2a\omega_0}\displaystyle\int_0^{2\pi}f(a,\cos\varphi)\cos\varphi\,\mathrm{d}\varphi$，

$\omega_2=-\dfrac{\omega_1^2}{2\omega_0}-\dfrac{1}{2\pi a\omega_0}\displaystyle\int_0^{2\pi}xf_x(a,\varphi)\cos\varphi\,\mathrm{d}\varphi$。

[6-8] 用多尺度法求方程 $\ddot{x}+2\varepsilon^2\mu x+\omega_0^2\sin x=0$ 的近似解，精度 $O(\varepsilon^3)$。

答：$x=\varepsilon a_0 \mathrm{e}^{-\varepsilon^2\mu t}\cos\left[\omega_0 t-\dfrac{\varepsilon^2 a_0^2\omega_0}{32\varepsilon^2\mu}\mathrm{e}^{-\varepsilon^2\mu t}+\varphi_0\right]+O(\varepsilon^3)$。

第7章 随 机 振 动

在前面几章中，作用于结构上的荷载都是完全知道的，这种荷载称为**确定性荷载** (Deterministic Load)。结构在确定性荷载作用下，振动的响应如位移、加速度和应力等可以准确地用一个时间的函数来表示，这样的振动称为**确定性振动** (Deterministic Vibration)。确定性振动仅存在于影响结构特性的参数和荷载均可控的情况。然而，在工程实际中，很多情况下的荷载，不能用确定的函数关系来描述其在各个时刻的数值，这类荷载称为**不确定性荷载** (Nondeterministic Load) 或**随机荷载** (Random Load)。例如，地震和风对结构的作用、喷气发动机对飞机机构的作用以及海浪对船舶或采油平台的作用等。随机荷载作用下结构的响应也是随机的，称为**随机振动** (Random Load)。区别于确定性振动，随机振动要用概率统计方法来描述和分析。作为随机振动的入门，本章仅介绍平稳随机振动的一些基本概念与分析方法，更深入的内容读者可参阅其他相关书籍资料。本章用到的数学基础知识和理论可参阅附录 A~附录 E。

■ 7.1 平稳随机响应的一般算法

当作用在结构上的外力是**随机过程** (Random Process) 时，结构的响应也是随机过程。本节讨论**平稳随机激励** (Stationary Random Excitation) 下结构**随机响应** (Random Response) 的分析方法。若结构上只作用一种类型的随机激励，称为**单点激励** (Single Point Excitation) 问题；若作用有多种类型的随机激励，就称为**多点激励** (Multi-support Excitations) 问题。

单自由度系统在平稳随机外力 $F_e(t)$ 的作用下的运动方程为

$$m\ddot{x}(t) + c\dot{x}(t) + kx(t) = F_e(t) \tag{7-1}$$

平稳随机响应 $x(t)$ 可写为杜哈美积分的形式，即

$$x(t) = \int_{-\infty}^{+\infty} h(\theta) F_e(t-\theta) \, d\theta \tag{7-2}$$

$F_e(t)$ 在 $t = -\infty$ 时刻就作用在系统上，距当前时刻有足够长的时间，这可保证响应 $x(t)$ 的平稳性。

同样，多自由度系统在平稳随机外力 $\{F_e(t)\}$ 作用下的运动方程为

$$[M]\{\ddot{x}(t)\} + [C]\{\dot{x}(t)\} + [K]\{x(t)\} = \{F_e(t)\} \tag{7-3}$$

它的解 $\{x(t)\}$ 仍可写为杜哈美积分的形式，即

$$\{x(t)\} = \int_{-\infty}^{+\infty} [h(\theta)]\{F_e(t-\theta)\} \, d\theta \tag{7-4}$$

脉冲响应函数矩阵

$$[h(t)] = \frac{1}{2\pi} \int_{-\infty}^{+\infty} [H(\omega)] e^{i\omega t} \, d\omega \tag{7-5}$$

频响函数矩阵

$$[H(\omega)]=(-\omega^2[M]+i\omega[C]+[K])^{-1} \tag{7-6}$$

由于脉冲响应函数矩阵 $[h(t)]$ 很难获得，在实际计算中，一般很少直接采用式(7-4)来计算多自由度系统的响应，而是采用第 3 章介绍的诸多方法。这里，式(7-4) 只是用来形式上表示响应和荷载之间的关系。

无论是单自由度系统还是多自由度系统，所受荷载和我们关心的响应（位移、应力及应变等）都可能不止一个。不失一般性，我们假定作用在系统上的荷载为 n 维向量

$$\{F(t)\}=\{F_1(t) \quad F_2(t) \quad \cdots \quad F_n(t)\}^{\mathrm{T}} \tag{7-7}$$

系统的响应为 m 维向量（这里面可包含位移、应力及应变等）

$$\{x(t)\}=\{x_1(t) \quad x_2(t) \quad \cdots \quad x_m(t)\}^{\mathrm{T}} \tag{7-8}$$

它们的关系即为式(7-4)。

7.1.1 响应平均值

设式(7-7) 表示的 n 维荷载向量 $\{F(t)\}$ 的均值为 $\{m_{\mathrm{F}}\}$，由于对于平稳随机过程，平均值与时间无关。对式(7-4) 两边取平均值得

$$E[\{x(t)\}]=\int_{-\infty}^{+\infty}[h(\theta)]E[\{F(t-\theta)\}]\mathrm{d}\theta=\{m_{\mathrm{F}}\}\int_{-\infty}^{+\infty}[h(\theta)]\mathrm{d}\theta \tag{7-9}$$

或记为

$$\{m_{\mathrm{x}}\}=[H(0)]\{m_{\mathrm{F}}\} \tag{7-10}$$

其中 $[H(0)]$ 是当 $\omega=0$ 时的频响函数矩阵。式(7-10) 表明，响应均值 $\{m_{\mathrm{x}}\}$ 可很方便地由激励均值 $\{m_{\mathrm{F}}\}$ 计算。

7.1.2 响应相关矩阵的计算

时刻 t 与 $t+\tau$ 的响应分别为

$$\{x(t)\}=\int_{-\infty}^{+\infty}[h(\theta_1)]\{F(t-\theta_1)\}\mathrm{d}\theta_1 \tag{7-11}$$

$$\{x(t+\tau)\}=\int_{-\infty}^{+\infty}[h(\theta_2)]\{F(t+\tau-\theta_2)\}\mathrm{d}\theta_2 \tag{7-12}$$

则相应的相关函数矩阵为

$$
\begin{aligned}
[R_{\mathrm{xx}}(\tau)]&=E[\{x(t)\}\{x(t+\tau)\}^{\mathrm{T}}]\\
&=E\int_{-\infty}^{+\infty}\int_{-\infty}^{+\infty}[h(\theta_1)]\{F(t-\theta_1)\}\{F(t+\tau-\theta_2)\}^{\mathrm{T}}[h(\theta_2)]^{\mathrm{T}}\mathrm{d}\theta_1\mathrm{d}\theta_2\\
&=\int_{-\infty}^{+\infty}\int_{-\infty}^{+\infty}[h(\theta_1)]E[\{F(t-\theta_1)\}\{F(t+\tau-\theta_2)\}^{\mathrm{T}}][h(\theta_2)]^{\mathrm{T}}\mathrm{d}\theta_1\mathrm{d}\theta_2
\end{aligned} \tag{7-13}
$$

亦即

$$[R_{\mathrm{xx}}(\tau)]=\int_{-\infty}^{+\infty}\int_{-\infty}^{+\infty}[h(\theta_1)]\{R_{\mathrm{FF}}(\tau+\theta_1-\theta_2)\}[h(\theta_2)]^{\mathrm{T}}\mathrm{d}\theta_1\mathrm{d}\theta_2 \tag{7-14}$$

这表明响应相关矩阵可由激励相关矩阵通过二重积分来完成。由于计算上的不便，以上公式在实际工程计算中较少应用，但它们在随机振动理论构架及公式演绎中十分重要。

仿照以上推导，知

$$
\begin{aligned}
[R_{\mathrm{Fx}}(\tau)]&=E[\{F(t)\}\{x(t+\tau)\}^{\mathrm{T}}]\\
&=E\left[\{F(t)\}\int_{-\infty}^{+\infty}\{F(t+\tau-\theta)\}^{\mathrm{T}}[h(\theta)]^{\mathrm{T}}\mathrm{d}\theta\right]\\
&=\int_{-\infty}^{+\infty}[R_{\mathrm{FF}}(\tau-\theta)][h(\theta)]^{\mathrm{T}}\mathrm{d}\theta
\end{aligned} \tag{7-15}
$$

相似地，可得互相关矩阵的另一表达式

$$[R_{xF}(\tau)] = E[\{x(t)\}\{F(t+\tau)\}^T]$$
$$= E\left[\int_{-\infty}^{+\infty}[h(\theta)]\{F(t-\theta)\}\{F(t+\tau)\}^T d\theta\right] \quad (7\text{-}16)$$
$$= \int_{-\infty}^{+\infty}[h(\theta)][R_{FF}(\tau+\theta)]d\theta$$

可见，响应与激励间两种互相关函数矩阵均可由激励的相关函数矩阵 $[R_{FF}(\tau)]$ 通过单重积分来计算。

7.1.3 响应功率谱密度矩阵的计算

为推导方便，先考虑单点输入（荷载）$F(t)$ 下的单点输出（响应）$x(t)$ 的情况。由式(7-14) 和维纳-辛钦关系，即式(E-96)，可知响应的自谱密度为

$$S_{xx}(\omega) = \frac{1}{2\pi}\int_{-\infty}^{+\infty}R_{xx}(\tau)\,e^{-i\omega t}d\tau$$

$$= \frac{1}{2\pi}\int_{-\infty}^{+\infty}\left[\int_{-\infty}^{+\infty}\int_{-\infty}^{+\infty}R_{FF}(\tau+\theta_1-\theta_2)h(\theta_1)h(\theta_2)\,d\theta_1 d\theta_2\right]e^{-i\omega t}d\tau$$

$$= \int_{-\infty}^{+\infty}\int_{-\infty}^{+\infty}\frac{1}{2\pi}\int_{-\infty}^{+\infty}R_{FF}(\tau+\theta_1-\theta_2)e^{-i\omega(\tau+\theta_1-\theta_2)}\,d(\tau+\theta_1-\theta_2)h(\theta_1)$$

$$e^{i\omega\theta_1}d\theta_1 h(\theta_2)\,e^{-i\omega\theta_2}d\theta_2$$

$$= S_{FF}(\omega)\int_{-\infty}^{+\infty}h(\theta_1)\,e^{i\omega\theta_1}d\theta_1\int_{-\infty}^{+\infty}h(\theta_2)\,e^{-i\omega\theta_2}d\theta_2 = S_{FF}(\omega)H^*(\omega)H(\omega)$$

$$= |H(\omega)|^2 S_{FF}(\omega) \quad (7\text{-}17)$$

式中还利用了频响函数与脉冲响应函数之间的关系，即

$$H(\omega) = \int_{-\infty}^{+\infty}h(\theta)\,e^{-i\omega\theta}d\theta \quad (7\text{-}18)$$

由式(7-15) 可推得荷载与响应之间的互谱为

$$S_{Fx}(\omega) = \frac{1}{2\pi}\int_{-\infty}^{+\infty}R_{Fx}(\tau)\,e^{-i\omega\tau}d\tau$$

$$= \frac{1}{2\pi}\int_{-\infty}^{+\infty}\int_{-\infty}^{+\infty}h(\theta)R_{FF}(\tau-\theta)\,e^{-i\omega\tau}d\theta d\tau$$

$$\quad (7\text{-}19)$$

$$= \int_{-\infty}^{+\infty}\frac{1}{2\pi}\int_{-\infty}^{+\infty}R_{FF}(\tau-\theta)\,e^{-i\omega(\tau-\theta)}\,d(\tau-\theta)h(\theta)\,e^{-i\omega\theta}d\theta$$

$$= \int_{-\infty}^{+\infty}S_{FF}(\omega)h(\theta)\,e^{-i\omega\theta}d\theta = H(\omega)S_{FF}(\omega)$$

相似的，可得

$$S_{xF}(\omega) = H^*(\omega)S_{FF}(\omega) \quad (7\text{-}20)$$

利用以上各式，可对多点输入（荷载）$\{F(t)\}$ 以及多点输出（响应）$\{x(t)\}$ 的情况写出其响应的谱矩阵以及荷载与响应之间的互谱矩阵

$$[S_{xx}(\omega)] = [H^*(\omega)][S_{FF}(\omega)][H(\omega)]^T \quad (7\text{-}21)$$

$$[S_{Fx}(\omega)] = [S_{FF}(\omega)][H(\omega)]^T \quad (7\text{-}22)$$

$$[S_{xF}(\omega)] = [H^*(\omega)][S_{FF}(\omega)] \quad (7\text{-}23)$$

涉及响应的功率谱密度矩阵 $[S_{xx}]$、$[S_{Fx}]$、$[S_{xF}]$ 都可由激励功率谱矩阵 $[S_{FF}]$

与频响函数矩阵 $[H]$ 通过简单的矩阵乘法来得到，而无需进行积分计算。由于计算上的方便，这些公式在工程中得到广泛应用。但是对于大型问题来说，除了生成矩阵 $[H]$ 之外，还要取许多离散点直接按式(7-21)进行矩阵连乘，所需计算量仍然很大，严重限制了其工程应用。

【例7-1】 求时不变单自由度 m-k-c 系统对谱密度为 S_0 的理想白噪声的平稳随机响应。

解： 由式(7-17)可求得响应的功率谱密度为

$$S_{xx}(\omega) = |H(\omega)|^2 S_{FF}(\omega) = \frac{1}{m^2} \frac{S_0}{(\omega_n^2 - \omega^2)^2 + 4\zeta^2 \omega_n^2 \omega^2} \tag{7-24}$$

则响应的相关函数和均方值分别为

$$R_{xx}(\tau) = \frac{\pi S_0}{2m^2 \zeta \omega_n^3} e^{-\zeta \omega_n |\tau|} \left(\cos \omega_d \tau + \frac{\zeta \omega_n}{\omega_d} \right) \sin \omega_d |\tau| \tag{7-25}$$

$$E[x^2] = \frac{\pi S_0}{2m^2 \zeta \omega_n^3} = \frac{\pi S_0}{ck} \tag{7-26}$$

其中，$\omega_d = \omega_n \sqrt{1 - \zeta^2}$ 是系统有阻尼自振圆频率。

【例7-2】 设地面水平运动加速度 $\ddot{x}_g(t)$ 为一零均值高斯平稳随机过程，其功率谱密度 $S_{\ddot{x}_g}(\omega)$ 已知。求结构在此地面运动下的随机响应。

解： 离散化结构的运动方程为

$$[M]\{\ddot{x}(t)\} + [C]\{\dot{x}(t)\} + [K]\{x(t)\} = -[M]\{E\}\ddot{x}_g(t) \tag{7-27}$$

其中，$\{E\}$ 为惯性力指示向量。对于水平 x 方向的地震，$\{E\} = \{E_x\}$ 为由0与1两种元素构成的向量，0元素表示质量阵中相应的质量元素对 x 方向的地面加速度不产生惯性力。对于水平 y 方向的地震，$\{E\} = \{E_y\}$ 亦为由0和1构成的向量，但0元素的位置发生了变化。更一般地，如果水平地面加速度方向与 x 轴夹角为 β，则 $\{E\} = \{E_x\}\cos\beta + \{E_y\}\sin\beta$。

这里假设结构的跨度很小，以致结构所有地面节点均按同一加速度 $\ddot{x}_g(t)$ 运动，即不考虑其相位差。若结构的自由度 n 很多，通常可用振型叠加法求解，即先求出结构的前 $q(q \ll n)$ 阶自振频率 ω_j 和质量归一化振型 $\{u_N^{(j)}\}(j = 1, 2, \cdots, q)$。令

$$\{x(t)\} = [u_N]\{u(t)\} = \sum_{j=1}^{n} u_j(t)\{u_N^{(j)}\} \tag{7-28}$$

在正交阻尼假定下，方程(7-27)可以分解为 q 个相互独立的单自由度方程

$$\ddot{u}_j(t) + 2\zeta_j \omega_j \dot{u}_j(t) + \omega_j^2 u_j(t) = -\gamma_j \ddot{x}_g(t) \tag{7-29}$$

其中

$$\gamma_j = \{u_N^{(j)}\}^T [M]\{E\} \tag{7-30}$$

为第 j 阶振型参与系数；ζ_j 为第 j 阶阵型阻尼比。方程(7-29)的解可在时间域内表示为

$$u_j(t) = -\gamma_j \int_{-\infty}^{+\infty} h_j(\tau) \dot{x}_g(t - \tau) \, d\tau \tag{7-31}$$

其中 $h_j(\tau)$ 为与第 j 阶振型相应的脉冲响应函数。方程(7-31)代入式(7-28)，得

$$\{x(t)\} = -\sum_{j=i}^{n} \gamma_j \{u_N^{(j)}\} \int_{-\infty}^{+\infty} h_j(\tau) \dot{x}_g(t - \tau) \, d\tau \tag{7-32}$$

于是 $\{x(t)\}$ 的相关函数矩阵为

$$
\begin{aligned}
\left[R_{xx}(\tau)\right] &= E\left[\{x(t)\}\{x(t+\tau)\}^{\mathrm{T}}\right] \\
&= \sum_{j=1}^{q}\sum_{k=1}^{q}\gamma_j\gamma_k\{u_{\mathrm{N}}^{(j)}\}\{u_{\mathrm{N}}^{(k)}\}^{\mathrm{T}}\int_{-\infty}^{+\infty}\int_{-\infty}^{+\infty}E\left[\dot{x}_{\mathrm{g}}(t-\tau_1)\dot{x}_{\mathrm{g}}(t+\tau-\tau_2)\right] \\
&\qquad h_j(\tau_1)h_k(\tau_2)\mathrm{d}\tau_1\mathrm{d}\tau_2 \\
&= \sum_{j=1}^{q}\sum_{k=1}^{q}\gamma_j\gamma_k\{u_{\mathrm{N}}^{(j)}\}\{u_{\mathrm{N}}^{(k)}\}^{\mathrm{T}}\int_{-\infty}^{+\infty}\int_{-\infty}^{+\infty}R_{\dot{x}_{\mathrm{g}}}(\tau+\tau_1-\tau_2)h_j(\tau_1)h_k(\tau_2)\mathrm{d}\tau_1\mathrm{d}\tau_2
\end{aligned}
$$

$$(7\text{-}33)$$

对上式应用维纳-辛钦关系可得

$$
\left[S_{xx}(\omega)\right] = \sum_{j=1}^{q}\sum_{k=1}^{q}\gamma_j\gamma_k\{u_{\mathrm{N}}^{(j)}\}\{u_{\mathrm{N}}^{(k)}\}^{\mathrm{T}}H_j^*(\omega)H_k(\omega)S_{\dot{x}_{\mathrm{g}}}(\omega) \tag{7-34}
$$

式(7-34) 计入了所有的参振振型耦合项，故称为 CQC (Complete Quadratic Combination) 算法。$[S_{xx}(\omega)]$ 的计算尽管比 $[R_{xx}(\tau)]$ 的计算简单得多，但对于大型复杂结构而言，即使按振型叠加法，用 q 个振型进行了降阶，式(7-34) 的计算量还是很大的。为了节省计算量，在工程上（也几乎在所有有关的参考书中）都推荐使用一种简化的近似算法，即将式(7-34) 中的交叉项全部忽略掉，得到

$$
\left[S_{xx}(\omega)\right] = \sum_{j=1}^{q}\gamma_j^2\{u_{\mathrm{N}}^{(j)}\}\{u_{\mathrm{N}}^{(j)}\}^{\mathrm{T}}\mid\left[H_j(\omega)\right]\mid^2 S_{\dot{x}_{\mathrm{g}}}(\omega) \tag{7-35}
$$

如此将振型耦合项忽略掉的方法称为 SRSS (Square Root of the Sum of Squares) 法。上述简化仅对于参振频率全部为稀疏分布，且各阶振型阻尼比都很小的均质材料结构才是可用的，而对于大部分结构（尤其是三维结构）模型来说，参振频率一般都不是稀疏分布的。

如果多自由度线性结构系统在某些自由度上直接受到形式和相位完全相同的平稳随机激励 $f(t)$ 的作用（但幅值可相差一常数倍），并假定 $f(t)$ 为一零均值平稳随机过程，其功率谱密度函数 $S_f(\omega)$ 已知。运动方程为

$$
[M]\{\ddot{x}(t)\}+[C]\{\dot{x}(t)\}+[K]\{x(t)\}=\{p\}f(t) \tag{7-36}
$$

其中常数向量 $\{p\}$ 的每一元素表示作用在对应自由度上的外力幅值。仿照式(7-27) 的求解过程，可以得到 $S_{xx}(\omega)$ 的 CQC 形式和 SRSS 形式的解

$$
\left[S_{xx}(\omega)\right] = \sum_{j=1}^{q}\sum_{k=1}^{q}\gamma_j\gamma_k\{u_{\mathrm{N}}^{(j)}\}\{u_{\mathrm{N}}^{(k)}\}^{\mathrm{T}}\left[H_j^*(\omega)\right]\left[H_k(\omega)\right]S_f(\omega) \tag{7-37}
$$

$$
\left[S_{xx}(\omega)\right] = \sum_{j=1}^{q}\gamma_j^2\{u_{\mathrm{N}}^{(j)}\}\{u_{\mathrm{N}}^{(j)}\}^{\mathrm{T}}\mid\left[H_j(\omega)\right]\mid^2 S_f(\omega) \tag{7-38}
$$

式中振型参与系数

$$
\gamma_j = \{u_{\mathrm{N}}^{(j)}\}^{\mathrm{T}}\{p\} \tag{7-39}
$$

SRSS 法长期以来作为一个重要的近似方法而被广泛地推荐，其近似程度也引起广泛的关注和研究。很多文献对此作出了详细的分析，得到的结论就是：对于阻尼比为 0.05 的情形，当自振频率相差为 3 倍时，振型之间的互相关（或互谱）就可以忽略不计（造成的误差约为 1%）。对于一般的空间结构有限元模型来说，自振频率经常是成群出现的，要使参振频率全部分离 20% 往往都很难做到，更不用说 300% 了，所以 SRSS 法对于三维

有限元分析其实是不适用的。

【例7-3】 无质量小车用弹簧和黏性阻尼器连接于两个运动支座。设该二支座的运动位移 $x_1(t)$ 与 $x_2(t)$ 的谱密度均为 S_0，但有时间差 T，即 $x_2(t)=x_1(t-T)$。求小车位移的谱密度 $S_{yy}(\omega)$。

解： 设小车的位移为 y，这里给出该问题的通常解法。首先按功率谱的时移性质写出二支座之间的互功率谱

$$S_{x_1 x_2}(\omega)=S_0 e^{-i\omega T}, \quad S_{x_2 x_1}(\omega)=S_0 e^{i\omega T} \tag{7-40}$$

然后写出小车的运动方程

$$(c_1+c_2)\dot{y}+(k_1+k_2)y=k_1 x_1+c_1 \dot{x}_1+k_2 x_2+c_2 \dot{x}_2 \tag{7-41}$$

为确定频率响应函数，先令 $x_1=e^{i\omega t}$，$x_2=0$，$y=H_1(\omega)e^{i\omega t}$，带入运动方程解得

$$H_1(\omega)=\frac{k_1+ic_1\omega}{k_1+k_2+i(c_1+c_2)\omega} \tag{7-42}$$

再令 $x_1=0$，$x_2=e^{i\omega t}$，$y=H_2(\omega)e^{i\omega t}$，带入运动方程解得

$$H_2(\omega)=\frac{k_2+ic_2\omega}{k_1+k_2+i(c_1+c_2)\omega} \tag{7-43}$$

则由式(7-21) 可知

$$S_{yy}(\omega)=\sum_{r=1}^{N}\sum_{s=1}^{N}H_r^*(\omega)H_s(\omega)S_{x_r x_s}(\omega) \tag{7-44}$$

本例题有 $N=2$ 个激励，故 $S_{yy}(\omega)$ 有 4 项，将式(7-40)～(7-43) 分别代入式(7-44) 得

$$S_{yy}(\omega)=\frac{k_1^2+c_1^2\omega^2}{(k_1+k_2)^2+(c_1+c_2)^2\omega^2}S_0+\frac{k_2^2+c_2^2\omega^2}{(k_1+k_2)^2+(c_1+c_2)^2\omega^2}S_0$$
$$+\frac{(k_1-ic_1\omega)(k_2+ic_2\omega)}{(k_1+k_2)^2+(c_1+c_2)^2\omega^2}S_0 e^{-i\omega T}+\frac{(k_1+ic_1\omega)(k_2-ic_2\omega)}{(k_1+k_2)^2+(c_1+c_2)^2\omega^2}S_0 e^{i\omega T}$$

整理得

$$S_{yy}(\omega)=\frac{k_1^2+k_2^2+c_1^2\omega^2+c_2^2\omega^2+2(k_1 k_2+c_1 c_2\omega^2)\cos\omega T}{(k_1+k_2)^2+(c_1+c_2)^2\omega^2}S_0+$$
$$+\frac{2(k_1 c_2\omega-k_2 c_1\omega)\sin\omega T}{(k_1+k_2)^2+(c_1+c_2)^2\omega^2}S_0$$

■ 7.2 平稳随机响应的虚拟激励法

如上节所述，若线性结构的外部激励是一个平稳随机过程（通常还假定服从正态分布），则一般给出它的自功率谱密度函数 $S_{xx}(\omega)$，对于多点激励问题则给出激励功率谱密度矩阵 $[S_{xx}(\omega)]$。而结构分析的主要计算量用于计算位移、内力等响应量的功率谱密度，然后计算出相应的谱矩。根据这些功率谱和谱矩，就可以计算各种直接应用于工程设计的统计量，例如导致结构首次破坏的超越破坏的概率、评价汽车行驶平顺性的指标或疲劳寿命等。显然，改进结构响应功率谱密度的计算方法，使其计算方便、高效、精确，对于推进随机振动成果的实用性具有重要意义。**虚拟激励法**（Pseudo Excitation Method）就是为了达到此目的而发展起来的计算方法。本节简单介绍平稳随机振动的虚拟激励法，而非平稳随机振动的虚拟激励法及有关地震、风振、非线性等研究可参考相关专著。

7.2.1 基本原理

线性系统受到自谱密度为 $S_{FF}(\omega)$ 的单点平稳随机激励 $F(t)$ 时，其响应 $x(t)$ 的自功率谱 $S_{xx}(\omega)$ 按式(7-17) 应为

$$S_{xx}(\omega)=|H|^2 S_{FF}(\omega) \tag{7-45}$$

此关系如图 7-1(a) 所示。其中频率响应函数 H 的意义如图 7-1(b) 所示，即当随机激励被单位简谐激励 $e^{i\omega t}$代替时，相应的简谐响应为 $x(t)=He^{i\omega t}$。显然，若在激励 $e^{i\omega t}$之前乘以常数$\sqrt{S_{FF}}$，即构造一虚拟激励（用“$\tilde{\square}$”代表变量“□”的相应虚拟量）

$$\tilde{F}(t)=\sqrt{S_{FF}}\,e^{i\omega t} \tag{7-46}$$

则其响应量亦应乘以同一常数，如图 7-1(c) 所示

$$\tilde{x}^*\tilde{x}=|H|^2 S_{FF}=S_{xx} \tag{7-47}$$

$$\tilde{F}^*\tilde{x}=\sqrt{S_{FF}}\,e^{-i\omega t}\sqrt{S_{FF}}\,He^{i\omega t}=S_{FF}H=S_{Fx} \tag{7-48}$$

$$\tilde{x}^*\tilde{F}=\sqrt{S_{FF}}\,H^*e^{-i\omega t}\sqrt{S_{FF}}\,e^{i\omega t}=H^*S_{FF}=S_{xF} \tag{7-49}$$

以上三式的最后一个等号是自谱密度或互谱密度的习惯表达，即式(7-17)、式(7-19) 和式(7-20)。

如果在上述系统中考虑两个虚拟响应量 $\tilde{x}_1$ 与 $\tilde{x}_2$，如图 7-1(d) 所示，不难验证

$$\tilde{x}_1^*\tilde{x}_2=H_1^*\sqrt{S_{FF}}\,e^{-i\omega t}H_2\sqrt{S_{FF}}\,e^{i\omega t}=H_1^*S_{FF}H_2=S_{x_1x_2} \tag{7-50}$$

$$\tilde{x}_2^*\tilde{x}_1=H_2^*S_{FF}H_1=S_{x_2x_1} \tag{7-51}$$

利用以上诸式可得关于功率谱矩阵的下列算式

$$[S_{xx}]=\{\tilde{x}\}^*\{\tilde{x}\}^T \tag{7-52}$$

$$[S_{Fx}]=\{\tilde{F}\}^*\{\tilde{x}\}^T \tag{7-53}$$

$$[S_{xF}]=\{\tilde{x}\}^*\{\tilde{F}\}^T \tag{7-54}$$

(a)	S_{FF}	→	$H(\omega)$	→ $S_{xx}=\|H\|^2S_{FF}$
(b)	$F=e^{i\omega t}$	→	$H(\omega)$	→ $x=He^{i\omega t}$
(c)	$\tilde{F}=\sqrt{S_{FF}}\,e^{i\omega t}$	→	$H(\omega)$	→ $\tilde{x}=\sqrt{S_{FF}}\,He^{i\omega t}$
(d)	$\tilde{F}=\sqrt{S_{FF}}\,e^{i\omega t}$	→	$H(\omega)$	→ $\tilde{x}_1=\sqrt{S_{FF}}\,H_1e^{i\omega t}$ → $\tilde{x}_2=\sqrt{S_{FF}}\,H_2e^{i\omega t}$

图 7-1 虚拟激励法的基本原理

如果只对某一内力 f、应力 σ、应变 ε 感兴趣，则按虚拟激励（7-46）求得上述各量的虚拟简谐响应 $\tilde{f}$、$\tilde{\sigma}$、$\tilde{\varepsilon}$后即可直接得到它们的自谱密度

$$S_{ff}=|\tilde{f}|^2,S_{\sigma\sigma}=|\tilde{\sigma}|^2,S_{\varepsilon\varepsilon}=|\varepsilon|^2 \tag{7-55}$$

或任意的互谱密度，例如

$$S_{\sigma\varepsilon}=\tilde{\sigma}^*\tilde{\varepsilon},S_{xf}=\tilde{x}^*\tilde{f} \tag{7-56}$$

显然，上述虚拟激励法用起来十分方便，计算自谱互谱都有简单而统一的公式，只要响应与激励之间的关系是线性的，虚拟激励法就能应用。不论在自谱还是互谱的计算中，虚拟简谐激励因子 $e^{i\omega t}$与其复共轭 $e^{-i\omega t}$总是成对出现并最终相乘而抵消，这也反映了平稳问题的自谱互谱非时变性。

【例7-4】 用虚拟激励法计算平稳随机过程各阶导数的自谱及其相互之间的互谱。设平稳随机过程 $x(t)$ 的自谱密度 S_{xx} 为已知。

解： 构造虚拟激励 $\widetilde{x}(t)=\sqrt{S_{xx}}\,\mathrm{e}^{i\omega t}$，其各阶导数为 $\dot{\widetilde{x}}(t)=i\omega\sqrt{S_{xx}}\,\mathrm{e}^{i\omega t}$，$\ddot{\widetilde{x}}(t)=-\omega^2\sqrt{S_{xx}}\,\mathrm{e}^{i\omega t}$，所以

$$S_{\dot{x}\dot{x}}=|\dot{\widetilde{x}}|^2=\omega^2 S_{xx},\ S_{\ddot{x}\ddot{x}}=|\ddot{\widetilde{x}}|^2=\omega^4 S_{xx},\ S_{x\dot{x}}=\widetilde{x}\,{}^*\dot{\widetilde{x}}=\sqrt{S_{xx}}\,\mathrm{e}^{-i\omega t}i\omega\sqrt{S_{xx}}\,\mathrm{e}^{i\omega t}=i\omega S_{xx},$$

$$S_{x\ddot{x}}=\widetilde{x}\,{}^*\ddot{\widetilde{x}}=\sqrt{S_{xx}}\,\mathrm{e}^{-i\omega t}(-\omega^2\sqrt{S_{xx}}\,\mathrm{e}^{i\omega t})=-\omega^2 S_{xx},$$

$$S_{\dot{x}\ddot{x}}=\dot{\widetilde{x}}\,{}^*\ddot{\widetilde{x}}=-i\omega\sqrt{S_{xx}}\,\mathrm{e}^{-i\omega t}(-\omega^2\sqrt{S_{xx}}\,\mathrm{e}^{i\omega t})=i\omega^3 S_{xx},\cdots$$

利用以上简单的运算，可以避免许多记忆或查阅书籍的麻烦。

7.2.2 对复杂结构的降阶处理

对于自由度很高的结构，可以采用振型叠加法实现方程的降阶，以进一步提高计算效率。通过下面的例题来说明。

【例7-5】 用虚拟激励法求解【例7-2】。

解： 离散化结构受均匀地面激励时的运动方程如式(7-27)，仍令式(7-28)形式的响应。利用已知的 $\ddot{x}_g(t)$ 的自谱 $S_{\ddot{x}_g}(\omega)$ 构造虚拟地面加速度激励

$$\ddot{\widetilde{x}}_g(t)=\sqrt{S_{\ddot{x}_g}(\omega)}\,\mathrm{e}^{i\omega t} \tag{7-57}$$

将 $[u_N]^{\mathrm{T}}$ 左乘式(7-27)各项，并将式(7-28)和式(7-57)代入得

$$[\overline{M}]\{\ddot{\widetilde{u}}\}+[\overline{C}]\{\dot{\widetilde{u}}\}+[\overline{K}]\{\widetilde{u}\}=-[u_N]^{\mathrm{T}}[M]\{E\}\sqrt{S_{\ddot{x}_g}(\omega)}\,\mathrm{e}^{i\omega t} \tag{7-58}$$

暂仍假定 $[\overline{C}]$ 是比例阻尼矩阵，则方程(7-58)可以分解为 q 个相互独立的单自由度方程

$$\ddot{\widetilde{u}}_j(t)+2\zeta_j\omega_j\dot{\widetilde{u}}_j(t)+\omega_j^2\widetilde{u}_j(t)=-\gamma_j\sqrt{S_{\ddot{x}_g}(\omega)}\,\mathrm{e}^{i\omega t} \tag{7-59}$$

易得其稳态解为

$$\widetilde{u}_j=-\gamma_j H_j\sqrt{S_{\ddot{x}_g}(\omega)}\,\mathrm{e}^{i\omega t} \tag{7-60}$$

因此

$$\{\widetilde{x}(t)\}=\sum_{j=1}^{q}\widetilde{u}_j\{u_N^{(j)}\}=-\sum_{j=i}^{q}\gamma_j H_j\{u_N^{(j)}\}\sqrt{S_{\ddot{x}_g}(\omega)}\,\mathrm{e}^{i\omega t} \tag{7-61}$$

其中

$$H_j=(\omega_j^2-\omega^2+2i\zeta_j\omega_j\omega)^{-1} \tag{7-62}$$

将式(7-61)右端的计算结果代入式(7-52)，就得到所需要的响应功率谱矩阵 $[S_{xx}]$。为了验证该结果与【例7-2】的常规算法的等价性，可将式(7-52)右端展开，得

$$[S_{xx}(\omega)]=\{\widetilde{x}\}\,{}^*\{\widetilde{x}\}^{\mathrm{T}}=\sum_{j=1}^{q}\sum_{k=1}^{q}\gamma_j\gamma_k\{u_N^{(j)}\}\{u_N^{(k)}\}^{\mathrm{T}}H_j^{*}(\omega)H_k(\omega)S_{\ddot{x}_g}(\omega) \tag{7-63}$$

其右端与式(7-34)完全一样。

后面将说明，虽然虚拟激励法与常规算法计算结果完全相同，但是计算效率却相差很大。虚拟激励法也是CQC法，它没有SRSS近似表达式。

7.2.3 对非正交阻尼矩阵的处理

当结构不具备正交阻尼性质时，用虚拟激励法仍可基于以上实振型而求出 $[S_{xx}]$ 的闭合解。事实上，这时 $[\overline{C}]$ 虽然不是对角阵，但因为荷载是简谐的，所以仍可由方程

(7-58) 求得 $\tilde{u}(t)$ 的闭合解。为此可令

$$\{\tilde{u}(t)\}=\{\tilde{u}_r\}+i\{\tilde{u}_i\} \tag{7-64}$$

将它代入方程(7-58)，并比较两边实部和虚部，得

$$[E]\{\tilde{u}_r\}+[D]\{\tilde{u}_i\}=\{\tilde{F}_r\} \tag{7-65}$$

$$-[D]\{\tilde{u}_r\}+[E]\{\tilde{u}_i\}=\{\tilde{F}_i\} \tag{7-66}$$

其中

$$[E]=[\overline{K}-\omega^2[\overline{M}]],[D]=-\omega[\overline{C}] \tag{7-67}$$

$$\{\tilde{F}_r\}=-[u_N]^T[M][E]\sqrt{S_{\ddot{x}_g}(\omega)}\cos\omega t \tag{7-68}$$

$$\{\tilde{F}_i\}=-[u_N]^T[M][E]\sqrt{S_{\ddot{x}_g}(\omega)}\sin\omega t \tag{7-69}$$

解出 $\{\tilde{u}_r\}$ 和 $\{\tilde{u}_i\}$ 后，就可由式(7-64)、式(7-28) 和式(7-52) 而求得 $[S_{xx}]$ 的闭合解。

【**例 7-6**】 某双跨结构的刚度、质量、阻尼的分布图如图 7-2 所示。设地面运动加速度的功率谱密度为 S_0，不考虑各柱根间地面运动的相位差。计算结构位移向量的自功率谱密度矩阵及三根柱剪力的自功率谱密度向量。

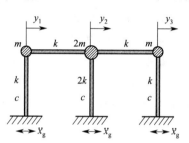

图 7-2 双跨结构

解： 构造虚拟激励 $\ddot{\tilde{x}}_g(t)=\sqrt{S_0}\,e^{i\omega t}$，该结构的运动方程为

$$\begin{bmatrix} m & 0 & 0 \\ 0 & 2m & 0 \\ 0 & 0 & m \end{bmatrix}\begin{Bmatrix} \ddot{\tilde{y}}_1 \\ \ddot{\tilde{y}}_2 \\ \ddot{\tilde{y}}_3 \end{Bmatrix} + \begin{bmatrix} c & 0 & 0 \\ 0 & c & 0 \\ 0 & 0 & c \end{bmatrix}\begin{Bmatrix} \dot{\tilde{y}}_1 \\ \dot{\tilde{y}}_2 \\ \dot{\tilde{y}}_3 \end{Bmatrix} + \begin{bmatrix} 2k & -k & 0 \\ -k & 4k & -k \\ 0 & -k & 2k \end{bmatrix}\begin{Bmatrix} \tilde{y}_1 \\ \tilde{y}_2 \\ \tilde{y}_3 \end{Bmatrix} = -\begin{Bmatrix} m \\ 2m \\ m \end{Bmatrix}\sqrt{S_0}\,e^{i\omega t},$$

它的解可自下式求得

$$\begin{bmatrix} 2k-m\omega^2+i\omega c & -k & 0 \\ -k & 4k-2m\omega^2+i\omega c & -k \\ 0 & -k & 2k-m\omega^2+i\omega c \end{bmatrix}\begin{Bmatrix} \tilde{y}_1 \\ \tilde{y}_2 \\ \tilde{y}_3 \end{Bmatrix} = -\begin{Bmatrix} m \\ 2m \\ m \end{Bmatrix}\sqrt{S_0}\,e^{i\omega t},$$

利用问题的对称性很容易求得虚拟位移

$$\{\tilde{y}\}=\begin{Bmatrix} \tilde{y}_1 \\ \tilde{y}_2 \\ \tilde{y}_3 \end{Bmatrix}=-\frac{1}{\Delta}\begin{Bmatrix} S+0.5Ti \\ S+Ti \\ S+0.5Ti \end{Bmatrix}m\sqrt{S_0}\,e^{i\omega t},$$

其中

$$S=3k-m\omega^2,T=\omega c,\Delta=S(S-2k)-0.5T^2+1.5T(S-k)i$$

三柱根虚拟剪力为

$$\{\tilde{Q}\}=\begin{Bmatrix} \tilde{Q}_1 \\ \tilde{Q}_2 \\ \tilde{Q}_3 \end{Bmatrix}=\begin{Bmatrix} k\tilde{y}_1 \\ 2k\tilde{y}_2 \\ k\tilde{y}_3 \end{Bmatrix}$$

所以，由式(7-52) 得

$$[S_{yy}] = \{\widetilde{y}\}^* \{\widetilde{y}\}^{\mathrm{T}} = \frac{m^2 S_0}{|\Delta|^2}
\begin{Bmatrix}
S^2 + \dfrac{T^2}{4} & S^2 + \dfrac{T^2}{2} + \dfrac{ST}{2}i & S^2 + \dfrac{T^2}{4} \\[2mm]
S^2 + \dfrac{T^2}{2} - \dfrac{ST}{2}i & S^2 + T^2 & S^2 + \dfrac{T^2}{2} - \dfrac{ST}{2}i \\[2mm]
S^2 + \dfrac{T^2}{4} & S^2 + \dfrac{T^2}{2} + \dfrac{ST}{2}i & S^2 + \dfrac{T^2}{4}
\end{Bmatrix}$$

$$\{S_{QQ}\} = \begin{Bmatrix} S_{Q_1 Q_1} \\ S_{Q_2 Q_2} \\ S_{Q_3 Q_3} \end{Bmatrix} = \begin{Bmatrix} \widetilde{Q}_1^* \widetilde{Q}_1 \\ \widetilde{Q}_2^* \widetilde{Q}_2 \\ \widetilde{Q}_3^* \widetilde{Q}_3 \end{Bmatrix} = \frac{m^2 k^2 S_0}{|\Delta|^2} \begin{Bmatrix} S^2 + \dfrac{T^2}{4} \\[2mm] 4S^2 + T^2 \\[2mm] S^2 + \dfrac{T^2}{4} \end{Bmatrix}$$

7.2.4 虚拟激励法与传统算法计算效率的比较

对于非比例阻尼情况而言，已有的其他算法都比较复杂，不易与虚拟激励法作比较。故这里仅对比例阻尼情况作比较。记

$$\{z_j\} = \gamma_j H_j \sqrt{S_{\ddot{x}_g}(\omega)} \{u_N^{(j)}\} \tag{7-70}$$

则【例 7-4】所给出的 CQC 及 SRSS 算法可表达如下

传统的 CQC 算法和 SRSS 算法

$$[S_{xx}(\omega)] = \sum_{j=1}^{q} \sum_{k=1}^{q} \{z_j\}^* \{z_k\}^{\mathrm{T}} \tag{7-71}$$

$$[S_{xx}(\omega)] = \sum_{j=1}^{q} \{z_j\}^* \{z_j\}^{\mathrm{T}} \tag{7-72}$$

而虚拟激励法（快速 CQC 算法）可表达为

$$[S_{xx}(\omega)] = \left(\sum_{k=1}^{q} \{z_k\}\right)^* \left(\sum_{j=1}^{q} \{z_j\}\right)^{\mathrm{T}} \tag{7-73}$$

为了计算功率谱曲线及方差，需要对大量离散频点（ω_i，通常是几十至几百点）反复地计算式(7-71)、式(7-72) 或式(7-73)。但是，对于结构振型的计算总共只须做一次便可以了。因此，用于 $\{z_j\}$ 的附加计算工作量是很小的，可假定不计入比较。则计算式(7-71)～式(7-73) 三式所需的向量乘法数分别为前 q^2、q 及 1 次，每次向量乘法包含 n^2 次实数乘法。对于三维抗震分析而言，q 一般取 $10 \sim 100$；大跨度悬索桥抗震分析中有时候取 $200 \sim 300$ 阶参振振型。当结构自由度 $n = 10000$，总刚度阵的平均带宽 $b = 200$ 时，对它作三角化（LDLT）分解所需的乘法次数大致为 $\dfrac{nb^2}{2} \approx 2 \times 10^8$，相当于 2 次上述向量乘法。

如果取 200 个频点，200 阶振型，执行式(7-71) 就大致相当于作 420 万次 LDLT 三角化。这样庞大的计算量确实是一般工程难以接受的。这个问题如按式(7-73) 计算，将快 q^2 倍即约 10^4 倍，而所计算结果是完全相同的。按 SRSS 法计算既不精确，又比按虚拟激励法计算多用 q 倍时间，显然是最不值得选择的。

在一些文献中亦将虚拟激励法称为快速 CQC 算法，它不可能略去交叉项，所以没有 SRSS 形式。

7.2.5 结构受多点完全相干平稳激励

火车在轨道上运行时，由于轨道并不是完全平直的，在同一条轨道上的任意两车轮可以认为受到轮轨相同的随机激励，但其间存在某一时间差，即所谓**行波效应**（Wave Passage Effect）。对于这类问题，按传统的随机振动方法计算时工作量极大，成为随机振动工程应用的一大障碍。其实，这类问题可视为广义的单点激励问题，略微推广虚拟激励法即可简便解决。

设 n 自由度的弹性结构受多点（m 点）异相位平稳随机激励 $\{f(t)\}$ 作用

$$\{f(t)\}=\begin{Bmatrix} F_1(t) \\ F_2(t) \\ \vdots \\ F_m(t) \end{Bmatrix}=\begin{Bmatrix} a_1 F_1(t-t_1) \\ a_2 F_2(t-t_2) \\ \vdots \\ a_m F_m(t-t_m) \end{Bmatrix} \tag{7-74}$$

各输入分量有相同的形式，但存在时间滞后，即作用时间相差一个常因子。这里 $a_j(j=1,2,\cdots,m)$ 是实数，代表各点的作用强度。假定式(7-74)中所有 a_j 和 t_j 皆为已知常数，则 $\{f(t)\}$ 可视为广义的单激励。设 $F(t)$ 的自谱密度 $S_{FF}(\omega)$ 为已知，则按式(7-46)，相应的虚拟激励为

$$\widetilde{F}(t)=\sqrt{S_{FF}(\omega)}\,e^{i\omega t} \tag{7-75}$$

显然，与 $F(t-t_1)$ 相应的虚拟激励为 $\widetilde{F}(t-t_1)=\sqrt{S_{FF}(\omega)}\,e^{i\omega(t-t_1)}$。因此，与式(7-74)相应的虚拟激励向量为

$$\{\widetilde{f}(t)\}=\begin{Bmatrix} a_1 e^{i\omega t_1} \\ a_2 e^{i\omega t_2} \\ \vdots \\ a_m e^{i\omega t_m} \end{Bmatrix}\sqrt{S_{FF}(\omega)}\,e^{i\omega t} \tag{7-76}$$

在此虚拟激励 $\{\widetilde{f}(t)\}$ 作用下结构运动方程为

$$[M]\{\ddot{\widetilde{y}}(t)\}+[C]\{\dot{\widetilde{y}}(t)\}+[K]\{\widetilde{y}(t)\}=-[J]\{\widetilde{f}(t)\} \tag{7-77}$$

其中，$[J]$ 为 $n\times m$ 常量矩阵，表征外力分布状况。问题归结为求解简谐运动方程。当 n 很大时，应先用振型叠加法对方程(7-77)降阶。先求出前 q 阶特征对 $[u_N]$ 及 ω^2，$q\ll n$，它们满足正交性和质量归一条件，然后将结构位移虚拟 $\{\widetilde{y}\}$ 按 $[u_N]$ 分解

$$\{\widetilde{y}\}=[u_N]\{\widetilde{u}\}=\sum_{j=1}^{q}\widetilde{u}_j\{u_N^{(j)}\} \tag{7-78}$$

而方程(7-76)则缩减为

$$\{\ddot{\widetilde{u}}\}+[\overline{C}]\{\dot{\widetilde{u}}\}+[\omega^2]\{\widetilde{u}\}=\{\overline{f}\} \tag{7-79}$$

其中

$$[\overline{C}]=[u_N]^T[C][u_N],\{\overline{f}\}=[u_N]^T\{\widetilde{f}\} \tag{7-80}$$

不论 $[C]$ 是否为正交阻尼阵，方程(7-79)的 $\{\widetilde{u}\}$ 总可按本节前面给出的方法解出。再按式(7-78)求得 $\{\widetilde{y}\}$，进而求得感兴趣的内力向量 $\{\widetilde{n}\}$ 等，然后应用虚拟激励法得到各种自谱互谱。例如

$$[S_{yy}]=\{\widetilde{y}\}*\{\widetilde{y}\}^{\mathrm{T}},[S_{fn}]=\{\widetilde{f}\}*\{\widetilde{n}\}^{\mathrm{T}},\cdots \tag{7-81}$$

顺便指出，式（7-74）的平稳随机激励向量 $\{f(t)\}$ 的激励谱矩阵亦可按下式求出

$$[S_{ff}(\omega)]=\{\widetilde{f}\}*\{\widetilde{f}\}^{\mathrm{T}}=\begin{bmatrix} a_1^2 & a_1a_2\mathrm{e}^{i\omega(t_1-t_2)} & \cdots & a_1a_m\mathrm{e}^{i\omega(t_1-t_m)} \\ a_2a_1\mathrm{e}^{i\omega(t_2-t_1)} & a_2^2 & \cdots & a_2a_m\mathrm{e}^{i\omega(t_2-t_m)} \\ \vdots & \vdots & & \vdots \\ a_ma_1\mathrm{e}^{i\omega(t_m-t_1)} & a_ma_2\mathrm{e}^{i\omega(t_m-t_2)} & \cdots & a_m^2 \end{bmatrix}S_{FF}(\omega)$$

$$\tag{7-82}$$

这个激励谱矩阵也可由相关函数矩阵 $[R_{ff}(\tau)]=E[\{f(t)\}$ $\{f(t+\tau)\}^{\mathrm{T}}]$ 作傅里叶变换，并利用维纳-辛钦关系而得到，但不如这里所给出的方法简便。

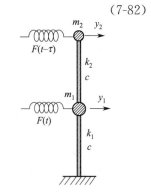

本节中涉及的功率谱矩阵都可以有两个向量相乘而得到，显然其**秩**（Rank）一定为 1。

【例 7-7】 如图 7-3 所示二自由度结构受异相侧向荷载作用，二侧向力均是自谱密度为 S_0 的平稳随机集中力，但存在作用时间差 τ。求位移响应谱矩阵及根部剪力的自谱密度。

解：方程（7-77）可表示为下列形式：

图 7-3　结构受异相位激励

$$\begin{bmatrix} m_1 & 0 \\ 0 & m_2 \end{bmatrix}\begin{Bmatrix} \ddot{\widetilde{y}}_1 \\ \ddot{\widetilde{y}}_2 \end{Bmatrix}+\begin{bmatrix} 2c & -c \\ -c & c \end{bmatrix}\begin{Bmatrix} \dot{\widetilde{y}}_1 \\ \dot{\widetilde{y}}_2 \end{Bmatrix}+\begin{bmatrix} k_1+k_2 & -k_2 \\ -k_2 & k_2 \end{bmatrix}\begin{Bmatrix} \widetilde{y}_1 \\ \widetilde{y}_2 \end{Bmatrix}=\sqrt{S_0}\begin{Bmatrix} 1 \\ \mathrm{e}^{-i\omega\tau} \end{Bmatrix}\mathrm{e}^{i\omega t} \tag{7-83}$$

令

$$\begin{Bmatrix} \widetilde{y}_1 \\ \widetilde{y}_2 \end{Bmatrix}=\begin{Bmatrix} B_1 \\ B_2 \end{Bmatrix}\mathrm{e}^{i\omega t}=\begin{Bmatrix} B_{r1}+iB_{i1} \\ B_{r2}+iB_{i2} \end{Bmatrix}\mathrm{e}^{i\omega t} \tag{7-84}$$

将式（7-84）代入式（7-83），可得

$$\begin{bmatrix} R_{11} & R_{12} \\ R_{21} & R_{22} \end{bmatrix}\begin{Bmatrix} B_1 \\ B_2 \end{Bmatrix}=\sqrt{S_0}\begin{Bmatrix} 1 \\ \mathrm{e}^{-i\omega\tau} \end{Bmatrix} \tag{7-85}$$

其中

$$\begin{bmatrix} R_{11} & R_{12} \\ R_{21} & R_{22} \end{bmatrix}=\begin{bmatrix} k_1+k_2-\omega^2m_1+i\omega c & -k_2-i\omega c \\ -k_2-i\omega c & k_2-\omega^2m_2+i\omega c \end{bmatrix} \tag{7-86}$$

式（3）的解是

$$\begin{Bmatrix} B_1 \\ B_2 \end{Bmatrix}=\begin{bmatrix} R_{22} & -R_{12} \\ -R_{21} & R_{11} \end{bmatrix}\begin{Bmatrix} 1 \\ \mathrm{e}^{-i\omega\tau} \end{Bmatrix}\frac{1}{\Delta}\sqrt{S_0} \tag{7-87}$$

其中

$$\Delta=R_{22}R_{11}-R_{12}^2 \tag{7-88}$$

所以，位移响应谱矩阵为

$$[S_{yy}]=\begin{Bmatrix} \widetilde{y}_1 \\ \widetilde{y}_2 \end{Bmatrix}^*\{\widetilde{y}_1 \quad \widetilde{y}_2\}=\begin{bmatrix} B_1^*B_1 & B_1^*B_2 \\ B_2^*B_1 & B_2^*B_2 \end{bmatrix}$$

$$= \begin{bmatrix} B_{r1}^2 + B_{i1}^2 & (B_{r1}B_{r2} + B_{i1}B_{i2}) + i(B_{r1}B_{i2} - B_{i1}B_{r2}) \\ (B_{r1}B_{r2} + B_{i1}B_{i2}) - i(B_{r1}B_{i2} - B_{i1}B_{r2}) & B_{r2}^2 + B_{i2}^2 \end{bmatrix}$$

(7-89)

根部剪力及其其自谱密度为

$$\widetilde{Q} = k_1 \widetilde{y}_1, S_{QQ}(\omega) = |\widetilde{Q}|^2 = |k_1^2 \widetilde{y}_1^2| = k_1^2 (B_{r1}^2 + B_{i1}^2)$$

■ 7.3 连续系统的平稳随机响应

连续系统受平稳随机激励时的响应计算通常用振型叠加法进行降阶处理，即求出一定数量的结构振型，用它们将原无限自由度体系转换为解耦的单自由度系统，对这些单自由度系统计算出响应功率谱，然后再通过各种传递函数反求出所需响应的功率谱。这里最不方便之处是要计算出连续体的多阶振型。

如果将虚拟激励法和李兹法相结合，则不必计算结构振型，只要设定虚拟荷载，按确定性方式借助李兹法求出所需的结构响应近似解，即可得到各种响应量功率谱的近似解。下面以悬臂剪切梁为例说明这种方法，很容易推广到其他连续体结构。

变截面悬臂剪切梁受平稳随机地面激励时的运动方程为

$$\rho A(x)\ddot{w} + c(x)\dot{w} - [G(x)A(x)w']' = -\rho A(x)\ddot{y}_g(t) \tag{7-90}$$

设初始时刻静止，即

$$w(x,0) = 0, \dot{w}(x,0) = 0 \tag{7-91}$$

边界条件

$$w(0,t) = 0, Q(l,t) = GAw'(l,t) = 0 \tag{7-92}$$

这里设梁的轴向方向为 x，振动方向为 y，$\dot{w}$ 和 w' 分别表示位移 w 对时间和 t 和坐标 x 的偏导数，ρ、l 为梁的密度和长度，$G(x)$ 和 $A(x)$ 是梁的剪切模量和横截面积，$c(x)$ 是分布阻尼。假定平稳地面加速度 $\ddot{y}_g$ 的谱密度 $S_a(\omega)$ 已给定。对于这一单点激励问题，虚拟简谐地面激励（加速度）为

$$\ddot{y}_g(t) = \sqrt{S_a(\omega)}\, e^{i\omega t} \tag{7-93}$$

将式(7-93) 代入式(7-90) 得到关于虚拟量的简谐运动方程

$$\rho A(x)\ddot{\widetilde{w}} + c(x)\dot{\widetilde{w}} - [G(x)A(x)\widetilde{w}']' = -\rho A(x)\sqrt{S_a(\omega)}\, e^{-i\omega t} \tag{7-94}$$

式(7-94) 很容易用李兹法求解，即先假定李兹函数 $\{\varphi_j\}$ $(j=1,2,\cdots,q)$，并设式(7-94) 的稳态解可由它们组合

$$\widetilde{w}(x,t) = \sum_{j=1}^{q} \widetilde{u}_j \{\varphi_j(x)\} = [\varphi]\{\widetilde{u}\} \tag{7-95}$$

将式(7-95) 代入式(7-94)，再左乘 $[\varphi]^T$，得到 q 阶运动方程

$$[M]\{\ddot{\widetilde{u}}\} + [C]\{\dot{\widetilde{u}}\} + [R]\{\widetilde{u}\} = -\{\xi\}\sqrt{S_a(\omega)}\, e^{i\omega t} \tag{7-96}$$

其中

$$[M] = \int_0^l \rho A(x)[\varphi]^T[\varphi]\mathrm{d}x, [C] = \int_0^l c(x)[\varphi]^T[\varphi]\mathrm{d}x$$

$$[R] = [\varphi]^T(GA[\varphi]')\Big|_0^l - \int_0^l GA(x)[\varphi]'^T[\varphi]'\mathrm{d}x, \{\xi\} = \int_0^l \rho A(x)[\varphi]^T \mathrm{d}x \tag{7-97}$$

对于简单边界条件（7-92），$[R]$ 右端第一项为零，只剩第二项，记为$-[K]$，则式(7-96)成为

$$[M]\{\ddot{\tilde{u}}\}+[C]\{\dot{\tilde{u}}\}+[K]\{\tilde{u}\}=\{p\}\mathrm{e}^{i\omega t} \tag{7-98}$$

其中

$$[K]=\int_0^l GA(x)[\varphi]'^{\mathrm{T}}[\varphi]'\mathrm{d}x,\{p\}=-\{\xi\}\sqrt{S_\mathrm{a}(\omega)} \tag{7-99}$$

因为李兹函数一般不具有正则振型的正交特性，所以 $[M]$、$[K]$、$[C]$ 通常是满阵，但由于式(7-98)的右端是确定性的简谐激励，所以 $\{\tilde{u}\}$ 可仿式(7-64)～式(7-69)解得。然后按照式(7-95)求得位移$\{\tilde{w}\}$，进而求得内力和各种功率谱密度。

将任意一种响应量谱密度记为$S_\mathrm{r}(\omega)$，则其方差和二阶谱矩可分别按下式计算

$$\lambda_{0,\mathrm{r}}=\sigma_\mathrm{r}^2=2\int_0^{+\infty}S_\mathrm{r}(\omega)\mathrm{d}\omega \tag{7-100}$$

$$\lambda_{2,\mathrm{r}}=2\int_0^{+\infty}\omega^2 S_\mathrm{r}(\omega)\mathrm{d}\omega \tag{7-101}$$

事实上，本节的方法还可应用于离散化弹性结构，不论是单点激励还是多点完全相干/部分相干激励，步骤都很简单。离散化弹性结构的运动方程为

$$[M]\{\ddot{x}\}+[C]\{\dot{x}\}+[K]\{x\}=\{f(t)\} \tag{7-102}$$

对于单点激励，虚拟激励表示为

$$\{\tilde{f}(t)\}=\{p\}\sqrt{S_\mathrm{f}(\omega)}\,\mathrm{e}^{i\omega t} \tag{7-103}$$

其中 $\{p\}$ 为不依赖于时间的常向量。先基于向量 $\{p\}$ 来构造一组李兹向量 $\{\varphi_j\}$ $(j=1,2,\cdots,q)$，将它们用 $n\times q$ 李兹向量矩阵 $[\varphi]$ 表示，令

$$[\bar{M}]=[\varphi]^{\mathrm{T}}[M][\varphi],[\bar{C}]=[\varphi]^{\mathrm{T}}[C][\varphi],[\bar{K}]=[\varphi]^{\mathrm{T}}[K][\varphi],\{\bar{p}\}=[\varphi]^{\mathrm{T}}\{p\} \tag{7-104}$$

方程(7-102)降阶为

$$[\bar{M}]\{\ddot{\tilde{u}}\}+[\bar{C}]\{\dot{\tilde{u}}\}+[\bar{K}]\{\tilde{u}\}=\{\tilde{p}\}\mathrm{e}^{i\omega t} \tag{7-105}$$

由于这里的李兹向量不是结构的振型，所以 $[\bar{M}]$、$[\bar{C}]$、$[\bar{K}]$ 都不是对角阵，但由于式(7-105)的右端是简谐激励，所以 $\{\tilde{u}\}$ 仍可仿式(7-64)～式(7-69)解得，进而求得内力和各种自谱互谱。

习 题

[7-1] m-k-c 系统如题 7-1 图所示，激励 $F(t)$ 的自相关函数为 $R_\mathrm{F}(\tau)=\sigma_\mathrm{F}^2\mathrm{e}^{-\beta|\tau|}$，求质量 m 的加速度的均方值。

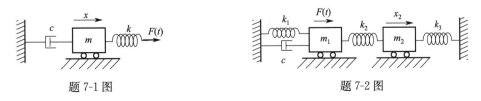

题 7-1 图   题 7-2 图

[7-2]　题 7-2 图所示系统，设 m_1 受随机力 $F(t)$ 作用，$S_F(\omega) = S_0$（常数），求输出位移 x_2 与输入 $F(t)$ 的频率响应函数 $H(\omega)$ 和质量 m_2 的平均动能。

[7-3]　货车拖车的摆动微分方程为 $J_O\ddot{\varphi} + cl(l\dot{\varphi} - \dot{h}) + kl(l\varphi - h) = 0$，路面刚度 h 的谱密度为 $S_h(\omega) = \dfrac{av}{2\pi(\omega^2 + bv^2)}$，求摆动角 φ 的均方值 σ_φ^2 与车速 v 的关系。其中 J_O 为拖车质量的惯性矩。

附录 A 单位阶跃函数和单位脉冲函数

A. 1 单位阶跃函数

定义**单位阶跃函数**或称**单位台阶函数**为

$$H_0(t) = \begin{cases} 1 & t > 0 \\ 0 & t \leqslant 0 \end{cases} \qquad \text{(A-1)}$$

此函数无量纲，在 $t = 0$ 处有跳跃。

类似地，若在 $t = a$ 处有跳跃，函数可写为 $H_0(t-a)$。阶跃函数的图形如图 A-1。

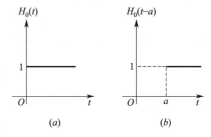

图 A-1 单位阶跃函数

A. 2 单位脉冲函数

定义 δ-**函数**（Dirac 函数）或称**单位脉冲函数**为

$$\delta_\varepsilon(t) = \begin{cases} 0 & t < 0 \text{ 或 } t > \varepsilon \\ \dfrac{1}{\varepsilon} & 0 \leqslant t \leqslant \varepsilon \end{cases}, \delta(t) = \lim_{\varepsilon \to 0} \delta_\varepsilon(t) \qquad \text{(A-2)}$$

δ-函数的图形如图 A-2。图 A-2(a) 为 $\delta_\varepsilon(t)$ 函数，图 A-2(b) 为 $\delta(t)$ 函数，图 A-2(c) 为 $t = a$ 时产生脉冲的函数 $\delta_\varepsilon(t-a)$。

单位脉冲函数有下列重要性质：

$$\delta(t) = \frac{dH_0(t)}{dt}, \int_{-\infty}^{t} \delta(\tau) d\tau = H_0(t) \qquad \text{(A-3)}$$

$$\int_{-\infty}^{+\infty} \delta(t) dt = 1 \qquad \text{(A-4)}$$

$$\int_{-\infty}^{+\infty} f(t)\delta(t-a) dt = f(a) \qquad \text{(A-5)}$$

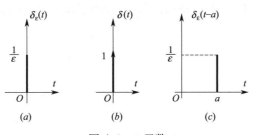

图 A-2 δ-函数

附录 B 傅里叶级数

假设 $F(t)$ 是周期为 T 的函数

$$F(t \pm nT) = F(t), n = 0, 1, 2, \cdots \tag{B-1}$$

设函数在一个周期内分段光滑，则 $F(t)$ 可以展开为傅里叶级数

$$F(t) = \frac{a_0}{2} + \sum_{n=1}^{\infty} \left(a_n \cos \frac{2n\pi}{T} t + b_n \sin \frac{2n\pi}{T} t \right) \tag{B-2}$$

其中各个系数为

$$\left. \begin{array}{l} a_0 = \dfrac{2}{T} \displaystyle\int_{-\frac{T}{2}}^{\frac{T}{2}} F(t) dt = \dfrac{2}{T} \displaystyle\int_0^T F(t) dt \\[3mm] a_n = \dfrac{2}{T} \displaystyle\int_{-\frac{T}{2}}^{\frac{T}{2}} F(t) \cos \dfrac{2n\pi t}{T} dt = \dfrac{2}{T} \displaystyle\int_0^T F(t) \cos \dfrac{2n\pi t}{T} dt \\[3mm] b_n = \dfrac{2}{T} \displaystyle\int_{-\frac{T}{2}}^{\frac{T}{2}} F(t) \sin \dfrac{2n\pi t}{T} dt = \dfrac{2}{T} \displaystyle\int_0^T F(t) \sin \dfrac{2n\pi t}{T} dt \end{array} \right\} (n = 1, 2, \cdots) \tag{B-3}$$

也可以写成复数形式

$$F(t) = \sum_{n=-\infty}^{+\infty} C_n \mathrm{e}^{in\omega t} \tag{B-4}$$

其中系数

$$C_n = \frac{1}{T} \int_{-\frac{T}{2}}^{\frac{T}{2}} F(t) \mathrm{e}^{-in\omega t} dt \ \frac{1}{T} \int_0^T F(t) \mathrm{e}^{-in\omega t} dt, (n = 0, \pm 1, \pm 2, \cdots) \tag{B-5}$$

$$\omega = \frac{2\pi}{T} \tag{B-6}$$

说明：当 $F(t)$ 定义在 $\left[-\dfrac{T}{2}, \dfrac{T}{2} \right]$ 上时，使用式(B-3) 和式(B-5) 在 $\left[-\dfrac{T}{2}, \dfrac{T}{2} \right]$ 内积分，当 $F(t)$ 定义在 $[0, T]$ 上时，使用式(B-3) 和式(B-5) 在 $[0, T]$ 内积分。

附录 C　傅里叶变换

如果任意函数 $f(t)$ 满足条件 $\int_{-\infty}^{+\infty}|f(t)|\mathrm{d}t<\infty$，则 $f(t)$ 的傅里叶变换存在

$$F(\omega)=F[f(t)]=\int_{-\infty}^{+\infty}f(t)\mathrm{e}^{-i\omega t}\mathrm{d}t \tag{C-1}$$

其逆变换为

$$f(t)=\frac{1}{2\pi}\int_{-\infty}^{+\infty}F(\omega)\mathrm{e}^{i\omega t}\mathrm{d}\omega \tag{C-2}$$

设 $x(t)$ 与 $y(t)$ 的傅里叶变换为 $X(\omega)$ 和 $Y(\omega)$，则傅里叶变换具有下列性质

(1) $F[ax+by]=aX(\omega)+bY(\omega)$

(2) $F[x(-t)]=X(-\omega)$

(3) $F[\bar{x}(t)]=\overline{X}(-\omega)$ （共轭）

(4) $F[x(t-\tau)]=\mathrm{e}^{-i\omega\tau}X(\omega)$

(5) $F[x(t)\mathrm{e}^{i\Omega t}]=X(\omega-\Omega)$

(6) $F[x(t)*y(t)]=F\left[\int_{-\infty}^{+\infty}x(\tau)y(t-\tau)\mathrm{d}\tau\right]=X(\omega)Y(\omega)$

(7) $\int_{-\infty}^{+\infty}x^2(t)\mathrm{d}t=\frac{1}{2\pi}\int_{-\infty}^{+\infty}|X(\omega)|^2\mathrm{d}\omega$

表 C-1 给出了一些常见函数的傅里叶变换对。

傅里叶变换对　　　　　　　　　　　　　　　　　　　　　表 C-1

序号	$f(t)$	$F(\omega)=F[f(t)]$
1	$\delta(t)$	1
2	1	$2\pi\delta(\omega)$
3	$H_0(t)$	$\dfrac{1}{i\omega}+\pi\delta(\omega)$
4	$\cos at$	$\pi[\delta(\omega+a)+\delta(\omega-a)]$
5	$\sin at$	$i\pi[\delta(\omega+a)-\delta(\omega-a)]$
6	e^{iat}	$2\pi\delta(\omega-a)$
7	矩形单脉冲 $=\begin{cases}A,|t|<T,A>0\\0,|t|>T\end{cases}$	$2AT\dfrac{\sin\omega T}{\omega T}$
8	指数衰减函数 $=\begin{cases}\mathrm{e}^{-\beta t},t>0,\beta>0\\0,t<0\end{cases}$	$\dfrac{1}{\beta+i\omega}$
9	三角形脉冲 $=\begin{cases}A-\dfrac{A}{T}|t|,|t|<T,A>0\\0,|t|>T\end{cases}$	$\dfrac{2A}{\omega^2 T}(1-\cos\omega t)$
10	周期函数(周期为 T) $=\displaystyle\sum_{-\infty}^{+\infty}c_n\mathrm{e}^{in\Omega t},\Omega=\dfrac{2\pi}{T}$	$2\pi\displaystyle\sum_{-\infty}^{+\infty}c_n\delta(\omega-n\Omega)$

注：表 C-1 中 $\delta(t)$ 为 δ-函数，$H_0(t)$ 为单位阶跃函数。

附录 D　拉普拉斯变换

一个实变量 t 的函数 $f(t)$ 的拉普拉斯变换定义为

$$F(s) = L[f(t)] = \int_0^\infty f(t) e^{-st} dt \tag{D-1}$$

其逆变换为

$$f(t) = L^{-1}[F(s)] \frac{1}{2\pi i} \int_{\sigma - i\infty}^{\sigma + i\infty} F(s) e^{st} ds \tag{D-2}$$

式中 $s = \sigma + i\omega$ 为复数。

表 D-1 和表 D-2 给出了拉普拉斯变换的性质和运算变换对。

拉普拉斯变换的运算变换对

表 D-1

序号	$f(t)$	$F(s) = L[f(t)]$
1	$af(t)$	$aF(s)$
2	$f_1(t) \pm f_2(t)$	$F_1(s) \pm F_2(s)$
3	$\dfrac{df(t)}{dt} = \dot{f}(t)$	$sF(s) - f(0^+)$
4	$\dfrac{d^2 f(t)}{dt^2} = \ddot{f}(t)$	$s^2 F(s) - sf(0^+) - \dot{f}(0^+)$
5	$f^{(n)}(t)$ （n 阶导数）	$s^n F(s) - \displaystyle\sum_{r=0}^{n-1} s^{n-r-1} f^{(r)}(0^+)$
6	$\displaystyle\int f(t) dt$	$\dfrac{1}{s}[F(s) + f(0^+)]$
7	$\displaystyle\int_0^t f(t) dt$	$\dfrac{1}{s} F(s)$
8	$\displaystyle\int_0^t \cdots \int_0^t f(t)(dt)^n$ （n 重积分）	$\dfrac{1}{s^n} F(s)$
9	$f(t-a) H_0(t-a)$	$e^{-as} F(s)$
10	$e^{-at} f(t)$	$F(s+a)$
11	$f(t) = f(t+T)$	$\dfrac{1}{1 - e^{sT}} \displaystyle\int_0^T f(t) e^{st} dt$
12	$f_1(t) * f_2(t) = \displaystyle\int_0^t f_1(\tau) f_2(t-\tau) d\tau$	$F_1(s) F_2(s)$
13	$tf(t)$	$-\dfrac{dF(s)}{ds}$
14	$t^n f(t)$	$(-1)^n \dfrac{d^n F(s)}{ds^n}$
15	$\dfrac{f(t)}{t}$	$\displaystyle\int_s^\infty F(s) ds$
16	$f(at)$	$\dfrac{1}{a} F\left(\dfrac{s}{a}\right)$

序号	$f(t),t>0$	$F(s)=L[f(t)]$
1	$\delta(t)$	1
2	$\delta(t-a)$	e^{-as}
3	$H_0(t)$	$1/s$
4	$H_0(t-a)$	$\dfrac{1}{s}e^{-as}$
5	t	$1/s^2$
6	$\dfrac{t^{n-1}}{(n-1)!}$	$\dfrac{1}{s^n},n=1,2,3,\cdots$
7	e^{-at}	$\dfrac{1}{s+a}$
8	te^{-at}	$\dfrac{1}{(s+a)^2}$
9	$(1-at)e^{-at}$	$\dfrac{s}{(s+a)^2}$
10	$\dfrac{1}{(n-1)!}t^{n-1}e^{-at}$	$\dfrac{1}{(s+a)^n},n=1,2,3,\cdots$
11	$\dfrac{1}{(b-a)}(e^{-at}-e^{-bt})$	$\dfrac{1}{(s+a)(s+b)}$
12	$\dfrac{1}{(a-b)}(ae^{-at}-be^{-bt})$	$\dfrac{s}{(s+a)(s+b)}$
13	$\dfrac{1}{(a-b)^2}e^{-at}+\dfrac{e^{-bt}}{(a-b)t}$	$\dfrac{1}{(s+a)(s+b)^2}$
14	$-\dfrac{a}{(a-b)^2}e^{-at}-\dfrac{be^{-bt}}{(a-b)t^a}$	$\dfrac{s}{(s+a)(s+b)^2}$
15	$\dfrac{a^2}{(a-b)^2}e^{-at}+\dfrac{b^2(a-b)t+b^2-2ab}{(a-b)^2}e^{-bt}$	$\dfrac{s^2}{(s+a)(s+b)^2}$
16	$\sin at$	$\dfrac{a}{s^2+a^2}$
17	$\cos at$	$\dfrac{s}{s^2+a^2}$
18	$\sinh at$	$\dfrac{a}{s^2-a^2}$
19	$\cosh at$	$\dfrac{s}{s^2-a^2}$
20	$1-e^{-at}$	$\dfrac{a}{s(s+a)}$
21	$1-\cos at$	$\dfrac{a^2}{s(s^2+a^2)}$
22	$at-\sin at$	$\dfrac{a^3}{s^2(s^2+a^2)}$
23	$at\sin at$	$\dfrac{2a^2s}{(s^2+a^2)^2}$
24	$at\cos at$	$\dfrac{a(s^2-a^2)}{(s^2+a^2)^2}$
25	$\dfrac{e^{-\zeta at}}{\sqrt{1-\zeta^2}a}\sin(at\sqrt{1-\zeta^2})$	$\dfrac{1}{s^2+2\zeta as+a^2}$
26	$e^{-\zeta at}\left(\cos(at\sqrt{1-\zeta^2})+\dfrac{\zeta}{\sqrt{1-\zeta^2}}\sin(at\sqrt{1-\zeta^2})\right)$	$\dfrac{s+2\zeta a}{s^2+2\zeta as+a^2}$
27	$e^{-at}\sin bt$	$\dfrac{b}{(s+a)^2+b^2}$
28	$e^{-at}\cos bt$	$\dfrac{s+a}{(s+a)^2+b^2}$

注：表 D-1 和表 D-2 中的 $H_0(t)$ 为单位阶跃函数，$\delta(t)$ 为 δ-函数。

附录 E 随机变量与随机过程

■ E.1 随机变量

随机变量（Random Variable）是随机现象的数量化描述。它的取值随偶然因素而变化，但是又遵从一定的概率分布规律。随机变量按其取值的不同，可分为离散型和连续型两大类。

离散型随机变量（Discrete Random Variable）是指可能的取值能够一一列举出来的（有限个或可列无限个）随机变量。如掷一枚骰子，所得到的点数 X 就是一个离散型的随机变量，X 的可能取值为：1、2、3、4、5、6。

连续型随机变量（Continuous Random Variable）是指取值不能一一列举，而是连续取值的随机变量。如从一批灯泡中任取一个，在指定的条件下做寿命试验，则灯泡的寿命 X 就是一个连续型的随机变量，X 可取区间 $[0,T]$ 上的一切值，其中 T 是某个正数。

E.1.1 概率密度函数和概率分布函数

设 X 为离散型随机变量，可能的取值是 x_1，x_2，$\cdots$，x_i，$\cdots$，则取各可能值的**概率**（Probability）为

$$p_i(x_i)=P(X=x_i)(i=1,2,\cdots) \tag{E-1}$$

称 $p_i(x_i)(i=1,2,\cdots)$ 为 X 的**概率分布**（Probability Distribution）。

对于连续型随机变量 X，应研究其落在某一区间上的概率，而不是某一可能值的概率。称 X 落在 $[x,x+\Delta x]$ 区间 Δx 内的概率与区间长度之比 $\dfrac{P(x\leqslant X<x+\Delta x)}{\Delta x}$ 为**平均概率密度**（Average Probability Density）。如果极限

$$\lim_{\Delta x\to 0}\frac{P(x\leqslant X<x+\Delta x)}{\Delta x}=p(x) \tag{E-2}$$

存在，则函数 $p(x)$ 就描述了 X 在点 x 的概率分布的密集程度，故称 $p(x)$ 为随机变量 X 的**概率密度函数**（Probability Density Function）。则随机变量 X 落在某一区间 $[a,b]$ 内的概率为

$$P(a\leqslant X<b)=\int_a^b p(x)\,\mathrm{d}x \tag{E-3}$$

给定一随机变量 X（无论是离散型的还是连续性的，其取值不超过 x 为任一实数）的事件的概率 $P(X\leqslant x)$ 是 x 的函数，称为 X 的**概率分布函数**（Probability Distribution Function），记作 $F(x)$，即

$$F(x)=P(X\leqslant x)(-\infty<x<+\infty) \tag{E-4}$$

显然，离散型随机变量的分布函数是阶梯形函数。对于连续型随机变量，其分布函数可以表达为

$$F(x) = \int_{-\infty}^{x} p(\xi) \, d\xi \tag{E-5}$$

概率分布函数具有如下性质：

(1) $0 \leqslant F(x) \leqslant 1$；

(2) 概率分布函数是单调上升的；

(3) 其左极限（$x \to -\infty$ 时）为 0，而右极限（$x \to +\infty$ 时）为 1；

(4) 对于连续性随机变量，有

$$p(x) = \frac{d}{dx} F(x) \tag{E-6}$$

E.1.2　联合概率密度函数与联合概率分布函数

在实际问题中常常遇到必须同时考虑两个或两个以上随机变量的情况。例如，炮弹在地面上命中点的位置，要由平面上的坐标，即一对随机变量 X，Y 来描述。多维随机变量需要用联合概率函数描述。

首先考虑两个随机变量 X，Y 的联合性质。X，Y 的**联合概率分布函数**（Joint Probability Distribution Function）定义为

$$F(x, y) = P(X \leqslant x; Y \leqslant y) \tag{E-7}$$

连续型随机变量 X，Y 的**联合概率密度函数**（Joint Probability Density Function）定义为

$$p(x, y) = \frac{\partial^2}{\partial x \partial y} F(x, y) \tag{E-8}$$

则

$$F(x, y) = \int_{-\infty}^{x} \int_{-\infty}^{x} p(\xi, \eta) \, d\xi d\eta \tag{E-9}$$

若 X，Y 是独立的，则有

$$p(x, y) = p(x) p(y) \tag{E-10}$$

两个随机变量的联合分布可直接推广到多个随机变量。n 个随机变量的联合概率密度函数为

$$p(x_1, x_2, \cdots, x_n) = \frac{\partial^n}{\partial x_1 \partial x_2 \cdots \partial x_n} F(x_1, x_2, \cdots, x_n) \tag{E-11}$$

E.1.3　随机变量的数字特征

随机变量的分布函数能完整的描述随机变量的概率分布。然而在实际问题中，求随机变量的分布函数往往不是一件容易的事情。因此，寻求能够表征随机变量的某些非随机性的数字特征（包括均值、方差及相关系数等）有着重要的实用意义。

以下描述中，对于连续型随机变量 X，其概率密度函数为 $p(x)$。

(1) 数学期望

数学期望（Expected Value），又称**均值**（Mean Value），描述了随机变量取值的平均值。

对于离散型随机变量 X，数学期望

$$E[X] = \mu = \sum_i x_i p_i \tag{E-12}$$

其中：$x_i(i=1,2,\cdots)$ 为随机变量 X 的可能取值，其分布列为 $p_i = P(X=x_i)$。

对于连续型随机变量 X，则数学期望表示为

$$E[X] = \mu = \int_{-\infty}^{+\infty} x p(x) \mathrm{d}x \qquad (E-13)$$

两个连续型随机变量 X 和 Y 乘积的数学期望表示为

$$E[XY] = \mu = \int_{-\infty}^{+\infty} xy \mathrm{d}F(x,y) = \int_{-\infty}^{+\infty} \int_{-\infty}^{+\infty} xy p(x,y) \mathrm{d}x\mathrm{d}y \qquad (E-14)$$

其中，$F(x,y)$ 和 $p(x,y)$ 分别为随机变量 X 和 Y 的联合概率分布函数和联合概率密度函数。

（2）方差

方差（Variance）描述了随机变量取值与其均值的偏离程度。对于离散型和连续型随机变量 X，方差表示为

$$D[X] = \sigma^2 = E[(X-\mu)^2] = \sum_i (x_i - \mu)^2 p_i \qquad (E-15)$$

$$D[X] = \sigma^2 = E[(X-\mu)^2] = \int_{-\infty}^{+\infty} (x_i - \mu)^2 p(x) \mathrm{d}x \qquad (E-16)$$

其中，σ 称为**标准差**（Standard Deviation），或**均方差**（Mean Square Deviation）。

（3）变异系数

变异系数（Coefficient of Variation）

$$\xi = \frac{\sigma}{\mu} \qquad (E-17)$$

是一个无量纲量，在工程中常用以表示随机变量偏离平均值的程度。

（4）n 阶原点矩

对于离散型和连续型随机变量 X，n **阶原点矩**（n-th Moment）表示为

$$m_n = E[X^n] = \sum_i x_i^n p_i \qquad (E-18)$$

$$m_n = E[X^n] = \int_{-\infty}^{+\infty} x^n p(x) \mathrm{d}x \qquad (E-19)$$

当 $n=2$ 时，$m_2 = E[X^2]$ 称为**均方值**（Mean Square Value），或二阶原点矩，其平方根称为**均方根值**（Mean Square Root）。

（5）n 阶中心距

对于离散型和连续型随机变量 X，n **阶中心距**（n-th Central Moment）表示为

$$K_n = E[(X-\mu)^n] = \sum_i (x_i - \mu)^n p_i \qquad (E-20)$$

$$K_n = E[(X-\mu)^n] = \int_{-\infty}^{+\infty} (x - \mu)^n p(x) \mathrm{d}x \qquad (E-21)$$

当 $n=2$ 时，$K_2 = E[(X-\mu)^2] = \sigma^2$，因此方差又称为二阶中心距。

（6）协方差与相关系数

设随机变量 X 与 Y 的平均值 μ_X、μ_Y 和方差 σ_X^2、σ_Y^2 都存在，则 X 与 Y 的**协方差**（Covariance）为

$$\mathrm{cov}(X,Y) = E[(X-\mu_X)(Y-\mu_Y)] \qquad (E-22)$$

而 X 与 Y 的**规格化协方差**（Normalized Covariance）或**相关系数**（Correlation Coefficient）为

$$\rho = \frac{\text{cov}(X,Y)}{\sigma_X \sigma_Y} \tag{E-23}$$

协方差与相关系数是 X 与 Y 之间关系"密切程度"的表征。

平均值与方差有如下重要性质：

$$D[X] = E[X^2] - (E[X])^2 \tag{E-24}$$

$$E(a) = a, D[a] = 0 (a \text{ 为常数}) \tag{E-25}$$

$$E[cX] = cE[X] \tag{E-26}$$

$$E[XY] = E[X]E[Y] + E[(X-\mu_X)(Y-\mu_Y)] \tag{E-27}$$

若 X_1，X_2，$\cdots$，X_n 为 n 个随机变量，则

$$E[X_1 + X_2 + \cdots + X_n] = E[X_1] + E[X_2] + \cdots + E[X_n] \tag{E-28}$$

$$D[X_1 + X_2 + \cdots + X_n] = \sum_{i,j=1}^{n} E[(X_i - \mu_i)(X_j - \mu_j)] \tag{E-29}$$

设 $Y = g(X)$ 是随机变量 X 的连续函数，则：如 X 是离散型随机变量，其分布列是 $p_k = P(X = x_k), (k=1,2,\cdots)$，且 $\sum_{k=1}^{+\infty} |g(x_k)| p_k$ 收敛，则 Y 的数学期望为

$$E[Y] = E[g(X)] = \sum_{k=1}^{+\infty} g(x_k) p_k \tag{E-30}$$

如 X 是连续型随机变量，且 $\int_{-\infty}^{+\infty} |g(x)| p(x) \mathrm{d}x$ 收敛，则 Y 的数学期望为

$$E[Y] = E[g(X)] = \int_{-\infty}^{+\infty} g(x) p(x) \mathrm{d}x \tag{E-31}$$

E.1.4　几种重要的分布函数

1. 正态分布

客观世界存在的大量现象都是许多随机因素叠加的结果。高斯和拉普拉斯首先观察到并提出了**正态分布**（Normal Distribution），又称**高斯分布**（Gaussian Distribution）。互相独立的均匀微小的随机变量的总和近似地服从正态分布。正态分布的概率密度函数为

$$p(x) = \frac{1}{\sigma\sqrt{2\pi}} \mathrm{e}^{-\frac{(x-\mu)^2}{2\sigma^2}} \tag{E-32}$$

概率分布函数为

$$F(x) = \frac{1}{\sigma\sqrt{2\pi}} \int_{-\infty}^{x} \mathrm{e}^{-\frac{(\xi-\mu)^2}{2\sigma^2}} \mathrm{d}\xi \tag{E-33}$$

正态分布的 n 阶中心距

$$K_n = \frac{1}{\sigma\sqrt{2\pi}} \int_{-\infty}^{+\infty} (x-\mu)^n \mathrm{e}^{-\frac{(x-\mu)^2}{2\sigma^2}} \mathrm{d}x \tag{E-34}$$

不难验证：$K_0 = 1$；当 n 为奇数时，该积分的值为 0；n 为偶数时

$$K_2 = \sigma^2, K_4 = 3\sigma^4, K_6 = 15\sigma^6, \cdots \tag{E-35}$$

其递推公式为

$$K_n = 1 \cdot 3 \cdot 5 \cdot \cdots \cdot (n-1)\sigma^n \tag{E-36}$$

服从正态分布的随机变量 X 落在区间 (α, β) 内的概率为

$$P(\alpha < X < \beta) = \frac{1}{\sigma\sqrt{2\pi}} \int_\alpha^\beta e^{-\frac{(x-\mu)^2}{2\sigma^2}} dx \tag{E-37}$$

作代数变换 $t = \frac{x-\mu}{\sigma\sqrt{2}}$ 得

$$P(\alpha < X < \beta) = \frac{1}{\sqrt{\pi}} \int_{\frac{\alpha-\mu}{\sigma\sqrt{2}}}^{\frac{\beta-\mu}{\sigma\sqrt{2}}} e^{-t^2} dt \tag{E-38}$$

这里的概率积分是不能解析地积出的，通常借助于拉普拉斯函数

$$\Phi(x) = \frac{2}{\sqrt{\pi}} \int_0^x e^{-t^2} dt \tag{E-39}$$

来计算。拉普拉斯函数 $\Phi(x)$ 是 x 的奇函数，且 $\Phi(0)=0$，$\Phi(\infty)=1$。因此

$$P(\alpha < X < \beta) = \frac{1}{2}\left[\Phi\left(\frac{\beta-\mu}{\sigma\sqrt{2}}\right) - \Phi\left(\frac{\alpha-\mu}{\sigma\sqrt{2}}\right)\right] \tag{E-40}$$

若 Z 为若干个相互独立正态随机变量的线性组合

$$Z = \sum_{i=1}^n a_i X_i$$

其中 a_i 为常数，则 Z 亦服从正态分布，均值和方差分别为

$$\mu_Z = \sum_{i=1}^n a_i \mu_{X_i}, \quad \sigma_Z^2 = \sum_{i=1}^n a_i^2 \sigma_{X_i}^2 \tag{E-41}$$

如果式(E-37) 中 $\alpha = \mu - 3\sigma$，$\beta = \mu + 3\sigma$，则随机变量的值落在平均值两侧 $\pm 3\sigma$ 范围内的概率是 99.73% 这就是 3σ 法则。

两个随机变量 X 与 Y 若服从**二元正态分布**或**二元联合正态分布**（Two Dimensional Joint Normal Distribution），则其分布密度为

$$p(x,y) = \frac{1}{2\pi\sigma_X\sigma_Y(1-\rho^2)} e^{\frac{1}{2(1-\rho^2)}\left[\frac{(x-\mu_X)^2}{\sigma_X^2} - \frac{2\rho(x-\mu_X)(y-\mu_Y)}{\sigma_X\sigma_Y} + \frac{(y-\mu_Y)^2}{\sigma_Y^2}\right]} \tag{E-42}$$

其中，ρ 为 X 与 Y 的相关系数。以上概念可以推广到更多随机变量的情况。

2. 瑞利分布

如果射击命中点的位置服从二元正态分布，则命中点离靶心的距离服从**瑞利分布**（Rayleigh Distribution）。其概率密度函数为

$$p(x) = \begin{cases} \dfrac{x}{\sigma^2} e^{\frac{x^2}{2\sigma^2}} & (x > 0) \\ 0 & (x \leqslant 0) \end{cases} \tag{E-43}$$

瑞利分布在研究随机振动的振幅值及在噪声理论中都很有用。

3. 泊松分布

泊松分布（Piosson Distribution）是离散型随机变量的一种重要的分布。其概率分布为

$$P(X=k) = \frac{\lambda^k}{k!} e^{-\lambda} \quad (k=0,1,2,\cdots) \tag{E-44}$$

其中 $\lambda > 0$。泊松分布的均值和方差均为 λ。

4. 韦布尔分布

若随机变量的概率密度函数为

$$p(x)=\begin{cases}\dfrac{\beta}{\eta}\left(\dfrac{x}{\eta}\right)^{\beta-1}\mathrm{e}^{\left(\frac{x}{\eta}\right)^{\beta}} & (x>0)\\[2mm] 0 & (x\leqslant 0)\end{cases} \tag{E-45}$$

则称随机变量是服从参数为 β，η（β，η 均为正常数）的**韦布尔分布**（Weibull Distribution）。大量试验表明，许多产品的寿命（如滚动轴承的疲劳寿命等）都服从韦布尔分布。

5. 平均分布

若随机变量 X 在 $[a,b]$ 上服从**平均分布**（Uniform Distribution），则其概率

$$密度函数为\ p(x)=\begin{cases}\dfrac{1}{b-a} & (a\leqslant x<b)\\[2mm] 0 & (x<a\ 或\ x\geqslant b)\end{cases} \tag{E-46}$$

其平均值为 $\dfrac{a+b}{2}$，方差为 $\dfrac{(b-a)^3}{12}$。

■ E.2 随机过程

E.2.1 随机过程的概念及统计特性

对于每一时刻 $t\in T$（T 是某个固定的时间域），$X(t)$ 是一随机变量，则这样的随机变量族 $[X(t),t\in T]$ 称为**随机过程**（Random Process）。如果 T 是离散的时间域，则 $X(t)$ 是一随机时间序列。对振动过程离散采样时，得到的就是时间序列。如 $x_1(t_0)$，$x_2(t_0),\cdots,x_n(t_0)$ 可表示随机变量 $X(t_0)$ 的 n 个样本点。

对随机过程各个样本在固定时刻 t 的取值进行集合平均，得到随机过程的数学期望，可表示为

$$E[X(t)]=\mu(t)=\int_{-\infty}^{+\infty}x(t)\,\mathrm{d}F(x,t)=\int_{-\infty}^{+\infty}x(t)p(x,t)\,\mathrm{d}x \tag{E-47}$$

其中 $F(x,t)$ 和 $p(x,t)$ 分别是 $X(t)$ 的概率分布函数和概率密度函数（如果存在）。

同样地，均方值和方差可表示为

$$E[X^2(t)]=\int_{-\infty}^{+\infty}x^2(t)\,\mathrm{d}F(x,t)=\int_{-\infty}^{+\infty}x^2(t)p(x,t)\,\mathrm{d}x \tag{E-48}$$

$$D[X(t)]=\sigma^2(t)=E[(X(t)-\mu(t))^2]=\int_{-\infty}^{+\infty}(X(t)-\mu(t))^2\mathrm{d}F(x,t)$$

$$=\int_{-\infty}^{+\infty}(X(t)-\mu(t))^2p(x,t)\,\mathrm{d}x \tag{E-49}$$

为了研究一个随机过程 $X(t)$ 在两个不同时刻的值，即随机变量 $X(t_1)$、$X(t_2)$ 的相互依赖关系，定义它的**自相关函数**（Auto-correlation Function）

$$R_{XX}(t_1,t_2)=E[X(t_1)X(t_2)]=\int_{-\infty}^{+\infty}\int_{-\infty}^{+\infty}x_1(t_1)x_2(t_2)\,\mathrm{d}F(x_1,t_1;x_2,t_2)$$

$$=\int_{-\infty}^{+\infty}\int_{-\infty}^{+\infty}x_1(t_1)x_2(t_2)p(x_1,t_1;x_2,t_2)\,\mathrm{d}x_1\mathrm{d}x_2 \tag{E-50}$$

其中 $F(x_1,t_1;x_2,t_2)$ 和 $p(x_1,t_1;x_2,t_2)$ 分别为随机变量 $X(t_1)$、$X(t_2)$ 的联合概率分布函数和联合概率密度函数（如果存在）。相应地有**自协方差函数**（Auto-covariance Function）

$$C_{XX}(t_1,t_2)=E[X(t_1)-\mu(t_1)][X(t_2)-\mu(t_2)]$$

$$= \int_{-\infty}^{+\infty} \int_{-\infty}^{+\infty} [x_1(t_1) - \mu(t_1)] [x_2(t_2) - \mu(t_2)] \,\mathrm{d}F(x_1,t_1;x_2,t_2) \quad \text{(E-51)}$$

$$= \int_{-\infty}^{+\infty} \int_{-\infty}^{+\infty} [x_1(t_1) - \mu(t_1)] [x_2(t_2) - \mu(t_2)] p(x_1,t_1;x_2,t_2) \,\mathrm{d}x_1 \mathrm{d}x_2$$

显然

$$R_{XX}(t,t) = E[X^2(t)] \quad \text{(E-52)}$$

$$C_{XX}(t,t) = \sigma^2(t) \quad \text{(E-53)}$$

$$C_{XX}(t_1,t_2) = R_{XX}(t_1,t_2) - \mu(t_1)\mu(t_2) \quad \text{(E-54)}$$

定义**规格化自协方差函数**（Normalized Auto-covariance Function），即**自相关系数**（Auto-correlation Coefficient）

$$\rho_{XX}(t_1,t_2) = \frac{C_{XX}(t_1,t_2)}{\sigma_X(t_1)\sigma_X(t_2)} \quad (-1 \leqslant \rho_{XX}(t_1,t_2) \leqslant 1) \quad \text{(E-55)}$$

为了研究两个随机过程 $X(t)$ 和 $Y(t)$ 在不同时刻值（都是随机变量）的相互关系，定义**互相关函数**（Cross-correlation Function）为

$$R_{XY}(t_1,t_2) = E[X(t_1)Y(t_2)] = \int_{-\infty}^{+\infty} \int_{-\infty}^{+\infty} x(t_1)y(t_2) \,\mathrm{d}F(x,t_1;y,t_2)$$

$$= \int_{-\infty}^{+\infty} \int_{-\infty}^{+\infty} x(t_1)y(t_2) p(x,t_1;y,t_2) \,\mathrm{d}x\mathrm{d}y \quad \text{(E-56)}$$

相应地有**互协方差函数**（Cross-covariance Function）

$$C_{XY}(t_1,t_2) = E[X(t_1) - \mu_X(t_1)][Y(t_2) - \mu_Y(t_2)]$$

$$= \int_{-\infty}^{+\infty} \int_{-\infty}^{+\infty} [x(t_1) - \mu_X(t_1)][y(t_2) - \mu_Y(t_2)] \,\mathrm{d}F(x,t_1;y,t_2) \quad \text{(E-57)}$$

$$= \int_{-\infty}^{+\infty} \int_{-\infty}^{+\infty} [x(t_1) - \mu_X(t_1)][y(t_2) - \mu_Y(t_2)] p(x,t_1;y,t_2) \,\mathrm{d}x\mathrm{d}y$$

互相关函数和互协方差函数有如下性质

$$R_{XY}(t_1,t_2) = R_{YX}(t_2,t_1) \neq R_{XY}(t_2,t_1)$$

$$C_{XY}(t_1,t_2) = C_{YX}(t_2,t_1) \neq C_{XY}(t_2,t_1) \quad \text{(E-58)}$$

$$C_{XY}(t_1,t_2) = R_{XY}(t_1,t_2) - \mu_X(t_1)\mu_Y(t_2) \quad \text{(E-59)}$$

定义规格化互协方差函数，即**互相关系数**（Cross-correlation Coefficient）为

$$\rho_{XY}(t_1,t_2) = \frac{C_{XY}(t_1,t_2)}{\sigma_X(t_1)\sigma_Y(t_2)} \quad (-1 \leqslant \rho_{XY}(t_1,t_2) \leqslant 1) \quad \text{(E-60)}$$

E.2.2　平稳随机过程

平稳随机过程的特点是其概率特性不随时间变化。**严格平稳**（Strict Stationary）在随机过程理论中有着严格的定义，它要求概率密度函数不随时间变化，在工程中通常很难满足这样严格的条件，因此又引入了**广义平稳**（Generalized Stationary）又称弱平稳或宽平稳的概念，只需平均值与相关函数保持平稳就认为是随机平稳过程。

随机过程 $X(t)$，如果其任意 n 个时刻的值 $X(t_1)$，$X(t_2)$，$\cdots$，$X(t_n)$ 的联合分布都是正态的，则称 $X(t)$ 为正态随机过程。由于这 n 个值的联合概率密度函数只与这 n 个值的均值和协方差矩阵有关，因此对于正态随机分布而言，其严格平稳和广义平稳是等价的。

在平稳随机过程中最为重要的一类，是具有**各态历经性**（Ergotic）的平稳随机过程。

为了计算平稳随机过程的各种统计量，严格地说，应该先得到大量的测量曲线。随机过程各函数的期望值是对所有样本函数的总体作平均得到的，称为**集合平均**（Ensemble Average）。对于平稳随机过程，可定义一个给定的样本函数 $\hat{x}$（符号"＾"表示随机过程的样本函数），在给定时间域上的平均，称为**时间平均**（Time Average）

$$E[X(t)] = \lim_{T \to +\infty} \frac{1}{T} \int_{-\frac{T}{2}}^{\frac{T}{2}} \hat{x}(t) \, \mathrm{d}t \tag{E-61}$$

$$E[X(t)X(t+\tau)] = \lim_{T \to +\infty} \frac{1}{T} \int_{-\frac{T}{2}}^{\frac{T}{2}} \hat{x}(t)\hat{x}(t+\tau) \, \mathrm{d}t \tag{E-62}$$

如果一个平稳随机过程由集合平均和时间平均得到的所有各组概率特性都相等，那么就认为这类平稳随机过程具有各态历经性。也就是说，其中任意一条样本曲线基本上包含了该随机过程所具有的所有统计特性。因此，对于这类随机过程，只需测量到一条实测曲线，就可以由它得到所需的各种统计参数。根据所选取的统计参数的不同，如选取平均值、相关函数、概率密度函数等，各态历经性有不同的数学定义。尽管各态历经性在数学上有相当严格的描述和限制，其限制要比平稳性严格得多，但是在工程应用上有时对这些限制的认定却往往是极其粗糙的。例如，根据工程所在地点的一条地震记录曲线，尽管实际上连其平稳性也只能勉强认定，却不得不将其看作是具有各态历经性的，以从中提取大量的统计资料供计算分析使用。事实上，在同一地点获得两条以上地震记录往往并不容易。

E.2.3 平稳随机过程的自相关函数

广义平稳随机过程只需平均值与相关函数保持平稳就可以了。对任意时刻 t，平稳随机过程 $X(t)$ 的均值不变，即

$$\mu(t) = E[X(t)] = \int_{-\infty}^{+\infty} x p(t) \, dx = \mu = \text{常数} \tag{E-63}$$

自相关函数为

$$R_{XX}(\tau) = E[X(t)X(t+\tau)] = \int_{-\infty}^{+\infty} \int_{-\infty}^{+\infty} x_1(t) x_2(t+\tau) \, \mathrm{d}F(x_1,t;x_2,t+\tau)$$
$$= \int_{-\infty}^{+\infty} \int_{-\infty}^{+\infty} x_1(t) x_2(t+\tau) p(x_1,t;x_2,t+\tau) \, \mathrm{d}x_1 \mathrm{d}x_2 \tag{E-64}$$

其中 x_1 与 x_2 是取自同一随机过程的两个随机变量。若 $X(t)$ 满足各态历经假设，$\hat{x}$ 是一样本函数，则自相关函数可表示为

$$R_{XX}(\tau) = \lim_{T \to +\infty} \frac{1}{T} \int_{-\frac{T}{2}}^{\frac{T}{2}} \hat{x}(t)\hat{x}(t+\tau) \, \mathrm{d}t \tag{E-65}$$

记 $\xi(t)$ 是 $X(t)$ 的零均值随机分量 $\xi(t) = X(t) - \mu$，则由式（E-54）知 $X(t)$ 的自协方差函数为

$$C_{XX}(\tau) = R_{\xi\xi}(\tau) = E[\xi(t)\xi(t+\tau)] \tag{E-66}$$

因此，无论平均值 μ 为多大，$X(t)$ 的自协方差函数都是相同的。

平稳随机过程 $X(t)$ 的自相关函数 $R_{XX}(\tau)$ 有如下特性：

（1）$R_{XX}(\tau)$ 是 τ 的偶函数，即

$$R_{XX}(-\tau) = E[X(t)X(t-\tau)] = E[X(t-\tau)X(t)] \overset{t'=t-\tau}{=\!=} E[X(t')X(t'+\tau)] = R_{XX}(\tau)$$
$$\tag{E-67}$$

(2) 当 $\tau=0$ 时，$R_{XX}(\tau)$ 取极大值，$R_{XX}(0)=E[X^2(t)]$

$$R_{XX}(\tau) \leqslant R_{XX}(0)=\mu^2+\sigma_X^2 \tag{E-68}$$

(3) 若将平稳随机过程 $X(t)$ 表示为 $X(t)=\mu+\xi(t)$，其中 μ 和 $\xi(t)$ 分别是 $X(t)$ 的平均值和零均值平稳随机分量。则

$$R_{XX}(\tau)=\mu^2+R_{\xi\xi}(\tau) \tag{E-69}$$

(4) $R_{XX}(\tau)$ 的下界为 $\mu^2-\sigma_X^2$，自相关函数的规格化无量纲形式是按下式定义的自相关系数

$$\rho_{XX}(\tau)=\frac{C_{XY}(\tau)}{\sigma_X^2} \quad (-1 \leqslant \rho_{XX}(\tau) \leqslant 1) \tag{E-70}$$

由式(E-66) 和式(E-69) 得到 $-\sigma_X^2 \leqslant R_{XX}(\tau)-\mu^2 \leqslant \sigma_X^2$，即

$$\mu^2-\sigma_X^2 \leqslant R_{XX}(\tau) \leqslant \mu^2+\sigma_X^2 \tag{E-71}$$

(5)
$$R_{\dot{X}\dot{X}}(\tau)=-\frac{\mathrm{d}^2}{\mathrm{d}\tau^2}R_{XX}(\tau) \tag{E-72}$$

(6)
$$E[\dot{X}(t)]=\frac{\mathrm{d}}{\mathrm{d}t}E[X(t)]=0 \tag{E-73}$$

由式(E-72) 及式(E-73) 知平稳随机过程的导函数也是平稳的。

E.2.4 平稳随机过程的互相关函数

平稳随机过程 $X(t)$ 与 $Y(t)$ 的互相关函数 $R_{XY}(\tau)$ 和 $R_{YX}(\tau)$ 分别为

$$R_{XY}(\tau)=E[X(t)Y(t+\tau)]=\int_{-\infty}^{+\infty}\int_{-\infty}^{+\infty}x(t)y(t+\tau)\,\mathrm{d}F(x,t;y,t+\tau)$$
$$=\int_{-\infty}^{+\infty}\int_{-\infty}^{+\infty}x(t)y(t+\tau)p(x,t;y,t+\tau)\,\mathrm{d}x\mathrm{d}y \tag{E-74}$$

$$R_{YX}(\tau)=E[Y(t)X(t+\tau)]=\int_{-\infty}^{+\infty}\int_{-\infty}^{+\infty}y(t)x(t+\tau)\,\mathrm{d}F(y,t;x,t+\tau)$$
$$=\int_{-\infty}^{+\infty}\int_{-\infty}^{+\infty}y(t)x(t+\tau)p(y,t;x,t+\tau)\,\mathrm{d}x\mathrm{d}y \tag{E-75}$$

若 $X(t)$ 与 $Y(t)$ 满足各态历经假设，$\hat{x}(t)$ 和 $\hat{y}(t)$ 是其两个样本，则式(E-74) 和式(E-75) 可表示为

$$R_{XY}(\tau)=\lim_{T\to+\infty}\frac{1}{T}\int_{-\frac{T}{2}}^{\frac{T}{2}}\hat{x}(t)\hat{y}(t+\tau)\,\mathrm{d}t \tag{E-76}$$

$$R_{YX}(\tau)=\lim_{T\to+\infty}\frac{1}{T}\int_{-\frac{T}{2}}^{\frac{T}{2}}\hat{y}(t)\hat{x}(t+\tau)\,\mathrm{d}t \tag{E-77}$$

记 μ_X 和 μ_Y 分别为 $X(t)$ 和 $Y(t)$ 的平均值，而 $\xi(t)$ 和 $\eta(t)$ 分别为 $X(t)$ 和 $Y(t)$ 的零均值随机分量，即 $\xi(t)=x(t)-\mu_X$，$\eta(t)=y(t)-\mu_Y$，则 $X(t)$ 和 $Y(t)$ 之间的互协方差函数为

$$C_{XY}(\tau)=R_{\xi\eta}(\tau)=E[\xi(t)\eta(t+\tau)] \tag{E-78}$$
$$C_{YX}(\tau)=R_{\eta\xi}(\tau)=E[\eta(t)\xi(t+\tau)] \tag{E-79}$$

平稳随机过程 $X(t)$ 和 $Y(t)$ 的互相关函数 $R_{XY}(\tau)$ 和 $R_{YX}(\tau)$ 有如下特性

(1) $R_{XY}(\tau)$ 和 $R_{YX}(\tau)$ 都不是偶函数，但是它们有如下性质

$$R_{XY}(\tau)=R_{YX}(-\tau) \tag{E-80}$$

(2) 当 $\tau = 0$ 时，$R_{XY}(\tau)$ 和 $R_{YX}(\tau)$ 都不取极大值，但是

$$|R_{XY}(\tau)| \leqslant \sqrt{R_{XX}(0)R_{YY}(0)}, |R_{XY}(\tau)| \leqslant 0.5[R_{XX}(0) + R_{YY}(0)] \quad \text{(E-81)}$$

这表明 $R_{XY}(\tau)$ 必小于 $R_{XX}(0)$ 和 $R_{YY}(0)$ 的几何平均值，也小于它们的算术平均值。

(3) 由 $\xi(t)$ 和 $\eta(t)$ 的互相关函数可以按下式求出 $X(t)$ 和 $Y(t)$ 的互相关函数

$$R_{XY}(\tau) = \mu_X \mu_Y + R_{\xi\eta}(\tau) \quad \text{(E-82)}$$

$$R_{YX}(\tau) = \mu_X \mu_Y + R_{\eta\xi}(\tau) \quad \text{(E-83)}$$

互协方差函数的规格化无量纲形式是按下式定义的互相关系数

$$\rho_{XY}(\tau) = \frac{C_{XY}(\tau)}{\sigma_X \sigma_Y} \quad (-1 \leqslant \rho_{XY} \leqslant 1) \quad \text{(E-84)}$$

$$\rho_{YX}(\tau) = \frac{C_{YX}(\tau)}{\sigma_X \sigma_Y} \quad (-1 \leqslant \rho_{YX} \leqslant 1) \quad \text{(E-85)}$$

E.2.5　平稳随机过程的功率谱密度函数

相关函数体现了随机过程的时域特点，而**功率谱密度函数**（Power Spectral Density Function，PSDF）则反映了随机过程的频域特征。

1. 自功率谱密度函数

设 $\hat{x}(t)$ 是各态历经平稳随机过程 $X(t)$ 的一个样本函数。它在区间 $t \in (-\infty, +\infty)$ 内一般不是绝对可积的。为此可以定义一个辅助函数

$$\hat{x}_T(t) = \begin{cases} \hat{x}(t) & -T/2 \leqslant t \leqslant T/2 \\ 0 & (t \text{ 为其他值}) \end{cases} \quad \text{(E-86)}$$

显然，$\hat{x}_T(t)$ 在区间 $t \in (-\infty, +\infty)$ 内是绝对可积的，因此可以对它进行傅里叶变换

$$\hat{x}_T(t) = \int_{-\infty}^{+\infty} \hat{X}_T(f) \, e^{2\pi i f t} \, df \quad (\text{反变换}) \quad \text{(E-87)}$$

$$\hat{X}_T(f) = \int_{-\infty}^{+\infty} \hat{x}_T(t) \, e^{-2\pi i f t} \, dt \quad (\text{正变换}) \quad \text{(E-88)}$$

这里用频率 f 作为傅里叶正、反变换的积分变量，从而避免了在积分号之前出现因子 $\frac{1}{2\pi}$。

$\hat{x}_T(t)$ 在区间 $(-T/2 \leqslant t \leqslant T/2)$ 内的均方值为

$$E[\hat{x}_T^2(t)] = \frac{1}{T} \int_{-\frac{T}{2}}^{\frac{T}{2}} \hat{x}_T^2(t) \, dt \quad \text{(E-89)}$$

根据能量积分定理

$$\int_{-\infty}^{+\infty} \hat{x}_T^2(t) \, dt = \int_{-\infty}^{+\infty} |\hat{X}_T(f)|^2 \, df \quad \text{(E-90)}$$

可知 $E[\hat{x}^2(t)] = \lim_{T \to +\infty} E[\hat{x}_T^2(t)] = \lim_{T \to +\infty} \frac{1}{T} \int_{-\infty}^{+\infty} \hat{x}_T^2(t) \, dt = \lim_{T \to +\infty} \frac{1}{T} \int_{-\infty}^{+\infty} |\hat{X}_T(f)|^2 \, df$，
定义

$$S_{XX}(f) = \lim_{T \to +\infty} \frac{1}{T} |\hat{X}_T(f)|^2 \quad \text{(E-91)}$$

为 $X(t)$ 的**自功率谱密度函数**（Auto-PSD Function）或称为**自谱密度**或**自谱**，则

$$E\left[X^2(t)\right]=\int_{-\infty}^{+\infty}S_{XX}(f)\,\mathrm{d}f \tag{E-92}$$

当 $X(t)$ 为零均值平稳随机过程时，按式(E-69) 可知

$$\sigma_X^2=\int_{-\infty}^{+\infty}S_{XX}(f)\,\mathrm{d}f \tag{E-93}$$

所以，只要求出了自功率谱密度函数 $S_{XX}(f)$，就可以求得其方差。对于正态随机过程而言，就等于得到了其概率分布（或密度）函数，其概率特性就完全确定了。

2. 维纳-辛钦关系

维纳和辛钦证明了平稳随机过程 $X(t)$ 的自功率谱密度函数 $S_{XX}(f)$ 和自相关函数 $R_{XX}(\tau)$ 构成傅里叶变换对，即

$$S_{XX}(f)=\int_{-\infty}^{+\infty}R_{XX}(\tau)\,\mathrm{e}^{-2\pi i f\tau}\mathrm{d}\tau \tag{E-94}$$

$$R_{XX}(\tau)=\int_{-\infty}^{+\infty}S_{XX}(f)\,\mathrm{e}^{2\pi i f\tau}\mathrm{d}f \tag{E-95}$$

根据**维纳-辛钦关系**（Wiener-Khintchine Theorem），在自功率谱密度函数 $S_{XX}(f)$ 和自相关函数 $R_{XX}(\tau)$ 之间，只需任意求出其一即可。

若用圆频率 $\omega=2\pi f$ 作为积分变量，则维纳-辛钦关系可以写为

$$S_{XX}(\omega)=\frac{1}{2\pi}\int_{-\infty}^{+\infty}R_{XX}(\tau)\,\mathrm{e}^{-i\omega t}\mathrm{d}\tau \tag{E-96}$$

$$R_{XX}(\tau)=\int_{-\infty}^{+\infty}S_{XX}(\omega)\,\mathrm{e}^{i\omega t}\mathrm{d}\omega \tag{E-97}$$

平稳随机过程的自功率谱密度函数 $S_{XX}(\omega)$ 的主要性质有

$$S_{XX}(\omega)\geqslant0 \tag{E-98}$$

$$S_{XX}(\omega)=S_{XX}(-\omega) \tag{E-99}$$

$$S_{\dot{X}\dot{X}}(\omega)=\omega^2 S_{XX}(\omega),S_{\ddot{X}\ddot{X}}(\omega)=\omega^4 S_{XX}(\omega) \tag{E-100}$$

$$G_{XX}(\omega)=\begin{cases}2S_{XX}(\omega) & (\omega\geqslant0)\\0 & (\omega<0)\end{cases} \tag{E-101}$$

$$R_{XX}(0)=\int_{-\infty}^{+\infty}S_{XX}(\omega)\,\mathrm{d}\omega=2\int_0^{+\infty}S_{XX}(\omega)\,\mathrm{d}\omega=\int_0^{+\infty}G_{XX}(\omega)\,\mathrm{d}\omega \tag{E-102}$$

3. 互功率谱密度函数

与自功率谱密度函数的定义方式不同，**互功率谱密度函数**（Cross-PSD Function）是由互相关函数的傅里叶变换来定义的，亦即

$$S_{XY}(\omega)=\frac{1}{2\pi}\int_{-\infty}^{+\infty}R_{XY}(\tau)\,\mathrm{e}^{-i\omega t}\mathrm{d}\tau \tag{E-103}$$

$$S_{YX}(\omega)=\frac{1}{2\pi}\int_{-\infty}^{+\infty}R_{YX}(\tau)\,\mathrm{e}^{-i\omega t}\mathrm{d}\tau \tag{E-104}$$

平稳随机过程 $X(t)$ 和 $Y(t)$ 互功率谱密度函数有如下主要性质：
它们一般不是实数，也不是偶函数，但满足以下关系式

$$S_{XY}(\omega)=S_{YX}(-\omega)=S_{YX}^*(\omega) \tag{E-105}$$

其中上标"$*$"代表取复共轭。它们的模满足以下关系式

$$|S_{XY}(\omega)|\leqslant\sqrt{S_{XX}(\omega)S_{YY}(\omega)} \tag{E-106}$$

$$|S_{XY}(\omega)| \leqslant \frac{1}{2}[S_{XX}(\omega) + S_{YY}(\omega)] \tag{E-107}$$

互功率谱密度函数没有明显的物理意义，但是在随机振动的计算中经常要涉及它们。互功率谱密度函数的规格化形式是按下式定义的无量纲相干函数

$$\gamma_{XY}^2(\omega) = \frac{|S_{XY}(\omega)|^2}{S_{XX}(\omega)S_{YY}(\omega)} \quad (0 \leqslant \gamma_{XY}^2 \leqslant 1) \tag{E-108}$$

$$\gamma_{YX}^2(\omega) = \frac{|S_{YX}(\omega)|^2}{S_{XX}(\omega)S_{YY}(\omega)} \quad (0 \leqslant \gamma_{YX}^2 \leqslant 1) \tag{E-109}$$

参 考 文 献

[1] 吴福光，蔡承武．徐兆．振动理论 [M]．北京：高等教育出版社，1987.

[2] 刘延柱，陈立群，陈文良．振动力学 [M]．第 2 版．北京：高等教育出版社，2011.

[3] 张准，汪凤泉．振动分析 [M]．南京：东南大学出版社，1991.

[4] 郑兆昌．机械振动（上）[M]．北京：机械工业出版社，1980.

[5] 郑兆昌．机械振动（中）[M]．北京：机械工业出版社，1986.

[6] 胡宗武．工程振动分析基础 [M]．上海：上海交通大学出版社，1985.

[7] 倪振华．振动力学 [M]．西安：西安交通大学出版社，1989.

[8] 闻邦椿，刘树英，张纯宇．机械振动学 [M]．北京：冶金工业出版社，2011.

[9] 方同，薛璞．振动理论及应用 [M]．西安：西北工业大学出版社，2002.

[10] Singiresu S. Rao. Mechanical Vibrations [M]. 5th ed. Prentice Hall, 2010.

[11] 鲍文博，白泉，陆海燕．振动力学基础与 MATLAB 应用 [M]．北京：清华大学出版社，2015.

[12] 胡少伟，苗同臣．结构振动理论及其应用 [M]．北京：中国建筑工业出版社，2005.

[13] 王伟，赖永星，苗同臣．振动力学与工程应用 [M]．郑州：郑州大学出版社，2008.

[14] 胡海岩．机械振动基础 [M]．北京：北京航空航天大学出版社，2005.

[15] Thomson W T, Dahleh M D. Theory of Vibration with Application [M]. 5th ed（影印版）．北京：清华大学出版社，2005.

[16] 程耀东．机械振动学（线性系统）[M]．杭州：浙江大学出版社，1988.

[17] [美] R. 克拉夫，J，彭津．结构动力学（第二版）[M]．北京：高等教育出版社，2006.

[18] 任兴民，秦卫阳，文立华．工程振动基础 [M]．北京：机械工业出版社，2010.

[19] 周纪卿，朱因远．非线性振动 [M]．西安：西安交通大学出版社，1998.

[20] 林家浩，张亚辉．随机振动的虚拟激励法 [M]．北京：科学出版社，2004.

[21] 张汝清，殷学刚，董明．计算结构动力学 [M]．重庆：重庆大学出版社，1987.

[22] 胡海昌．弹性力学的变分原理及其应用 [M]．北京：科学出版社，1981.